高职高专教育国家级精品规划教材

普通高等教育"十一五"国家级规划教材

中国水利教育协会策划组织

水利工程造价

（第3版·修订版）

主　编　钟汉华　　黄拥军

副主编　肖绍文　　杜丽荣　　杨华成

　　　　朱　菁　　钟佳其

主　审　郑　玲

U0343581

黄河水利出版社

·郑　州·

内 容 提 要

本书是高职高专教育国家级精品规划教材,是普通高等教育"十一五"国家级规划教材,是按照教育部对高职高专教育的教学基本要求和相关专业课程标准,在中国水利教育协会的精心组织和指导下编写完成的。本书以国家现行水利工程概预算编制规程为依据,根据编者多年工作经验和教学实践,在前 2 版教材基础上修改、补充编纂而成。本书对水利工程造价理论、程序、方法等作了详细的阐述,坚持以就业为导向,突出实用性、实践性;吸取了水利工程造价编制新要求、新方法,其内容的深度和难度按照高等职业教育的特点,重点讲授理论知识在工程实践中的应用,培养高等职业学校学生的职业能力;内容通俗易懂,叙述规范、简练。全书共分 8 章,包括基本建设程序和水利工程项目划分、工程定额、基础单价、建筑与安装工程单价、工程总概算、水利工程造价其他文件、水利工程工程量清单及计价、水利水电工程招标与投标等。

本书具有较强的针对性、实用性和通用性,既可作为高等职业教育水利类专业的教学用书,也可供水利工程建设与管理单位、建筑安装施工企业工程技术人员学习参考。

图书在版编目(CIP)数据

水利工程造价/钟汉华,黄拥军主编. —3 版. —郑州:黄河水利出版社,2016.2 (2022.1 修订版重印)

高职高专教育国家级精品规划教材

ISBN 978 - 7 - 5509 - 1267 - 0

Ⅰ. ①水… Ⅱ. ①钟… ②黄… Ⅲ. ①水利工程 - 工程造价 - 高等职业教育 - 教材 Ⅳ. ①TV51

中国版本图书馆 CIP 数据核字(2015)第 250260 号

组稿编辑:王路平 电话:0371 - 66022212 E-mail:hhslwlp@ 163. com
简 群 66026749 w_jq001@ 163. com

出 版 社:黄河水利出版社 网址:www. yrcp. com
地址:河南省郑州市顺河路黄委会综合楼 14 层 邮政编码:450003
发行单位:黄河水利出版社
发行部电话:0371 - 66026940、66020550、66028024、66022620(传真)
E-mail:hhslcbs@ 126. com
承印单位:河南承创印务有限公司
开本:787 mm × 1 092 mm 1/16
印张:16
字数:370 千字
版次:2016 年 2 月第 3 版 印数:4 101—6 000
2022 年 1 月修订版 印次:2022 年 1 月第 2 次印刷

定价:37.00 元

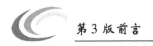

第 3 版前言

  本书是贯彻落实《国家中长期教育改革和发展规划纲要(2010～2020年)》、《国务院关于加快发展现代职业教育的决定》(国发〔2014〕19号)、《现代职业教育体系建设规划(2014～2020年)》和《水利部教育部关于进一步推进水利职业教育改革发展的意见》(水人事〔2013〕121号)等文件精神,在中国水利教育协会的精心组织和指导下,由中国水利教育协会职业技术教育分会高等职业教育教学研究会组织编写的高职高专教育国家级精品规划教材。该套教材以学生能力培养为主线,体现出实用性、实践性、创新性的教材特色,是一套理论联系实际、教学面向生产的精品规划教材。

  为了不断提高教材质量,编者于2022年1月,根据近年来国家及行业最新颁布的规范、标准,以及在教学实践中出现的问题和错误,对全书进行了全面系统的修订完善。

  本书根据高等职业教育水利类专业人才培养目标,遵循高等职业院校学生的认知规律,以专业知识和职业技能、自主学习能力及综合素质培养为课程目标,根据编者多年工作经验和教学实践,紧密结合职业资格证书中相关考核要求,在前2版使用的基础上修改、补充编纂而成。本书按照基本建设程序和水利工程项目划分、工程定额、基础单价、建筑与安装工程单价、工程总概算、水利工程造价其他文件、水利工程工程量清单及计价、水利水电工程招标与投标等进行内容安排。

  水利工程造价是一门实践性很强的课程。为此,本书始终坚持"素质为本、能力为主、需要为准、够用为度"的原则进行编写,结合现行工程造价管理的制度、规定精选内容,以贯彻理论联系实际、注重实践能力的整体要求,突出针对性和实用性,以满足学生学习的需要。本书对水利工程基础单价、建筑与安装工程单价、工程总概算、水利工程投标报价等作了详细阐述,建议安排40～60学时进行教学。

  本书编写单位及编写人员如下:湖北水利水电职业技术学院钟汉华、朱菁、钟佳其;丹江口市水利水电工程建筑勘测设计院黄拥军;福建水利电力职业技术学院肖绍文;甘肃林业职业技术学院杜丽荣;云南经济管理学院杨华成;宜昌市水利水电勘察设计院有限公司张文刚;恩施州水利电力监理咨询有限责任公司朱敏;湖北水总水利水电建设股份有限公司陈小云;武汉长科工程建设监理有限公司孙光超。本书由钟汉华、黄拥军担任主编,钟汉华负责全书统稿;由肖绍文、杜丽荣、杨华成、朱菁、钟佳其担任副主编;由湖北水利水电职业技术学院郑玲担任主审。

  本书大量引用了有关专业文献和资料,未在书中一一注明出处,在此对有关文献的作者表示感谢!由于编者水平有限,加之时间仓促,难免存在错误和不足之处,诚恳地希望读者批评指正。

编　者
2022 年 1 月

目　录

第1章　基本建设程序和水利工程项目划分

1.1　基本建设程序

1.1.1　基本建设

基本建设是指国民经济各部门利用国家预算拨款、自筹资金、国内外基本建设贷款及其他专项基金进行的以扩大生产能力(或增加工程效益)为主要目的的新建、扩建、改建、技术改造、更新和恢复工程及有关工作。如建造工厂、矿山、港口、铁路、电站、水库、医院、学校、商店、住宅和购置机器设备、车辆、船舶等活动,以及与之紧密相连的征用土地、房屋拆迁、勘测设计、培训生产人员等工作。换言之,基本建设就是指固定资产的建设,即建筑、安装和购置固定资产的活动及与之相关的工作。基本建设是发展社会生产、增强国民经济实力的物质技术基础。

1.1.2　基本建设程序

基本建设的特点是投资多,建设周期长,涉及的专业和部门多,工作环节错综复杂。基本建设程序是基本建设全过程中各项工作的先后顺序和工作内容及要求。

基本建设程序是客观存在的规律性反映,不按基本建设程序办事,就会受到客观规律的惩罚,给国民经济造成严重的损失。严格遵守基本建设程序是进行基本建设工作的一项重要原则,1986年《国务院关于控制固定资产投资规模的若干规定》(国发〔1986〕74号)中指出:所有建设项目必须严格按照基本建设程序办事,事前没有进行可行性研究和技术经济论证,没有做好勘测设计等前期工作的,一律不得列入年度建设计划,更不准仓促开工。

我国的基本建设程序,最初是在1952年由政务院颁布实施的。50多年来,随着各项建设的不断发展,特别是近年来对建设管理所进行的一系列改革,基本建设程序也得到进一步完善。现行的基本建设程序可分为流域(或区域)规划阶段、项目建议书阶段、可行性研究阶段、设计阶段、施工准备阶段、建设实施阶段、生产准备阶段、竣工验收阶段、后评估阶段等阶段。鉴于水利水电基本建设较其他部门的基本建设有一定的特殊性,工程失事后危害性也比较大,因此水利水电基本建设程序较其他部门更为严格。现以水利工程为例,来简介基本建设程序。

1.1.2.1　流域(或区域)规划阶段

流域(或区域)规划就是根据流域(或区域)的水资源条件和防洪状况及国家长远计划对该地区水利水电建设发展的要求,提出该流域(或区域)水资源的梯级开发和综合利用的方案及消除水害的方案。因此,进行流域(或区域)规划必须对流域(或区域)的自然地理、经济状况等进行全面、系统的调查研究,初步确定流域(或区域)内可能的工程位置和工程规模,并进行多方案的分析比较,选定合理的建设方案,并推荐近期建设的工程项目。

1.1.2.2　项目建议书阶段

项目建议书是在流域(或区域)规划的基础上,由主管部门(或投资者)对准备建设的项目作出大体轮廓设想和建议,为确定拟建项目是否有必要建设、是否具备建设的基本条件、是否值得投入资金和人力、是否需要再作进一步的研究论证工作提供依据。

项目建议书编制一般委托有相应资质的设计单位承担,并按国家规定权限向上级主管部门申报审批。项目建议书被批准后由政府向社会公布,若有投资建设意向,应及时组建项目法人筹备机构,开展下一建设程序工作。

1.1.2.3　可行性研究阶段

这一阶段的工作主要是对项目在技术上和经济上是否可行进行综合的、科学的分析和论证。可行性研究应对项目在技术上是否先进、适用、可靠,在经济上是否合理可行,在财务上是否盈利作出多方案比较,提出评价意见,推荐最佳方案。可行性研究报告是建设项目立项决策的依据,也是项目办理资金筹措、签订合作协议、进行初步设计等工作的依据和基础。

可行性研究报告,按国家现行规定的审批权限报批。申请项目可行性研究报告,必须同时提出项目法人组建方案及运行机制、资金筹措方案、资金结构及回收资金办法,并依照有关规定附具有管辖权的水行政主管部门或流域机构签署的规划同意书,对取水许可预申请的书面审查意见,审批部门要委托有项目相应资质的工程咨询机构对可行性研究报告进行评估,并综合行业归口主管部门、投资机构(公司)、项目法人(或项目法人筹备机构)等方面的意见进行审批。项目可行性研究报告批准后,应正式成立项目法人,并按项目法人责任制进行管理。

1.1.2.4　设计阶段

可行性研究报告批准以后,项目法人应择优选择有项目相应资质的勘测设计单位进行勘测设计。

承担设计的单位在进行设计以前,要认真研究可行性研究报告,并进行勘测、调查和试验研究工作。对水利水电工程来说,要全面收集建设地区的工农业生产、社会经济、自然条件,包括水文、地质、气象等资料;要对坝址、库区的地形、地质进行勘测、勘探;对岩土地基进行分析试验;对建设区的建筑材料的分布、储量、运输方式、单价等要调查、勘测。总之,设计是复杂、综合性很强的技术经济工作,它建立在全面正确的勘测、调查工作之上。不仅设计前要有大量的勘测、调查、试验工作,在设计中及工程施工中都要有相应细致的勘测、调查、试验工作。

设计工作是分阶段进行的,一般采用两阶段进行,即初步设计与施工图设计。对于某些大型工程和重要的中型工程,一般要采用三阶段设计,即初步设计、技术设计及施工图设计。

1. 初步设计

初步设计主要解决建议项目的技术可靠性和经济合理性问题。因此,初步设计具有一定程度的规划性质,是建设项目的"纲要"设计。

初步设计要提出设计报告、初设概算和经济评价三项资料。主要内容包括:工程的总体规划布置,工程规模(包括装机容量、水库的特征水位等),地质条件,主要建筑物的位置、结构形式和尺寸,主要建筑物的施工方法,施工导流方案,消防设施,环境保护,水库淹没,工程占地,水利工程管理机构等。对灌区工程来说,还要确定灌区的范围,主要干支渠道的规划布置,渠道的初步定线、断面设计和土石方量的估计等。还应包括各种建筑材料的用量,主要技术经济指标,建设工期,设计总概算等。

对于大中型水利水电工程中一些水工、施工中的重大问题,如新坝型、泄洪方式、施工导流、截流等,应进行相应深度的科学研究,必要时,应有模型试验成果的论证。初步设计报批前,一般由项目法人委托有相应资质的工程咨询机构或组织专家,对初步设计中的重大问题进行咨询论证。设计单位根据咨询论证意见,对初步设计文件进行补充、修改和优化。初步设计由项目法人组织审查后,按国家现行规定权限向主管部门申报审批。

2. 技术设计

技术设计根据初步设计和更详细的调查研究资料编制,进一步解决初步设计中的重大技术问题,如工艺流程、建筑结构、设备选型及数量的确定等,以使建设项目的设计更具体、更完善,技术革新经济指标更好。

技术设计要完成下列内容:

(1)落实各项设备选型方案,关键设备可以根据提供的规格、型号、数量进行订货;

(2)对建筑和安装工程提供必要的技术数据,从而可以编制施工组织总设计;

(3)编制修改总概算,并提出符合建设总进度的分年度所需资金的数额,修改总概算金额应控制在设计总概算金额之内;

(4)列举配套工程项目、内容、规模和要求配合建成的期限;

(5)为工程施工所进行的组织准备和技术准备提供必要的数据。

3. 施工图设计

施工图设计在初步设计和技术设计的基础上,根据建筑安装工作的需要,针对各项工程的具体施工,绘制施工详图。施工图纸一般包括:施工总平面图,建筑物的平面、立面、剖面图,结构详图(包括配筋图),设备安装详图,各种材料、设备明细表,施工说明书。根据施工图设计,提出施工图预算及预算书。

设计文件编好以后,必须按规定进行审核和批准。施工图设计文件系已定方案的具体化,由设计单位负责完成。在交付施工单位时,须经建设单位技术负责人审查签字。根据现场需要,设计人员应到现场进行技术交底,并可以根据项目法人、施工单位及监理单位提出的合理化建议进行局部设计修改。

1.1.2.5　施工准备阶段

项目施工准备阶段的工作较多,涉及面较广,主要内容包括:申请列入固定资产投资计划;编制建设项目的实施计划;组织招标设计及设备、物资采购等服务;组织工程建设监理和施工招标投标;开展征地、拆迁,完成施工用水、电、通信、道路和场地平整工作;组织和建设必需的生产、生活临时建筑工程等。这一阶段的各项工作,对于项目开工后能否顺利进行具有决定性作用。

水利水电工程招标时,若初步设计文件尚不能满足需要,为此应进行招标设计,招标设计后签订施工合同,然后按照施工详图文件进行施工。

施工准备工作开始前,项目法人或其代理机构须依照有关规定,向水行政主管部门办理报建登记后,方可进行施工准备工作。

1.1.2.6 建设实施阶段

施工准备基本就绪后,应由项目法人提出申请开工报告,经主管部门严格审批,才能兴建。根据国家规定,大中型建设项目的开工报告要报国家发展与改革委员会批准。

施工是把设计变为具有使用价值的建设实体,必须严格按照设计图纸进行,如有修改变动,要征得设计单位的同意。施工单位要严格履行合同,要与建设、设计单位和监理工程师密切配合。在施工过程中,各个环节要相互协调,加强科学管理,确保工程质量,全面按期完成施工任务。要按设计和施工验收规范验收,对于地下工程,特别是基础和结构的关键部位,一定要在验收合格后,才能进行下一道工序施工,并做好原始记录。

1.1.2.7 生产准备阶段

在施工过程中,建设单位应当根据建设项目的生产技术特点,按时组成专门班子,有计划、有步骤地做好各项生产准备,为竣工后投产创造条件。生产准备工作主要有:生产组织准备、招收和培训人员、生产技术准备、正常的生活福利设施准备、制定必要的管理制度和安全生产操作规程等。

1.1.2.8 竣工验收阶段

水利水电工程按照设计文件所规定的内容建成以后,在办理竣工验收以前,必须进行试运行。例如,对灌溉渠道来说,要进行放水试验;对水电站、抽水站来说,要进行试运转和试生产,检查考核是否达到设计标准和施工验收中的质量要求。如工程质量不合格,应返工或加固。

竣工验收的目的是全面考核建设成果,检查设计和施工质量;及时解决影响投产的问题;办理移交手续,交付使用。

竣工验收程序一般分两个阶段:单项工程验收和整个工程项目的全部验收。对于大型工程,因建设时间长或建设过程中逐步投产,应分批组织验收。验收之前,项目法人要组织设计、施工等单位进行初验,并向主管部门提交验收申请,根据国家和部颁验收规程组织验收。

项目法人要系统整理技术资料,绘制竣工图,分类立卷,在验收后作为档案,交生产单位保存。项目法人要认真清理所有财产和物资,编好工程竣工决算,报上级主管部门审批。竣工决算编制完成后,须由审计机关组织竣工审计,审计报告作为竣工验收的基本资料。

水利水电工程把上述验收程序分为阶段验收和竣工验收,凡能独立发挥作用的单项工程均应进行阶段验收,如截流、下闸蓄水、机组启动、通水等。

1.1.2.9 后评估阶段

后评估是工程交付生产运行后一段时间内,一般经1~2年生产运行后,对项目的立项决策、设计、施工、竣工验收、生产运行等全过程进行系统评估的一种技术经济活动,是基本建设程序的最后一环。通过后评估达到肯定成绩、总结经验、研究问题、提高项目决策水平和投资效果的目的。评估的内容主要包括:

(1)影响评价。通过项目建成投入生产后对社会、经济、政治、技术和环境等方面所产生的影响来评估项目决策的正确性。如项目建成后没达到决策时的目标,或背弃了决策目标,则应分析原因,找出问题,加以改进。

(2)经济效益评估。通过项目建成投产后所产生的实际效益的分析,来评价项目投资是否合理,经营管理是否得当,并与可行性研究阶段的评价结果进行比较,找出二者之间的差异及原因,提出改进措施。

(3)过程评价。前述两种评价是从项目投产后运行结果来分析评价的。过程评价则是从项目的立项决策、设计、施工、竣工投产等全过程进行系统分析,找出成败的原因。

1.1.3　基本建设程序与工程概预算

基本建设在国民经济中占有重要的地位。国家每年用于基本建设的投资占财政总支出的40%左右,其中用于建筑安装工程方面的资金约占基本建设总投资的60%。为了合理而有效地利用建设资金,降低工程成本,充分发挥投资的效益,必须对基本建设项目进行科学的管理和有效的监督。工程概预算就是对基本建设实行科学管理和有效监督的工具。

基本建设工程概预算,是根据不同设计阶段的具体内容和有关定额、指标分阶段进行编制的。

根据我国基本建设程序的规定,在工程的不同建设阶段,要编制相应的工程造价,一般有以下几种。

1.1.3.1　投资估算

投资估算指在项目建议书阶段、可行性研究阶段对建设工程造价的预测,它应考虑多种可能的需要、风险、价格上涨等因素,要打足投资、不留缺口,适当留有余地。它是设计文件的重要组成部分,是编制基本建设计划,控制建设拨款、贷款的依据;也是考核设计方案和建设成本是否合理的依据。它是可行性研究报告的重要组成部分,是业主选定近期开发项目、作出科学决策和进行初步设计的重要依据。投资估算是工程造价全过程管理的"龙头",抓好这个"龙头"有十分重要的意义。

投资估算是建设单位向国家或主管部门申请基本建设投资时,为确定建设项目投资总额而编制的技术经济文件,它是国家或主管部门确定基本建设投资计划的重要文件,主要根据估算指标、概算指标或类似工程的预(决)算资料进行编制。投资估算控制初步设计概算,它是工程投资的最高限额。

1.1.3.2　设计概算

设计概算是指在初步设计阶段,设计单位为确定拟建基本建设项目所需的投资额或费用而编制的工程造价文件。它是设计文件的重要组成部分。由于初步设计阶段对建筑物的布置、结构形式、主要尺寸及机电设备型号、规格等均已确定,所以概算是对建设工程造价比较准确的测算,设计概算不得突破投资估算。设计概算是编制基本建设计划,控制建设拨款、贷款的依据;也是考核设计方案和建设成本是否合理的依据。设计单位在报批设计文件的同时,要报批设计概算,设计概算经过审批后,就成为国家控制该建设项目总投资的主要依据,不得任意突破。

1.1.3.3 修改概算

对于某些大型工程或特殊工程,当采用三阶段设计时,在技术设计阶段,随着设计内容的深化,可能出现建设规模、结构造型、设备类型和数量等内容与初步设计相比有所变化的情况,设计单位应对投资额进行具体核算,对初步设计总概算进行修改,即编制修改概算,作为技术文件的组成部分。修改概算是在量(指工程规模或设计标准)和价(指价格水平)都有变化的情况下,对设计概算的修改。由于绝大多数水利水电工程都采用两阶段设计(初步设计和施工图设计),未作技术设计,修改概算也就很少出现。

1.1.3.4 业主预算

业主预算是在已经批准的设计概算基础上,对已经确定实行投资包干或招标承包制的大中型水利水电工程建设项目,根据工程管理与投资的支配权限,按照管理单位及分标项目的划分,进行投资的切块分配,以便于对工程投资进行管理与控制,并作为项目投资主管部门与建设单位签订工程总承包合同的主要依据。它是为了满足业主控制和管理的需要,按照总量控制、合理调整的原则编制的内部预算,业主预算也称为执行概算。

1.1.3.5 招标控制价、标底与报价

招标控制价是招标人在工程招标时能接受投标人报价的最高限价。国有资金投资的水利工程招标,招标人必须编制招标控制价。招标人可以编制标底,也可以同时编制招标控制价和标底。招标控制价应由具有编制能力的招标人,或受其委托的本项目设计人、具有相应资质的工程造价咨询人、招标代理人编制和(或)复核。招标控制价和(或)标底的准确性和完整性应由招标人负责。招标控制价应不低于标底。标底可由招标控制价下浮估算,招标控制价也可由标底上浮估算。招标控制价原则上应不超过批准的设计概算。当招标控制价超过批准的设计概算时,招标人应将调整后的设计概算报原概算审批部门审核。招标人应在招标文件中明确招标控制价。

标底是招标工程的预期价格,它主要是根据招标文件、图纸,按有关规定,结合工程的具体情况,计算出的合理工程价格。它是由业主委托具有相应资质的设计单位、社会咨询单位编制完成的,包括发包造价,与造价相适应的质量保证措施及主要施工方案,为了缩短工期所需的措施费等。其中主要是合理的发包造价,应在编制完成后报送招标管理部门审定。标底的主要作用是招标单位在一定浮动范围内合理控制工程造价,明确自己在发包工程上应承担的财务义务。

标底目前一般被招标控制价取代,国有资金投资的工程进行招标,根据《中华人民共和国招标投标法》的规定,招标人可以设标底。当招标人不设标底时,为有利于客观、合理的评审投标报价和避免哄抬标价,造成国有资产流失,招标人应编制招标控制价。

投标报价,即报价,是施工企业(或厂家)对建筑工程产品(或机电、金属结构设备)的自主定价。它反映的是市场价格,体现了企业的经营管理、技术和装备水平。中标报价是基本建设产品的成交价格。

1.1.3.6 施工图预算

施工图预算是指在施工图设计阶段,根据施工图纸、施工组织设计、国家颁布的预算

定额和工程量计算规则、地区材料预算价格、施工管理费标准、计划利润率、税金等,计算每项工程所需人力、物力和投资额的文件。它应在已批准的设计概算控制下进行编制。它是施工前组织物资、机具、劳动力,编制施工计划,统计完成工作量,办理工程价款结算,实行经济核算,考核工程成本,实行建筑工程包干和建设银行拨(贷)工程款的依据。它是施工图设计的组成部分,由设计单位负责编制。它的主要作用是确定单位工程项目造价,是考核施工图设计经济合理性的依据。一般建筑工程以施工图预算作为编制施工招标标底的依据。

1.1.3.7　施工预算

施工预算是指在施工阶段,施工单位为了加强企业内部经济核算,节约人工和材料,合理使用机械,在施工图预算的控制下,通过工料分析,计算拟建工程工、料和机具等需要量,并直接用于生产的技术经济文件。它是根据施工图的工程量、施工组织设计或施工方案和施工定额等资料进行编制的。

1.1.3.8　竣工结算

竣工结算是施工单位与建设单位对承建工程项目的最终结算(施工过程中的结算属于中间结算)。竣工结算与竣工决算是完全不同的两个概念,其主要区别在于:一是范围不同,竣工结算的范围只是承建工程项目,是基本建设的局部,而竣工决算的范围是基本建设的整体;二是成本不同,竣工结算只是承包合同范围内的预算成本,而竣工决算是完整的预算成本,还要计入工程建设的其他费用、临时费用、建设期还贷利息等工程成本和费用。由此可见,竣工结算是竣工决算的基础,只有先办理竣工结算才有条件编制竣工决算。

1.1.3.9　竣工决算

竣工决算是指建设项目全部完工后,在工程竣工验收阶段,由建设单位编制的从项目筹建到建成投产全部费用的技术经济文件。它是建设投资管理的重要环节,是工程竣工验收、交付使用的重要依据,也是进行建设项目内务总结,银行对其实行监督的必要手段。

水利水电工程建设程序与各阶段的工程造价之间的关系如图1-1所示。

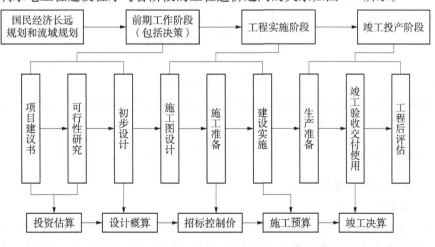

图1-1　水利水电工程建设程序与各阶段工程造价关系简图

1.2 水利工程项目划分

为便于编制基本建设计划,精确计算工程造价,组织材料供应、招标投标,安排施工和控制投资,拨付工程款项,进行经济核算等生产经营管理的需要,在工程概预算中,对一个基本建设项目要系统地逐级划分为若干个各级工程项目和费用项目。这项工作称为基本建设工程项目划分。

1.2.1 基本建设项目

基本建设项目(简称建设项目),是指按照一个总体设计进行施工,并在行政上有独立的组织形式、经济上实行统一核算的建设工程实体。例如,独立的工厂、矿山、水库、水电站、港口、灌区工程等。

在水利水电工程建设中,一般是以独立的水库水电站,完整的灌溉系统、排涝系统、防洪工程等作为一个建设项目。

1.2.2 水利工程分类

按《水利工程设计概(估)算编制规定》(水总〔2014〕429号)(以下简称《2014 编规》)规定,水利工程按工程性质划分为三大类,具体划分见图 1-2。

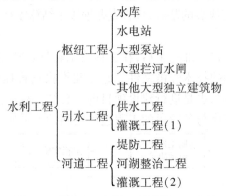

图 1-2 水利工程分类

图 1-2 中,灌溉工程(1)指设计流量≥5 m^3/s 的灌溉工程,灌溉工程(2)指设计流量<5 m^3/s 的灌溉工程和田间工程。

1.2.3 项目组成

1.2.3.1 第一部分 建筑工程

1. 枢纽工程

枢纽工程中的建筑工程指水利枢纽建筑物、大型泵站、大型拦河水闸和其他大型独立建筑物(含引水工程的水源工程),包括挡水工程、泄洪工程、引水工程、发电厂(泵站)工程、升压变电站工程、航运工程、鱼道工程、交通工程、房屋建筑工程、供电设施工程和其他建筑工程。其中挡水工程等前七项为主体建筑工程。

(1)挡水工程。包括挡水的各类坝(闸)工程。

(2)泄洪工程。包括溢洪道、泄洪洞、冲沙孔(洞)、放空洞、泄洪闸等工程。

(3)引水工程。包括发电引水明渠、进水口、隧洞、调压井、高压管道等工程。

(4)发电厂(泵站)工程。包括地面、地下各类发电厂(泵站)工程。

(5)升压变电站工程。包括升压变电站、开关站等工程。

(6)航运工程。包括上下游引航道、船闸、升船机等工程。

(7)鱼道工程。根据枢纽建筑物布置情况,可独立列项。与拦河坝相结合的,也可作为拦河坝工程的组成部分。

(8)交通工程。包括上坝、进厂、对外等场内外永久公路,以及桥梁、交通隧洞、铁路、码头等工程。

(9)房屋建筑工程。包括为生产运行服务的永久性辅助生产建筑、仓库、办公用房、值班宿舍及文化福利建筑等房屋建筑工程和室外工程。

(10)供电设施工程。指工程生产运行供电需要架设的输电线路及变配电设施工程。

(11)其他建筑工程。包括安全监测设施工程,照明线路,通信线路,厂坝(闸、泵站)区供水、供热、排水等公用设施工程,劳动安全与工业卫生设施,水文、泥沙监测设施工程,水情自动测报系统工程及其他。

2. 引水工程

引水工程中的建筑工程指供水工程、调水工程和灌溉工程(1),包括渠(管)道工程、建筑物工程、交通工程、房屋建筑工程、供电设施工程和其他建筑工程。

(1)渠(管)道工程。包括明渠、输水管道工程,以及渠(管)道附属小型建筑物(如观测测量设施、调压减压设施、检修设施)等。

(2)建筑物工程。指渠系建筑物、交叉建筑物工程,包括泵站、水闸、渡槽、隧洞、箱涵(暗渠)、倒虹吸、跌水、动能回收电站、调蓄水库、排水涵(槽)、公路(铁路)交叉(穿越)建筑物等。

建筑物类别根据工程设计确定。工程规模较大的建筑物可以作为一级项目单独列示。

(3)交通工程。指永久性对外公路、运行管理维护道路等工程。

(4)房屋建筑工程。包括为生产运行服务的永久性辅助生产建筑、仓库、办公用房、值班宿舍及文化福利建筑等房屋建筑工程和室外工程。

(5)供电设施工程。指工程生产运行供电需要架设的输电线路及变配电设施工程。

(6)其他建筑工程。包括安全监测设施工程,照明线路,通信线路,厂坝(闸、泵站)区供水、供热、排水等公用设施工程,劳动安全与工业卫生设施,水文、泥沙监测设施工程,水情自动测报系统工程及其他。

3. 河道工程

河道工程中的建筑工程指堤防修建与加固工程、河湖整治工程及灌溉工程(2),包括河湖整治与堤防工程、灌溉及田间渠(管)道工程、建筑物工程、交通工程、房屋建筑工程、供电设施工程和其他建筑工程。

(1)河湖整治与堤防工程。包括堤防工程、河道整治工程、清淤疏浚工程等。

（2）灌溉及田间渠（管）道工程。包括明渠、输配水管道、排水沟（渠、管）工程、渠（管）道附属小型建筑物（如观测测量设施、调压减压设施、检修设施）、田间土地平整等。

（3）建筑物工程。包括水闸、泵站工程，田间工程，机井、灌溉塘坝工程等。

（4）交通工程。指永久性对外公路、运行管理维护道路等工程。

（5）房屋建筑工程。包括为生产运行服务的永久性辅助生产建筑、仓库、办公用房、值班宿舍及文化福利建筑等房屋建筑工程和室外工程。

（6）供电设施工程。指工程生产运行供电需要架设的输电线路及变配电设施工程。

（7）其他建筑工程。包括安全监测设施工程，照明线路，通信线路，厂坝（闸、泵站）区供水、供热、排水等公用设施工程，劳动安全与工业卫生设施，水文、泥沙监测设施工程及其他。

1.2.3.2 第二部分 机电设备及安装工程

1. 枢纽工程

本部分指构成枢纽工程固定资产的全部机电设备及安装工程，由发电设备及安装工程、升压变电设备及安装工程和公用设备及安装工程三项组成。大型泵站和大型拦河水闸的机电设备及安装工程项目划分参考引水工程及河道工程划分方法。

（1）发电设备及安装工程。包括水轮机、发电机、主阀设备、起重机、水力机械辅助设备、电气设备等设备及安装工程。

（2）升压变电设备及安装工程。包括主变压器、高压电气设备、一次拉线等设备及安装工程。

（3）公用设备及安装工程。包括通信设备，通风采暖设备，机修设备，计算机监控系统，工业电视系统，管理自动化系统，全厂接地及保护网，电梯，坝区馈电设备，厂坝区供水、排水、供热设备，水文、泥沙监测设备，水情自动测报系统设备，视频安防监控设备，安全监测设备，消防设备，劳动安全与工业卫生设备，交通设备等设备及安装工程。

2. 引水工程及河道工程

本部分指构成该工程固定资产的全部机电设备及安装工程。一般包括泵站设备及安装工程、水闸设备及安装工程、电站设备及安装工程、供变电设备及安装工程、公用设备及安装工程。

（1）泵站设备及安装工程。包括水泵、电动机、主阀设备、水力机械辅助设备、电气设备等设备及安装工程。

（2）水闸设备及安装工程。包括电气一次设备、电气二次设备及安装工程。

（3）电站设备及安装工程。其组成内容可参照枢纽工程的发电设备及安装工程和升压变电设备及安装工程。

（4）供变电设备及安装工程。包括供电、变配电设备及安装工程。

（5）公用设备及安装工程。包括通信设备，通风采暖设备，机修设备，计算机监控系统，管理自动化系统，全厂接地及保护网，厂坝（闸、泵站）区供水、排水、供热设备，水文、泥沙监测设备，水情自动测报系统设备，视频安防监控设备，安全监测设备，消防设备，劳动安全与工业卫生设备，交通设备等设备及安装工程。

灌溉田间工程还包括首部设备及安装工程、田间灌水设施及安装工程等。

（1）首部设备及安装工程。包括过滤、施肥、控制调节、计量等设备及安装工程等。

（2）田间灌水设施及安装工程。包括田间喷灌、微灌等全部灌水设施及安装工程。

1.2.3.3　第三部分　金属结构设备及安装工程

本部分指构成枢纽工程、引水工程和河道工程固定资产的全部金属结构设备及安装工程，包括闸门、启闭机、拦污设备、升船机等设备及安装工程，水电站（泵站等）压力钢管制作及安装工程和其他金属结构设备及安装工程。

金属结构设备及安装工程的一级项目应与建筑工程的一级项目相对应。

1.2.3.4　第四部分　施工临时工程

施工临时工程指为辅助主体工程施工所必须修建的生产和生活用临时性工程。本部分组成内容如下：

（1）导流工程。包括导流明渠、导流洞、施工围堰、蓄水期下游断流补偿设施、金属结构设备及安装工程等。

（2）施工交通工程。包括施工现场内外为工程建设服务的临时交通工程，如公路、铁路、桥梁、施工支洞、码头、转运站等。

（3）施工场外供电工程。包括从现有电网向施工现场供电的高压输电线路（枢纽工程 35 kV 及以上等级，引水工程、河道工程 10 kV 及以上等级，掘进机施工专用供电线路）、施工变配电设施设备（场内除外）工程。

（4）施工房屋建筑工程。指工程在建设过程中建造的临时房屋，包括施工仓库，办公及生活、文化福利建筑及所需的配套设施工程。

（5）其他施工临时工程。指除施工导流、施工交通、施工场外供电、施工房屋建筑、缆机平台、掘进机泥水处理系统和管片预制系统土建设施外的施工临时工程。主要包括施工供水（大型泵房及干管）、砂石料系统、混凝土拌和浇筑系统、大型机械安装拆卸、防汛、防冰、施工排水、施工通信等工程。

根据工程实际情况可单独列示缆机平台、掘进机泥水处理系统和管片预制系统土建设施等项目。

施工排水指基坑排水、河道降水等，包括排水工程建设及运行费。

1.2.3.5　第五部分　独立费用

本部分由建设管理费、工程建设监理费、联合试运转费、生产准备费、科研勘测设计费和其他等六项组成。

（1）建设管理费。

（2）工程建设监理费。

（3）联合试运转费。

（4）生产准备费。包括生产及管理单位提前进厂费、生产职工培训费、管理用具购置费、备品备件购置费、工器具及生产家具购置费。

（5）科研勘测设计费。包括工程科学研究试验费和工程勘测设计费。

（6）其他。包括工程保险费、其他税费。

1.2.4　项目划分

　　水利水电工程质量检验与评定应进行项目划分。项目按级划分为单位工程、分部工程、单元(工序)工程等三级。工程中永久性房屋(管理设施用房)、专用公路、专用铁路等工程项目,可按相关行业标准划分和确定项目名称。

　　水利水电工程项目划分如图1-3所示。

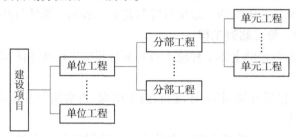

图1-3　水利水电工程项目划分示意图

1.2.4.1　单位工程

　　单位工程是指能独立发挥作用或具有独立施工条件的工程。单位工程通常可以是一项独立的工程,也可以是独立工程的一部分,一般按设计及施工部署划分,应遵循如下原则:

　　(1)枢纽工程,一般以每座独立的建筑物为一个单位工程。当工程规模大时,可将一个建筑物中具有独立施工条件的一部分划分为一个单位工程。

　　(2)堤防工程,按招标标段或工程结构划分单位工程。规模较大的交叉联结建筑物及管理设施,以每座独立的建筑物为一个单位工程。

　　(3)引水(渠道)工程,按招标标段或工程结构划分单位工程。大、中型引水(渠道)建筑物以每座独立的建筑物为一个单位工程。

　　(4)除险加固工程,按招标标段或加固内容,并结合工程量划分单位工程。

1.2.4.2　分部工程

　　分部工程是单位工程的组成部分。一般指在一个建筑物内能组合发挥一种功能的建筑安装工程。对单位工程安全性、使用功能或效益起决定性作用的分部工程称为主要分部工程。分部工程项目的划分应按下列原则确定:

　　(1)枢纽工程,土建部分按设计的主要组成部分划分,金属结构及启闭机安装工程和机电设备安装工程按组合功能划分。

　　(2)堤防工程,按长度或功能划分。

　　(3)引水(渠道)工程中的河(渠)道按施工部署或长度划分,大、中型建筑物按工程结构主要组成部分划分。

　　(4)除险加固工程,按加固内容或部位划分。

　　(5)同一单位工程中,各个分部工程的工程量(或投资)不宜相差太大,每个单位工程中的分部工程数目,不宜少于5个。

1.2.4.3　单元工程

单元工程是分部工程的组成部分,指在分部工程中由几个工序(或工种)施工完成的最小综合体。如土方工程可分为人工挖地槽、挖地坑、回填土等。单元工程可以用适当计量单位计算工程数量,而且完成同一种单元工程单位工程量所需的劳动力、材料、机械设备消耗量大体相同,所以单元工程是预算定额最基本的计算单位。单元工程项目的划分应按下列原则确定:

(1)按《水利水电工程单元工程施工质量验收评定标准　土石方工程》(SL 631—2012)、《水利水电工程单元工程施工质量验收评定标准　混凝土工程》(SL 632—2012)、《水利水电工程单元工程施工质量验收评定标准　地基处理与基础工程》(SL 633—2012)、《水利水电工程单元工程施工质量验收评定标准　堤防工程》(SL 634—2012)、《水利水电工程单元工程施工质量验收评定标准　水工金属结构安装工程》(SL 635—2012)、《水利水电工程单元工程施工质量验收评定标准　水轮发电机组安装工程》(SL 636—2012)、《水利水电工程单元工程施工质量验收评定标准　水力机械辅助设备系统安装工程》(SL 637—2012)等规定进行划分。

(2)河(渠)道开挖、填筑及衬砌单元工程划分界限宜设在变形缝或结构缝处,长度一般不大于100 m。同一分部工程中各单元工程的工程量(或投资)不宜相差太大。

(3)《水利水电工程单元工程施工质量验收评定标准》中未涉及的单元工程可依据工程结构、施工部署或质量考核要求,按层、块、段进行划分。

1.2.5　水利水电基本建设项目划分

水利水电基本建设项目,常常是多种性质工程复杂的综合体,很难像一般基本建设工程严格按单项工程来确切划分项目。因此,根据水利水电工程的特点,按照组成内容把一个建设项目划分为若干一级项目,每个一级项目再分为若干个二级项目,二级项目再分为若干三级项目,依次从大到小逐级划分。投资估算和设计概算要求划分到三级项目,施工图预算则可根据计划统计、成本核算的实际需要进一步划分到四级项目,甚至五级项目。

根据水利工程性质,其工程项目分别按枢纽工程、引水工程和河道工程划分,工程各部分下设一级、二级、三级项目。建筑工程项目划分见表1-1和表1-2,机电设备及安装工程、金属结构设备及安装工程、施工临时工程、独立费用项目划分见表1-3～表1-6。

表 1-1　第一部分　建筑工程

序号	一级项目	二级项目	三级项目	备注
I	枢纽工程			
一	挡水工程			
1		混凝土坝(闸)工程	土方开挖 石方开挖 土石方回填 模板 混凝土 钢筋 防渗墙	

续表 1-1

序号	一级项目	二级项目	三级项目	备注
1		混凝土坝(闸)工程	灌浆孔	
			灌浆	
			排水孔	
			砌石	
			喷混凝土	
			锚杆(索)	
			启闭机室	
			温控措施	
			细部结构工程	
2		土(石)坝工程		
			土方开挖	
			石方开挖	
			土料填筑	
			砂砾料填筑	
			斜(心)墙土料填筑	
			反滤料、过渡料填筑	
			坝体堆石填筑	
			铺盖填筑	
			土工膜(布)	
			沥青混凝土	
			模板	
			混凝土	
			钢筋	
			防渗墙	
			灌浆孔	
			灌浆	
			排水孔	
			砌石	
			喷混凝土	
			锚杆(索)	
			面(趾)板止水	
			细部结构工程	
二	泄洪工程			
1		溢洪道工程		
			土方开挖	
			石方开挖	
			模板	
			混凝土	
			钢筋	

续表 1-1

序号	一级项目	二级项目	三级项目	备注
1		溢洪道工程	灌浆孔 灌浆 排水孔 砌石 喷混凝土 锚杆(索) 钢筋网 钢拱架、钢格栅 细部结构工程	
2		泄洪洞工程	土方开挖 石方开挖 模板 混凝土 钢筋 砌石 锚杆(索) 细部结构工程	
3		冲沙孔(洞)工程		
4		放空洞工程		
5		泄洪闸工程		
三	引水工程			
1		引水明渠工程	土方开挖 石方开挖 模板 混凝土 钢筋 砌石 锚杆(索) 细部结构工程	
2		进(取)水口工程	土方开挖 石方开挖 模板 混凝土 钢筋 砌石	

续表 1-1

序号	一级项目	二级项目	三级项目	备注
2		进(取)水口工程	锚杆(索)	
			细部结构工程	
3		引水隧洞工程		
			土方开挖	
			石方开挖	
			模板	
			混凝土	
			钢筋	
			灌浆孔	
			灌浆	
			排水孔	
			砌石	
			喷混凝土	
			锚杆(索)	
			钢筋网	
			钢拱架、钢格栅	
			细部结构工程	
4		调压井工程		
			土方开挖	
			石方开挖	
			模板	
			混凝土	
			钢筋	
			灌浆孔	
			灌浆	
			砌石	
			喷混凝土	
			锚杆(索)	
			细部结构工程	
5		高压管道工程		
			土方开挖	
			石方开挖	
			土石方回填	
			模板	
			混凝土	
			钢筋	
			灌浆孔	

续表 1-1

序号	一级项目	二级项目	三级项目	备注
5		高压管道工程	灌浆 砌石 锚杆(索) 钢筋网 钢拱架、钢格栅 细部结构工程	
四	发电厂(泵站)工程			
1		地面厂房工程	土方开挖 石方开挖 土石方回填 模板 混凝土 钢筋 灌浆孔 灌浆 砌石 锚杆(索) 温控措施 厂房建筑 细部结构工程	
2		地下厂房工程	石方开挖 模板 混凝土 钢筋 灌浆孔 灌浆 排水孔 喷混凝土 锚杆(索) 钢筋网 钢拱架、钢格栅 温控措施 厂房装修 细部结构工程	
3		交通洞工程	土方开挖 石方开挖 模板 混凝土	

续表 1-1

序号	一级项目	二级项目	三级项目	备注
3		交通洞工程	钢筋 灌浆孔 灌浆 喷混凝土 锚杆(索) 钢筋网 钢架拱、钢格栅 细部结构工程	
4		出线洞(井)工程		
5		通风洞(井)工程		
6		尾水洞工程		
7		尾水调压井工程		
8		尾水渠工程	土方开挖 石方开挖 土石方回填 模板 混凝土 钢筋 砌石 锚杆(索) 细部结构工程	
五	升压变电站工程			
1		变电站工程	土方开挖 石方开挖 土石方回填 模板 混凝土 钢筋 砌石 钢材 细部结构工程	
2		开关站工程	土方开挖 石方开挖 土石方回填 模板 钢筋 混凝土 砌石	

续表 1-1

序号	一级项目	二级项目	三级项目	备注
2		开关站工程	钢材	
			细部结构工程	
六	航运工程			
1		上游引航道工程		
			土方开挖	
			石方开挖	
			土石方回填	
			模板	
			混凝土	
			钢筋	
			砌石	
			锚杆(索)	
			细部结构工程	
2		船闸(升船机)工程		
			土方开挖	
			石方开挖	
			土石方回填	
			模板	
			混凝土	
			钢筋	
			灌浆孔	
			灌浆	
			锚杆(索)	
			控制室	
			温控措施	
			细部结构工程	
3		下游引航道工程		
七	鱼道工程			
八	交通工程			
1		公路工程		
2		铁路工程		
3		桥梁工程		
4		码头工程		
九	房屋建筑工程			
1		辅助生产建筑		
2		仓库		
3		办公用房		

续表 1-1

序号	一级项目	二级项目	三级项目	备注
4		值班宿舍及文化福利建筑		
5		室外工程		
十	供电设施工程			
十一	其他建筑工程			
1		安全监测设施工程		
2		照明线路工程		
3		通信线路工程		
4		厂坝(闸、泵站)区供水、供热、排水等公用设施		
5		劳动安全与工业卫生设施		
6		水文、泥沙监测设施工程		
7		水情自动测报系统工程		
8		其他		
Ⅱ		引水工程		
一	渠(管)道工程			
1		××—××段干渠(管)工程		含附属小型建筑物
			土方开挖	
			石方开挖	
			土石方回填	
			模板	
			混凝土	
			钢筋	
			输水管道	各类管道(含钢管)项目较多时可另附表
			管道附件及阀门	
			管道防腐	
			砌石	
			垫层	
			土工布	
			草皮护坡	
			细部结构工程	
2		××—××段支渠(管)工程		
二	建筑物工程			
1		泵站工程(扬水站、排灌站)		
			土方开挖	
			石方开挖	
			土石方回填	
			模板	
			混凝土	
			钢筋	
			砌石	

续表 1-1

序号	一级项目	二级项目	三级项目	备注
1		泵站工程(扬水站、排灌站)	厂房建筑 细部结构工程	
2		水闸工程	土方开挖 石方开挖 土石方回填 模板 混凝土 钢筋 灌浆孔 灌浆 砌石 启闭机室 细部结构工程	
3		渡槽工程	土方开挖 石方开挖 土石方回填 模板 混凝土 钢筋 预应力锚索(筋) 渡槽支撑 砌石 细部结构工程	钢绞线、钢丝束、钢筋 或高大跨度槽措施费
4		隧洞工程	土方开挖 石方开挖 土石方回填 模板 混凝土 钢筋 灌浆孔 灌浆 砌石 喷混凝土 锚杆(索) 钢筋网 钢拱架、钢格栅 细部结构工程	

续表 1-1

序号	一级项目	二级项目	三级项目	备注
5		倒虹吸工程		含附属调压、检修设施
6		箱涵(暗渠)工程		含附属调压、检修设施
7		跌水工程		
8		动能回收电站工程		
9		调蓄水库工程		
10		排水涵(渡槽)		或排洪涵(渡槽)
11		公路交叉(穿越)建筑物		
12		铁路交叉(穿越)建筑物		
13		其他建筑物工程		
三	交通工程			
1		对外工程		
2		运行管理维护道路		
四	房屋建筑工程			
1		辅助生产建筑		
2		仓库		
3		办公用房		
4		值班宿舍及文化福利建筑		
5		室外工程		
五	供电设施工程			
六	其他建筑工程			
1		安全监测设施工程		
2		照明线路工程		
3		通信线路工程		
4		厂坝(闸、泵站)区供水、供热、排水等公用设施		
5		劳动安全与工业卫生设施		
6		水文、泥沙监测设施工程		
7		水情自动测报系统工程		
8		其他		
Ⅲ	河道工程			
一	河湖整治与堤防工程			
1		××—××段堤防工程	土方开挖 土方填筑 模板 混凝土 砌石 土工布	

续表 1-1

序号	一级项目	二级项目	三级项目	备注
1		××—××段堤防工程	防渗墙 灌浆 草皮护坡 细部结构工程	
2		××—××段河道(湖泊)整治工程		
3		××—××段河道疏浚工程		
二	灌溉工程			
1		××—××段渠(管)道工程	土方开挖 土方填筑 模板 混凝土 砌石 土工布 输水管道 细部结构工程	
三	田间工程			
1		××—××段渠(管)道工程		
2		田间土地平整		根据设计要求设列
四	建筑物工程			
1		水闸工程		
2		泵站工程(扬水站、排灌站)		
3		其他建筑物		
五	交通工程			
六	房屋建筑工程			
1		辅助生产厂房		
2		仓库		
3		办公用房		
4		值班宿舍及文化福利建筑		
5		室外工程		
七	供电设施工程			

续表1-1

序号	一级项目	二级项目	三级项目	备注
八	其他建筑工程			
1		安全监测设施工程		
2		照明线路工程		
3		通信线路工程		
4		厂坝(闸、泵站)区供水、供热、排水等公用设施		
5		劳动安全与工业卫生设施		
6		水文、泥沙监测设施工程		
7		其他		

表1-2 三级项目划分要求及技术经济指标

序号	三级项目			经济技术指标
	分类	名称示例	说明	
1	土石方开挖	土方开挖	土石方开挖与砂砾石开挖分列	元/m³
		石方开挖	明挖与暗挖,平洞与斜井、竖井分列	元/m³
2	土石方回填	土方回填		元/m³
		石方回填		元/m³
		砂砾料填筑		元/m³
		斜(心)墙土料填筑		元/m³
		反滤料、过渡料填筑		元/m³
		坝体(坝趾)堆石填筑		元/m³
		铺盖填筑		元/m³
		土工膜		元/m²
		土工布		元/m²
3	砌石	砌石	干砌石、浆砌石、抛石、铅丝(钢筋)笼块石等分列	元/m³
		砌墙		元/m²
4	混凝土与模板	模板	不同规格形状和材质的模板分列	元/m²
		混凝土	不同工程部位、不同标号、不同级配的混凝土分列	元/m³
		沥青混凝土		元/m³(m²)
5	钻孔与灌浆	防渗墙		元/m²
		灌浆孔	使用不同钻孔机械及钻孔的不同用途分列	元/m
		灌浆	不同灌浆种类分列	元/m(m²)
		排水孔		元/m

续表1-2

序号	三级项目			经济技术指标
	分类	名称示例	说明	
6	锚固工程	锚杆		元/根
		锚索		元/束(根)
		喷混凝土		元/m³
7	钢筋	钢筋		元/t
8	钢结构	钢衬		元/t
		构架		元/t
9	止水	面(趾)板止水		元/m
10	其他	启闭机室		元/m²
		控制室(楼)		元/m²
		温控措施		元/m³
		厂房装修		元/m²
		细部结构工程		元/m³

表1-3   第二部分   机电设备及安装工程

序号	一级项目	二级项目	三级项目	技术经济指标
I	枢纽工程			
一	发电设备及安装工程			
1		水轮机设备及安装工程		
			水轮机	元/台
			调速器	元/台
			油压装置	元/台套
			过速限制器	元/台套
			自动化元件	元/台套
			透平油	元/t
2		发电机设备及安装工程		
			发电机	元/台
			励磁装置	元/台套
			自动化元件	元/台套
3		主阀设备及安装工程		
			蝶阀(球阀、锥形阀)	元/台
			油压装置	元/台
4		起重设备及安装工程		
			桥式起重机	元/t(台)
			转子吊具	元/t(具)
			平衡梁	元/t(副)
			轨道	元/双10 m
			滑触线	元/三相10 m

续表1-3

序号	一级项目	二级项目	三级项目	技术经济指标
5		水力机械辅助设备及安装工程		
			油系统	
			压气系统	
			水系统	
			水力量测系统	
			管路(管子、附件、阀门)	
6		电气设备及安装工程		
			发电电压装置	
			控制保护系统	
			直流系统	
			厂用电系统	
			电工试验设备	
			35 kV及以下动力电缆	
			控制和保护电缆	
			母线	
			电缆架	
			其他	
二	升压变电设备及安装工程			
1		主变压器设备及安装工程		
			变压器	元/台
			轨道	元/双10 m
2		高压电气设备及安装工程		
			高压断路器	
			电流互感器	
			电压互感器	
			隔离开关	
			110 kV及以上高压电缆	
3		一次拉线及其他安装工程		
三	公用设备及安装工程			
1		通信设备及安装工程		
			卫星通信	
			光缆通信	
			微波通信	
			载波通信	
			生产调度通信	
			行政管理通信	
2		通风采暖设备及安装工程		
			通风机	
			空调机	
			管路系统	

续表1-3

序号	一级项目	二级项目	三级项目	技术经济指标
3		机修设备及安装工程		
			车床	
			刨床	
			钻床	
4		计算机监控系统		
5		工业电视系统		
6		管理自动化系统		
7		全厂接地及保护网		
8		电梯设备及安装工程		
			大坝电梯	
			厂房电梯	
9		坝区馈电设备及安装工程		
			变压器	
			配电装置	
10		厂坝区供水、排水、供热设备及安装工程		
11		水文、泥沙监测设备及安装工程		
12		水情自动测报系统设备及安装工程		
13		视频安防监控设备及安装工程		
14		安全监测设备及安装工程		
15		消防设备		
16		劳动安全与工业卫生设备及安装工程		
17		交通设备		
Ⅱ		引水工程及河道工程		
一	泵站设备及安装工程			
1		水泵设备及安装工程		
2		电动机设备及安装工程		
3		主阀设备及安装工程		
4		起重设备及安装工程		
			桥式起重机	元/t(台)
			平衡梁	元/t(副)
			轨道	元/双10 m
			滑触线	元/二相10 m
5		水力机械辅助设备及安装工程		
			油系统	
			压气系统	

续表 1-3

序号	一级项目	二级项目	三级项目	技术经济指标
5		水力机械辅助设备及安装工程	水系统 水力量测系统 管路(管子、附件、阀门)	
6		电气设备及安装工程	控制保护系统 盘柜 电缆 母线	
二	水闸设备及安装工程			
1		电气一次设备及安装工程		
2		电气二次设备及安装工程		
三	电站设备及安装工程			
四	供电设备及安装工程			
1		变电站设备及安装工程		
五	公用设备及安装工程			
1		通信设备及安装工程	卫星通信 光缆通信 微波通信 载波通信 生产调度通信 行政管理通信	
2		通风采暖设备及安装工程	通风机 空调机 管路系统	
3		机修设备及安装工程	车床 刨床 钻床	
4		计算机监控系统		
5		管理自动化系统		
6		全厂接地及保护网		
7		厂坝区供水、排水、供热设备及安装工程		
8		水文、泥沙监测设备及安装工程		
9		水情自动测报系统设备及安装工程		

序号	一级项目	二级项目	三级项目	技术经济指标
10		视频安防监控设备及安装工程		
11		安全监测设备及安装工程		
12		消防设备		
13		劳动安全与工业卫生设备及安装工程		
14		交通设备		

表1-4 第三部分 金属结构设备及安装工程

序号	一级项目	二级项目	三级项目	技术经济指标
I		枢纽工程		
一	挡水工程			
1		闸门设备及安装工程		
			平板门	元/t
			弧形门	元/t
			埋件	元/t
			闸门、埋件防腐	元/t(m²)
2		启闭设备及安装工程		
			卷扬式启闭机	元/t(台)
			门式启闭机	元/t(台)
			油压启闭机	元/t(台)
			轨道	元/双10 m
3		拦污设备及安装工程		
			拦污栅	元/t
			清污机	元/t(台)
二	泄洪工程			
1		闸门设备及安装工程		
2		启闭设备及安装工程		
3		拦污设备及安装工程		
三	引水工程			
1		闸门设备及安装工程		
2		启闭设备及安装工程		
3		拦污设备及安装工程		
4		压力钢管制作及安装工程		
四	发电厂工程			
1		闸门设备及安装工程		
2		启闭设备及安装工程		

续表1-4

序号	一级项目	二级项目	三级项目	技术经济指标
五	航运工程			
1		闸门设备及安装工程		
2		启闭设备及安装工程		
3		升船机设备及安装工程		
六	鱼道工程			
Ⅱ		引水工程及河道工程		
一	泵站工程			
1		闸门设备及安装工程		
2		启闭设备及安装工程		
3		拦污设备及安装工程		
二	水闸(涵)工程			
1		闸门设备及安装工程		
2		启闭设备及安装工程		
3		拦污设备及安装工程		
三	小水电站工程			
1		闸门设备及安装工程		
2		启闭设备及安装工程		
3		拦污设备及安装工程		
4		压力钢管制作及安装工程		
四	调蓄水库工程			
五	其他建筑物工程			

表1-5　第四部分　施工临时工程

序号	一级项目	二级项目	三级项目	技术经济指标
一	导流工程			
1		导流明渠工程		
			土方开挖	元/m^3
			石方开挖	元/m^3
			模板	元/m^2
			混凝土	元/m^3
			钢筋	元/t
			锚杆	元/根
2		导流洞工程		
			土方开挖	元/m^3
			石方开挖	元/m^3
			模板	元/m^2
			混凝土	元/m^3

续表 1-5

序号	一级项目	二级项目	三级项目	技术经济指标
2		导流洞工程	钢筋	元/t
			喷混凝土	元/m³
			锚杆(索)	元/根(束)
3		土石围堰工程		
			土方开挖	元/m³
			石方开挖	元/m³
			堰体填筑	元/m³
			砌石	元/m³
			防渗	元/m³(m²)
			堰体拆除	元/m³
			其他	
4		混凝土围堰工程		
			土方开挖	元/m³
			石方开挖	元/m³
			模板	元/m²
			混凝土	元/m³
			防渗	元/m³(m²)
			堰体拆除	元/m³
			其他	
5		蓄水期下游断流补偿设施工程		
6		金属结构设备及安装工程		
二	施工交通工程			
1		公路工程		元/km
2		铁路工程		元/km
3		桥梁工程		元/延米
4		施工支洞工程		
5		码头工程		
6		转运站工程		
三	施工供电工程			
1		220 kV 供电线路		元/km
2		110 kV 供电线路		元/km
3		35 kV 供电线路		元/km
4		10 kV 供电线路(引水及河道)		元/km
5		变配电设施设备(场内除外)		元/座
四	施工房屋建筑工程			
1		施工仓库		

续表1-5

序号	一级项目	二级项目	三级项目	技术经济指标
2		办公、生活及文化福利建筑		
五	其他施工临时工程			

表1-6　第五部分　独立费用

序号	一级项目	二级项目	三级项目	技术经济指标
一	建设管理费			
二	工程建设设监理费			
三	联合试运转费			
四	生产准备费			
1		生产及管理单位提前进厂费		
2		生产职工培训费		
3		管理用具购置费		
4		备品备件购置费		
5		工器具及生产家具购置费		
五	科研勘测设计费			
1		工程科学研究试验费		
2		工程勘测设计费		
六	其他			
1		工程保险费		
2		其他税费		

　　二级、三级项目中,仅列示了代表性子目,编制概算时,二级、三级项目可根据初步设计阶段的工作深度和工程情况进行增减。

▓复习思考题

1-1　何谓基本建设程序,可划分为哪几个阶段?

1-2　试述工程造价的含义。

1-3　试述基本建设程序与工程造价的关系。

1-4　一般基本建设项目如何划分?举例说明。

1-5　水利工程项目如何划分?

 第 2 章　工程定额

2.1　定　额

2.1.1　定额的概念

定额是根据一定时期的生产力水平,规定生产合格产品消耗人力、物力或资金的数量标准。它是国家、地方、部门或企业制定的标准,反映一定时期的生产和管理水平。

工程定额是根据国家一定时期的管理制度,根据不同的用途和适用范围,由国家指定的机构按照一定程序编制的,并按照规定的程序审批和颁发执行。建筑工程中实行定额管理的目的,是在施工中力求用最少的人力、物力和资金消耗量,生产出更多、更好的建筑产品,取得最好的经济效益。

2.1.2　定额的特性和分类

2.1.2.1　定额的特性

1. 定额的科学性

工程建筑定额的科学性,表现在用科学的态度制定定额,尊重客观实际,力求定额水平合理,用科学的方法确定各项消耗量标准。所确定的定额水平是大多数建筑企业和职工经过努力能够达到的水平。

2. 定额的法令性

定额的法令性,是指定额一经国家、地方主管部门或授权单位颁发,各地区及有关建设单位、施工企业单位,都必须严格遵守和执行,不得随意变更定额的内容和水平。定额的法令性保证了建筑工程统一的造价与核算尺度。

3. 定额的群众性

定额的拟定执行,都要有广泛的群众基础。定额的拟定,通常采取工人、技术人员和专职定额人员三结合形式,使拟定定额时能够从实际出发,反映建筑安装工作的实际水平,并保持一定的先进性,使定额的内容为广大职工所掌握。

4. 定额的稳定性和时效性

建筑工程定额中的任何一种定额,在一段时期内都表现出较稳定的状态,根据具体情况不同,稳定的时间有长有短,一般在 5～10 年。但是,任何一种建筑工程定额都反映了一定时期的生产力水平,当生产力向前发展,定额就会变得陈旧,所以建筑工程定额具有稳定性和时效性。当定额不再起到它应有的作用的时候,建筑工程定额就要重新编制或重新修订了。

2.1.2.2 定额的分类

定额是根据使用对象和组织生产的具体目的不同而进行分类的,种类繁多。建筑安装工程定额的分类如图 2-1 所示。

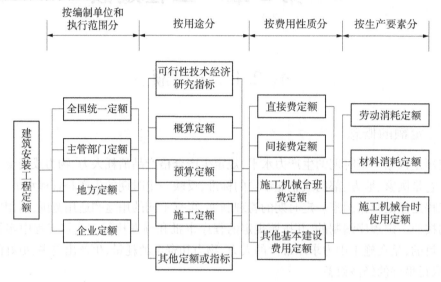

图 2-1　建筑安装工程定额的分类

在各种定额中,施工定额、预算定额、概算定额等在概预算中有很重要的用途,其构成如图 2-2 所示。

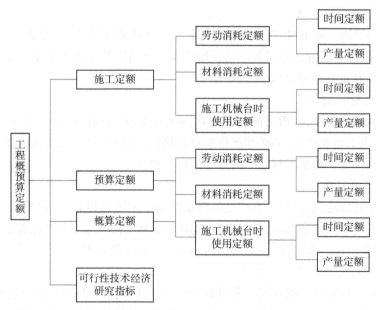

图 2-2　建筑安装工程概预算定额的构成

1. 按生产要素分类

建筑安装工程定额可分为劳动消耗定额、材料消耗定额和机械台时使用定额。

2. 按用途分类

建筑安装工程定额可分为施工定额、预算定额、概算定额及概算指标等。

3. 按费用性质分类

建筑安装工程定额可分为直接费定额、间接费定额等。

4. 按编制单位和执行范围分类

建筑安装工程定额可分为全国统一定额、主管部门定额、地方定额及企业定额等。

水利水电工程历年颁发定额如表 2-1 所示。

表 2-1　水利水电工程历年定额

颁发年份	定额名称	颁发单位
1954	水利水电工程预算定额（草案）	水利部、燃料工业部水电总局
	水力发电建筑安装工程施工定额（草案）	
	水力发电建筑安装工程预算定额（草案）	
1956	水力发电建筑安装工程预算定额	电力部
1957	水利工程施工定额（草案）	水利部
1958	水利水电建筑安装工程预算定额	水利电力部
	水力发电设备安装价目表	
1964	水利水电安装工程工、料、机械施工指标	
	水利水电建筑安装工程预算指标（征求意见稿）	
	水力发电设备安装价目表（征求意见稿）	
1965	水利水电工程预算指标（即"65"定额）	
1973	水利水电建筑安装工程定额（讨论稿）	
1975	水利水电建筑工程概算指标	
1975	水利水电设备安装工程概算指标	
1980	水利水电工程设计预算定额（试行）	
1983	水利水电建筑安装工程统一劳动定额	水利电力部水电总局
1985	水利水电工程其他工程费用定额	水利电力部
	水利水电建筑安装工程机械台班费定额	
1986	水利水电设备安装工程预算定额	
	水利水电设备安装工程概算定额	
	水利水电建筑工程预算定额	
1988	水利水电建筑工程概算定额	
1989	水利水电工程设计概（估）算费用构成及计算标准	
1990	水利水电工程投资估算指标（试行）	能源部、水利部
	水利水电工程勘测设计收费标准（试行）	
1991	水利水电工程勘测设计生产定额	水利水电规划总院
	水利水电工程施工机械台班费定额	能源部、水利部
1994	水利水电建筑工程补充预算定额	水利部
	水利水电工程设计概（估）算费用构成及计算标准	
1997	水力发电建筑工程概算定额	电力工业部
	水力发电设备安装工程概算定额	
	水力发电工程施工机械台时费定额	
1998	水利水电工程设计概（估）算费用构成及计算标准	水利部

续表 2-1

颁发年份	定额名称	颁发单位
1999	水利水电设备安装工程预算定额	水利部
	水利水电设备安装工程概算定额	
2000	水力发电设备安装工程概算定额	国家经济贸易委员会
2002	水利建筑工程预算定额(上、下册)	水利部
	水利建筑工程概算定额(上、下册)	
	水利工程设计概(估)算编制规定	
	水电工程设计概算编制办法及计算标准	国家经济贸易委员会
2003	水力发电设备安装工程预算定额	
2014	水利工程设计概(估)算编制规定	水利部

2.1.3　定额的作用

(1)定额是编制工程计划,组织和管理施工的重要依据。为了更好地组织管理施工生产,必须编制施工进度计划和施工作业计划,在编制计划和组织管理施工生产中,直接或间接地要以各种定额来作为计算人力、物力和资金需用量的依据。

(2)定额是确定建筑安装工程单价的依据。根据施工组织设计文件所确定的施工方法,即可套用相应定额所规定的人工、材料、机械设备的消耗量及各种费用标准来确定建筑安装工程单价。

(3)定额是建筑企业实行经济责任制的重要环节。全国建筑业都在推行投资包干制和以招标投标为核心的经济责任制,实行以项目经理为核心的管理机制和经济责任制。签订投资包干协议,计算招标标底和投标报价,签订总包和分包合同协议等,都要以建筑工程定额为依据。

(4)定额是企业降低工程成本的重要依据。建筑企业以定额为标准,来分析比较企业各种成本的消耗。并通过经济分析找出薄弱环节,提出改进措施,不断降低人工、材料、机械台时等费用在单位产品中的消耗,从而降低单位工程成本,取得更好的经济效益。

(5)定额是总结先进生产方法的手段。定额是在平均先进合理的条件下,通过对施工生产过程的观察,并通过经济分析综合制定的。它可以较科学地反映出生产技术和劳动组织的先进合理程度。因此,可以以定额的标定方法为手段,对同一建筑产品在同一施工操作条件下的不同生产方式进行观察、分析和总结,从而得到一套比较完整的先进生产方法,在施工生产中推广应用,使劳动生产率得到普遍提高。

2.2　定额的编制

2.2.1　定额的编制依据和原则

2.2.1.1　定额的编制依据

(1)定额编制的依据为现行建筑工程设计规范、施工验收技术规范、工程质量评定标

准及安全技术操作规范等建筑技术法规。

（2）建筑工程通用标准图集及有关科学实验、测定、统计和经济分析资料。

（3）现行的全国统一劳动定额、地区材料消耗定额、机械台时消耗定额及地区（行业）编制的施工定额。

（4）建筑安装工人劳动组合和技术等级标准。

2.2.1.2　定额的编制原则

1.按平均水平确定定额的原则

定额作为确定建筑产品价格的工具，必须遵照价值规律的客观要求，按建筑产品生产过程中所消耗的必要劳动时间确定定额水平。定额的平均水平根据现实的平均中等的生产条件、平均劳动熟练程度，在平均劳动强度下，完成单位建筑产品所需的劳动时间来确定。

2.贯彻简明适用性原则

定额的内容和形式，既要满足不同用途的需要，具有多方面的适用性，又要简单明了，易于掌握和应用。

定额项目的齐全与否对定额适用性的关系很大，要注意补充那些因采用新技术、新结构、新材料和先进技术而出现的新定额项目。如果项目不全，定额的缺漏项较多，就使建筑产品价格的确定缺少充足的可靠依据。

定额的项目划分要粗细恰当，步距合理。对于那些主要常用项目，定额划分要细一些，步距要小一些；次要的不常用的项目，定额划分要粗一些，步距也可适当放大一些。

3.统一性和差别性相结合的原则

统一性就是由中央主管部门归口，考虑国家的方针政策和经济发展要求，统一制定定额的编制原则和方法，具体组织和颁发全国统一定额，颁发有关的规章制度和条例细则，在全国范围内统一定额分项、定额名称、定额编号，统一人工、材料和机械台时消耗量的名称及计量尺度。另外，还大大加强了预算原始数据的科学性、标准化，为开展和推广电算化编制创造条件。

差别性就是在统一性基础上，各部门和地区可在管辖范围内，根据各自的特点，依据国家规定的编制原则，编制各部门和地区性定额，颁发补充性的条例细则，并加强定额的经常性管理。

2.2.2　定额的内容

不同的定额有不同的内容，现将几种常用定额内容介绍如下。

2.2.2.1　施工定额

施工定额是在一定的施工条件、施工方法和施工组织下，按照一定的工艺技术要求完成某一细部结构部位或结构构件的一个施工过程时，生产单位合格产品所需的人工、材料和施工机械台班的数量。施工定额包括劳动消耗定额、施工机械台时定额和材料消耗定额。施工定额用于编制施工组织设计，编制施工作业计划，签发工程任务单、限额领料单，结算计件工资及编制预算定额。

1.劳动消耗定额

劳动消耗定额，一般简称劳动定额，是在一定的施工组织和施工条件下，为完成单位合格产品所必须消耗的活劳动数量标准。它反映了建筑安装工人劳动生产率的平均先进水平,即大多数人经过努力可以达到的标准。劳动定额按其表现形式又可分为时间定额和产量定额。

1)时间定额

时间定额是指某工种、某技术等级的工人作业班组或个人,在合理的劳动组织和一定的生产技术条件下,为完成单位合格产品所必需的工作时间。定额时间包括准备时间、基本生产时间、辅助生产时间、不可避免的中断时间、工人必需的休息时间、结束时间。

时间定额以工日为单位,每个工日工作时间按现行制度为每个人 8 h,其计算方法如下:

$$单位产品时间定额(工日) = \frac{1}{每工日产量} \qquad (2\text{-}1)$$

或

$$单位产品时间定额(工日) = \frac{小组成员工日数总和}{台班产量} \qquad (2\text{-}2)$$

例如:某人工挖Ⅲ类土装斗车的每工日产量定额是 3.77 m³/工日。时间定额(工日) = 1/每工日产量 = 1/(3.77 m³/工日) = 0.265 工日/m³,即人工挖三类土装斗车 1 m³ 合格的土方需 0.265 工日。

2)产量定额

产量定额是在合理的劳动组织和一定的生产技术条件下,某工种、某技术等级的工人作业班组或个人,在单位时间内应完成合格产品的数量。其计算方法如下:

$$每工日产量 = \frac{1}{单位产品时间定额(工日)} \qquad (2\text{-}3)$$

或

$$台班产量 = \frac{小组成员工日数总和}{单位产品时间定额(工日)} \qquad (2\text{-}4)$$

产量定额的计量单位一般以产品计量单位和工日来表示,如 m³(或 m²、m、t)/工日。时间定额与产量定额互为倒数。时间定额一般用于计划,产量定额常用于分配任务。

劳动定额反映产品生产中活劳动力消耗的数量标准,是建筑安装工程定额中的重要部分。它不仅关系到施工生产中劳动力计划、组织和调配,而且关系到按需分配原则的贯彻,特别是施工定额中的劳动定额,在生产和分配两个方面都起着很大的作用,是组织生产、计算计件工资和编制预算定额的依据。

2. 材料消耗定额

材料消耗定额是在合理使用与节约的条件下,生产单位合格产品所需要一定品种、规格的原材料、半成品、燃料、配件和水、电等资源的数量标准。

根据材料使用次数的不同,建筑材料可分为直接性消耗材料和周转性材料两类。

1)直接性消耗材料

直接性消耗材料是指直接构成实体的消耗材料,包括不可避免的合理损耗材料。

2)周转性材料

周转性材料指工程施工中消耗的工具性材料,如脚手架、模板等。这类材料在施工中并不是一次消耗完,而是随着使用次数的增加而逐渐消耗,并不断得到补充,多次周转。周转性材料的消耗量是根据多次使用、分次摊销的方法计算的。

在水利工程中,材料消耗量的多少,节约还是浪费,对产品价格和工程成本有着直接影响。材料消耗定额在很大程度上影响着材料的合理调配和使用。在产品数量和材料质量一定的情况下,材料的供应量和需要量主要取决于材料消耗定额。用科学的方法正确地管理材料,就有可能保证材料的合理供应和合理使用,减少材料积压、浪费和供应不及时现象发生。这在水利工程建设规模巨大,建筑材料生产不能满足需要的具体情况下,更加具有现实意义。

3. 施工机械台时定额

施工机械台时定额也称为机械使用定额。它是指在合理使用机械和合理的施工组织条件下,完成单位合格产品所必须消耗的施工机械台班数量标准,包括有效工作时间、不可避免的中断和空转时间等。计量单位用台时表示。同劳动定额一样,施工机械台时定额也分时间定额和产量定额。

1)机械时间定额

机械时间定额是指在正常的施工条件下,某种机械完成单位合格产品所必须消耗的工作时间,其计算方法如下:

$$单位产品时间定额 = \frac{1}{每工日产量} \tag{2-5}$$

当人工配合机械工作时

$$单位产品时间定额 = \frac{小组成员工日数总和}{机械台班产量定额} \tag{2-6}$$

2)机械台班产量定额

机械台班产量定额是指某种机械在合理的劳动组织和施工组织及正常施工条件下,由熟练工人操纵机械,在工作小组成员配合下单位时间内完成质量合格产品数量,计算方法如下:

$$机械台班产量定额 = \frac{小组成员工日数总和}{时间定额} \tag{2-7}$$

例如,斗容量为 0.75 m^3 的正铲挖土机挖Ⅱ类土,挖土深度在 2 m 以内,从 1985 年全国建安工程劳动定额中定额编号 96 – 1 可知,每 100 m^3 的机械台班定额为 0.40/5.0(机械使用时间定额/机械操作人员时间定额),即机械使用时间定额为 0.40 台班/100 m^3、机械操作人员时间定额为 5.0 工日/100 m^3。挖土机小组成员为 2 人,平均技术等级为 4.5级,机械操作人员时间定额为:2 工日/0.40 台班/100 m^3 = 5.0 工日/100 m^3。

机械台班产量定额是台班内小组成员每工日完成的合格产品数,可作为编制机械需要计划,考虑机械效率和签发施工任务书及评定奖励等方面的依据。

2.2.2.2　预算定额

预算定额是确定某一计量单位的单元工程或构件的人工、材料和施工机械台班(台时)使用量的数量标准。它由国家主管部门或其授权单位组织编制、审批并颁发执行。它包括人工、材料和施工机械台班(台时)三部分内容,是在施工定额基础上,按照平均合理水平、简明适用、严谨准确的原则综合编制的。

建筑安装工程预算定额包括水利建筑工程预算定额和水利水电设备安装工程预算定额。预算定额是在编制招标标底和投标报价时,计算工程单价中人工、材料、机械台时需要量使用的一种定额,是一种计价性定额。

预算定额主要用于编制施工图预算、编制计划、考核成本和编制概算定额,它是供国家计划、财政等部门进行监督的基础文件,也是编制招标工程标底和投标报价的基础。

目前正在使用的是2002年颁发的《水利建筑工程预算定额》和1999年颁发的《水利水电设备安装工程预算定额》。由于各地区施工管理水平和实际条件各不相同,一般按本地区的有关定额执行。

预算定额是指在正常施工条件下,完成一定计量单位单元工程或结构构件的人工、材料和机械台班消耗标准。

预算定额是以施工定额为基础的,但是,预算定额不能简单地套用施工定额,必须考虑到它比施工定额包含了更多的可变因素,需要保留一个合理的幅度差。此外,确定两种定额水平的原则是不相同的。预算定额是社会平均水平,而施工定额是平均先进水平。因此,确定预算定额时,水平要相对低一些,一般预算定额要低于施工定额5%~7%。

1. 预算定额的作用

(1)预算定额是编制施工图预算的基本依据,是确定建筑产品价格的主要手段。

(2)预算定额是对设计方案进行技术经济比较,对新结构、新材料进行技术经济分析的依据。

(3)预算定额是编制施工组织设计文件时,确定劳动力、建筑材料、成品、半成品及施工机械需要量的依据。

(4)预算定额是拨付工程价款和工程竣工结算的依据。

(5)预算定额是施工企业内部经济核算的依据。

(6)预算定额是编制概算文件的基础。

(7)预算定额是招标投标工程编制标底及投标报价的依据。

2. 预算定额的内容

预算定额是一种比施工定额更为重要的建筑安装工程定额。预算定额在不同时期、不同专业和不同地区内,内容上虽不完全相同,但其基本内容变化不大,主要包括目录、总说明、各章说明、定额项目表、分章附录及总附录表等。

2.2.2.3 概算定额

概算定额是以预算定额为基础,根据已建和在建工程的设计、施工资料及常见施工方法与机具,由预算定额适当综合扩大而编制的。其内容比预算定额有更大的综合性。概算定额主要用于编制初步设计概算,也是编制投资估算指标的基础,还是选择设计方案、进行技术经济比较的依据。

例如,模板工程中的直墙圆拱形隧洞衬钢模板概算定额是由预算定额中的顶拱圆弧面、边墙墙面、底板等的模板制作和安装拆除等定额项目,综合在一起并适当扩大编制而成的,以适应概算编制的需要。

目前正在使用的是2002年颁发的《水利建筑工程概算定额》和1999年颁发的《水利

水电设备安装工程概算定额》。有些地区按本地区的有关定额执行。

1. 概算定额的作用

(1)概算定额是编制初步设计、技术设计的设计概算和修正设计概算的依据。

(2)概算定额是编制施工进度计划及材料和机械需用计划的依据。

(3)概算定额是进行设计方案经济比较的依据。

(4)概算定额是编制工程招标标底、投标报价,评定标价的依据。

(5)概算定额是编制概算指标的基础。

2. 概算定额的内容

概算定额一般由目录、总说明、各章说明、定额项目表和有关附录或附表等组成。

在总说明中主要阐明编制依据、使用范围、定额计量及其他有关的规定等。在章节说明中主要阐明有关定额的划分、定额的调整和其他规定等。在概算定额项目表中,分节定额的表头部分列有本节定额的工作内容、适用范围和计量单位,项目表中列有定额项目的人工、材料和机械台时消耗量指标。

2.2.3　定额编制的基本方法

定额的编制,一般采用实物量法,由劳动定额、材料消耗定额和施工机械台时定额三部分组成。

编制定额,需在具有足够的技术测定资料、统计资料、经验总结资料和其他有关文件、规范资料的基础上,选择定额编制方案,编制方法如下。

2.2.3.1　调查研究法

调查研究法是以参加施工实践的老工人、班组长为主体,并由施工技术人员、预算人员、定额及劳动人员、材料员等参加,根据他们在施工实践及管理中所积累的经验与资料,通过座谈讨论,然后整理加工拟定定额的方法。

通过调查研究所拟定的定额,其准确性在很大程度上取决于工人的施工技术水平、定额编制水平及材料人员的业务水平。为了确保施工定额的准确性,参加调查的人员必须具备以下条件:

(1)具有现场施工的实践经验,在施工中全局观念较强,能顾全大局,关心国家利益,摆正国家、单位、个人三者关系。

(2)熟悉施工定额的内容和要求。

2.2.3.2　统计分析法

统计分析法是根据施工实际中的工时消耗和施工机械台时消耗及产品完成数量的统计资料(如施工任务单、考勤报表、班组长日报表、领料单等)、原始记录和其他有关的统计资料,拟定定额的方法。

2.2.3.3　技术测定法

技术测定法是在施工过程中对各工序进行实测,进行有科学依据的实测分析。通过对施工过程的不定期检查,详细记录,可以获得施工过程中人工、材料及施工机械台时消耗,在对实测资料的整理、分析中就可以查明,哪些人力(工时)、材料、施工机械和消耗是必不可少的,哪些是由于管理不善而造成的浪费,从而可以确定在合理的生产组织措施下人工和机械正常所达到的劳动生产率和合理的各种材料消耗定额。但是,在进行测定前必须做好准备工作,使工人了解测定的目的和意义,调动工人对提高劳动生产率的自觉性。

通常采用技术测定法确定工时消耗及机械产量定额,采用实验室实验法和现场试验法确定材料消耗定额。

1. 实验室实验法

这种方法一般用于研究材料的强度与各种材料消耗的比例关系,获得各种配制方案,以判定各种材料的消耗定额。

2. 现场试验法

现场试验法即在施工实践中进行实际测算,它通常用于预算和修正计算分析法或实验室法制定材料定额。

2.3　定额的使用

2.3.1　定额的组成

现行定额一般由总说明、分册(章)说明、目录、定额表(子目)和有关附录组成。其中定额表(子目)是各种定额的主要组成部分。

(1)《水利建筑工程概算定额》(以下简称《概算定额》)和《水利建筑工程预算定额》(以下称《预算定额》)的定额表内列出了各定额项目完成不同子目的单位工程量所必需的人工、主要材料和主要机械台时消耗量。《概算定额》的部分项目和《预算定额》各定额表上方注明该定额项目的适用范围和工作内容,在定额表内对完成不同子目单位工程量所必须耗用的零星用工、材料及机具费用,以"零星材料费""其他材料费""其他机械费"表示,以百分率的形式列出。

(2)《水利水电设备安装工程概算定额》(以下简称《安装工程概算定额》)的定额表有实物量和安装费率两种定额表现形式。《水利水电设备安装工程预算定额》(以下简称《安装工程预算定额》)的定额表只以实物量的表现形式出现。定额包括的内容为设备安装和构成工程实体的主要装置性材料安装的直接费(人工费、材料费和机械使用费)。

(3)构成工程实体的主要装置性材料,是指本身属于材料,但又是被安装的对象,安装后构成工程实体的材料,如电缆、管道、母线、轨道等。该装置性材料本身的价值未包括在定额内。

2.3.2　定额的使用注意事项

定额是编制水利工程造价的重要依据,因此工程造价人员都必须熟练准确地使用定额。使用定额应注意以下事项:

(1)认真阅读定额的总说明和分册分章说明。对说明中指出的编制原则、依据、适用范围、使用方法、已经考虑和没有考虑的因素及有关问题的说明等都要熟悉。

(2)熟悉定额子目的工作内容、工序,了解工程的地质条件及建筑物的结构型式和尺寸等。熟悉施工组织设计,了解主要施工条件、施工方法和施工机械,根据工程部位、施工

方法、施工机械和其他施工条件正确地选择使用定额,做到不错项、不漏项、不重项。

(3)定额中的人工是指完成该定额子目工作内容所需的人工耗用量,包括基本工作和辅助工作,并按其所需技术等级,分别列示出工长、高级工、中级工、初级工的工时及其合计数。定额中的材料是指完成该定额子目工作内容所需的全部材料耗用量,包括主要材料(以实物量形式在定额中列出)及其他材料、零星材料。定额中的机械是指完成该定额子目工作内容所需的全部机械耗用量,包括主要机械和其他机械。其中,主要机械以台(组)时数量在定额中列出。定额中凡一种材料(或机械)名称之后,同时并列几种不同型号规格的,表示这种材料(或机械)只能选用其中一种进行计价。凡一种材料(或机械)分几种型号规格与材料(或机械)名称同时并列的,则表示这些名称相同而规格不同的材料(或机械)应同时计价。定额中其他材料费、零星材料费、其他机械费均以费率(%)形式表示,其计算基数是:其他材料费以主要材料费之和为计算基数,零星材料费以人工费、机械费之和为计算基数,其他机械费以主要机械费之和为计算基数。

(4)正确使用定额的各种附录。例如,对于建筑工程,要掌握土壤与岩石的分级、砂浆和混凝土配合比的确定;对于安装工程,要掌握安装费调整和各种装置性材料用量的确定等。

(5)正确掌握定额修正的各种换算关系。当施工条件与定额子目规定的条件不符时,应按定额说明和定额表附注中有关规定换算修正。使用时应注意区分修正系数是全面修正,还是只在人工、材料或机械台班消耗的某一项或几项上修正。

(6)定额项目的计算单位要和定额子目的计量单位一致。要注意区分土石方工程中的自然方、松方和压实方,砌石工程中的砌体方与石料码方等。

(7)注意定额总说明、分章说明、各子目下的“注”和附录等有关调整系数。如海拔超过 2 000 m 的调整系数、土方类别调整系数等。

(8)《概算定额》已按现行施工规范计入了合理的超挖量、超填量、施工附加量及施工损耗量所需增加的人工、材料和机械使用量,《预算定额》一般只计施工损耗量所需增加的人工、材料和机械使用量。所以,在编制工程概(估)算时,应按工程设计几何轮廓尺寸计算工程量;编制工程预算时,工程量中还应考虑合理的超挖、超填和施工附加量。

(9)非水利水电工程项目,按照专业专用的原则,应执行有关行业部门颁发的相应定额,如《公路工程概算定额》《铁路工程预算定额》等。

(10)注意定额中数字表示的适用范围:只用一个数字,不加“以上”“以下”“以内”“以外”“小于”“大于”等表示的,只适用于数字本身;数字后面用“以上”“以外”“超过”等表示的,都不包括数字本身;数字后面用“以下”“以内”“小于或等于”“不大于”等表示的,都包括数字本身;数字用“×××～×××”表示的,相当于“×××以上至×××以下”。当所求值介于两个相邻子目之间时,可用插入法调整,调整方法如下:

$$A = B + \frac{(C - B)(a - b)}{c - b} \tag{2-8}$$

式中　A——所求定额数;

　　　B——小于 A 而最接近 A 的定额数;

　　　C——大于 A 而最接近 A 的定额数;

　　　a、b、c——A 项、B 项、C 项的定额参数。

2.3.2.1　水利建筑工程概预算定额的使用

根据施工组织设计确定的工程项目的施工方法和施工条件,查定额项目表中相应定额子目,确定完成该项目单位工程所需人工、材料与施工机械台时耗用量,供编制工程预算单价使用。

使用水利建筑工程概预算定额时应注意:

(1)使用《概算定额》和《预算定额》中的混凝土拌制和运输定额时,均以半成品方为计量单位,不含施工损耗和运输损耗所消耗的人工、材料、机械的数量与费用。

(2)《概算定额》的混凝土材料定额中的"混凝土"系指完成单位产品所需的混凝土成品量,其中包括干缩、运输、浇筑和超填等损耗的消耗量在内。而《预算定额》的材料定额中"混凝土"一项系指完成单位产品所需的混凝土半成品量,其中包括冲(凿)毛、干缩、施工损耗、运输损耗和接缝砂浆等消耗量在内,即《预算定额》不含超填等损耗在内,使用定额应特别注意。

(3)使用《概算定额》和《预算定额》计算工程单价的基本方法是相同的。

2.3.2.2　安装工程概预算定额的使用

根据安装设备种类、规格,查相应定额项目表中子目,确定完成该设备安装所需人工、材料与施工机械台时耗用量,供编制设备安装工程单价使用。

水利部水建管〔1999〕523 号颁发的《安装工程预算定额》主要是以实物量形式表示的,在《安装工程概算定额》中有按费率形式表示的,其使用方法与建筑工程相同。

复习思考题

2-1　定额的含义及特性有哪些?

2-2　定额按用途、生产要素如何进行分类?

2-3　在合理使用机械和合理的施工组织条件下,用 6 t 塔式起重机吊运 100 m³ 混凝土,需消耗 11.60 台时,机械时间定额、机械产量定额、机械台时消耗定额如何表示?

2-4　导流明渠上口宽 17 m,沿渠线为 Ⅲ 类土,施工拟采用人工挖装,胶轮车运土,弃土用于机械填筑均质土围堰,平均运距 225 m,试求填筑围堰 100 m³ 实方所需挖运的人工、胶轮车的预算量(已知:100 m³ 实方可折算成 115.08 m³ 自然方)。

2-5　某河道堤防工程施工采用 1 m³ 挖掘机挖装 Ⅲ 类土,10 t 自卸汽车运输,平均运距 3 km,74 kW 拖拉机碾压(土料干重度为 16.2 kN/m³),堤防工程量 50 万 m³ 实方(可折算成 57.542 万 m³ 自然方),每天三班作业,试求:

(1)用 5 台拖拉机碾压,需要多少天完工?

(2)按以上进度,需配备多少台挖掘机和自卸汽车?

2-6　河道堤防工程施工采用 1 m³ 挖掘机挖装 Ⅲ 类土,10 t 自卸汽车运输,平均运距 7 km,74 kW 拖拉机碾压(土料干重度为 17.3 kN/m³),堤防工程量为 50 万 m³ 实方(折合 57.542 万 m³ 自然方),每天两班作业。问:如果要求在 80 天内完成,此堤防工程至少需配备多少台挖掘机、自卸汽车、拖拉机?

第3章 基础单价

基础单价包括人工预算单价,材料预算价格,施工机械台时费,施工用电、风、水单价,砂石料单价及混凝土、砂浆材料单价,是编制工程单价的基本依据。基础单价编制的准确程度,将直接影响工程概预算编制的质量。

3.1 人工预算单价

人工预算单价是指直接从事建筑安装工程施工的生产工人在单位时间(工时)内开支的各项费用,是计算建筑安装工程单价和施工机械台时费中人工费的基础单价。在编制概预算时,必须根据现行的水利企业的人工预算单价的组成内容和标准,按照国家有关规定,正确地确定人工预算单价。

人工预算单价包括基本工资和辅助工资两项。

3.1.1 基本工资

基本工资由岗位工资和生产工人年应工作天数内非作业天数的工资组成,其中:

(1)岗位工资是指按照职工所在岗位从事的各项劳动要素测评结果确定的工资。

(2)生产工人年应工作天数内非作业天数的工资,包括职工开会学习、培训期间的工资,调动工作、探亲、休假期间的工资,因气候影响的停工工资,女工哺乳期间的工资,病假在6个月以内的工资及产、婚、丧假期的工资。

3.1.2 辅助工资

辅助工资指在基本工资以外,以其他形式支付给职工的工资性收入,包括根据国家有关规定属于工资性质的各种津贴,主要包括艰苦边远地区津贴、施工津贴、夜餐津贴和节日加班津贴等。

《2014编规》中人工预算单价规定如表3-1所示。

表3-1　人工预算单价计算标准　　　　　　　　　　（单位:元/工时）

类别与等级	一般地区	一类区	二类区	三类区	四类区	五类区 西藏二类区	六类区 西藏三类区	西藏四类区
枢纽工程								
工长	11.55	11.80	11.98	12.26	12.76	13.61	14.63	15.40
高级工	10.67	10.92	11.09	11.38	11.88	12.73	13.74	14.51
中级工	8.90	9.15	9.33	9.62	10.12	10.96	11.98	12.75
初级工	6.13	6.38	6.55	6.84	7.34	8.19	9.21	9.98
引水工程								
工长	9.27	9.47	9.61	9.84	10.24	10.92	11.73	12.11

续表 3-1

类别与等级	一般地区	一类区	二类区	三类区	四类区	五类区 西藏二类区	六类区 西藏三类区	西藏四类区
高级工	8.57	8.77	8.91	9.14	9.54	10.21	11.03	11.40
中级工	6.62	6.82	6.96	7.19	7.59	8.26	9.08	9.45
初级工	4.64	4.84	4.98	5.21	5.61	6.29	7.10	7.47
河道工程								
工长	8.02	8.19	8.31	8.52	8.86	9.46	10.17	10.49
高级工	7.40	7.57	7.70	7.90	8.25	8.84	9.55	9.88
中级工	6.16	6.33	6.46	6.66	7.01	7.60	8.31	8.63
初级工	4.26	4.43	4.55	4.76	5.10	5.70	6.41	6.73

注:1. 艰苦边远地区划分执行人事部、财政部《关于印发〈完善艰苦边远地区津贴制度实施方案〉的通知》(国人部发〔2006〕61号)及各省(市、区)关于艰苦边远地区津贴制度实施意见。

2. 西藏地区的类别执行西藏特殊津贴制度相关文件规定。

3. 跨地区建设项目的人工预算单价可按主要建筑物所在地确定,也可按工程规模或投资比例进行综合确定。

3.2 材料预算价格

材料是指建筑安装工程中直接消耗在工程上的消耗性材料、构成工程实体的装置性材料和施工中重复使用的周转性材料。材料预算价格是指材料从购买地运到工地分仓库(或堆放场地)的出库价格,是计算建筑安装工程单价中材料费的基础单价。而材料费是工程投资的主要组成部分,占工程总投资的60%左右,因此正确地计算材料预算价格对于提高工程概预算质量,正确合理地控制工程造价具有重要意义。

3.2.1 材料的分类

水利工程建设中所用的材料品种繁多,规格各异,按其对投资影响的程度,可分为主要材料和次要材料。

3.2.1.1 主要材料

主要材料是指在施工中用量大或用量虽小但价格昂贵,对工程造价影响较大的材料。其预算价格要按品种逐一详细计算。

水利工程中常用的主要材料有钢材、木材、水泥、粉煤灰、油料、火工产品、电缆及母线等。

3.2.1.2 次要材料

次要材料是指施工中用量少,对工程造价影响较小的材料,包括电焊条、铁件、铁钉及其他次要材料。该部分材料的预算价格无需详细计算。

3.2.2 主要材料预算价格的组成及计算方法

主要材料预算价格一般包括材料原价、运杂费、运输保险费、采购及保管费四项,其计

算公式为

材料预算价格 =（材料原价 + 运杂费）×（1 + 采购及保管费费率）+ 运输保险费

$$(3-1)$$

3.2.2.1 材料原价

材料原价是指材料供应地点的交货价格［按目前增值税改革要求,材料价格采用"除税价"（不含进项税）］。按工程所在地区就近城市的市场成交价（或业主选定的厂家出厂价）或工程所在地建设工程造价管理部门公布的信息价计算。同种材料,因产源地、供应厂家不同,会有不同的供应价格。材料原价应按不同产源地的供应价格和供应比例,采用加权平均的方法计算。

（1）水泥。水泥产品价格由厂家根据市场供应状况和水泥的生产成本自主定价。水泥原价为选定厂家的出厂价（"除税价"）。

（2）钢材。包括钢筋、钢板及型钢,根据设计所需要的规格品种的市场价（"除税价"）计算。钢板及型钢的代表规格、型号和比例,按设计要求确定。

（3）木材。工程所需木材由林区贮木场直接供应的,原则上应执行设计所选定的贮木场的大宗市场批发价（"除税价"）;由工程所在地区木材公司供应的,执行地区木材公司规定的大宗市场批发价（"除税价"）。

（4）油料。包括汽油和柴油,其原价按工程所在地区石油公司的批发价（"除税价"）计算,汽油、柴油的规格型号按车辆要求及工程所在地区气温条件确定。

（5）火工产品。全部按国家及地区有关规定计算其价格（"除税价"）。其中炸药的代表规格为:2#岩石铵锑炸药,4#抗水岩石铵锑炸药,1 ~ 9 kg/包。

3.2.2.2 运杂费

运杂费是指材料由交货地点运至工地分仓库（或相当于工地分仓库的堆放场地）所发生的全部费用,包括各种运输工具的运费、调车费、装卸费和其他杂费。材料的运杂费按施工组织设计所选定的运输距离、运输方式、运输工具及厂家和交通部门规定的取费标准进行计算。

在计算材料的运杂费时,应注意以下几个问题。

1. 整车和零担的比例

整车与零担的比例指火车运输中整车和零担货物的比例,又称"整零比"。汽车运输不考虑整零比,铁路运输要考虑整零比。铁路运输中整车比零担的运价便宜,故材料运输时,应以整车为主,其整零比视工程规模大小而定。工程规模大、材料用量多,整零比就高。一般情况下,水泥、木材、炸药、汽油和柴油按整车计算,钢材可考虑部分零担。其比例:大型工程按10% ~20%选取,中型工程按20% ~30%选取。计算时,按整车和零担所占的百分率加权平均计算其运价。其计算公式为

运价 = 整车运价 × 整车率(%) + 零担运价 × 零担率(%) $(3-2)$

2. 铁路与公路运费的计费重量

（1）火车整车运输货物时,只有当货物重量超过车辆标重时,按其实际重量计费,其余一律按车辆标重计费。因此,在运输钢材、木材、炸药时,因为它们的实际运输重量往往达不到车辆标重,其运费计算应考虑不能满载时的装载系数。装载系数可按式（3-3）计

算,实际计算时可查表3-2。

$$装载系数 = \frac{实际运输重量}{运输车辆标重} \qquad (3-3)$$

表 3-2　火车整车运输装载系数表

序号	材料名称		装载系数
1	水泥、油料		1.00
2	木材		0.90
3	钢材	大型工程	0.90
		中型工程	0.80 ~ 0.85
4	炸药		0.65 ~ 0.70

注:只有火车整车运输时,才考虑装载系数,该系数小于或等于1。

考虑装载系数后的货物实际运价计算公式为

$$实际运价 = \frac{规定运价}{装载系数} \qquad (3-4)$$

(2)汽车运输货物时,一般不考虑装载系数,货物计费重量按实际运输重量计算。对每立方米重量不足 333 kg 的轻浮货物,整车运输时,其装车长、宽、高不得超过规定限度,以车辆标重计费;零担运输时,以货物包装最长、最宽、最高部分计算其体积,每立方米折算为 333 kg 计价。

3. 毛重系数的确定

运输部门不是按材料的实际重量,而是按材料运输重量(即毛重)计算运费的,故计算运费时要考虑材料的毛重系数。

$$毛重系数 = \frac{毛重}{净重} = \frac{材料实际重量 + 包装品重量}{材料实际重量} \qquad (3-5)$$

毛重系数大于或等于1。一般情况下,水泥、钢材、木材及油罐车运输的油料毛重系数为1,炸药毛重系数为1.17。油桶运输油料时,汽油毛重系数为1.15,柴油毛重系数为1.14。

3.2.2.3　运输保险费

材料运输保险费是指向保险公司交纳的材料保险费,其计算公式为

$$运输保险费 = 材料原价 \times 材料运输保险费费率 \qquad (3-6)$$

材料运输保险费费率依据保险公司的有关规定取值。

3.2.2.4　采购及保管费

材料采购及保管费是指材料在采购、供应和保管过程中所发生的各项费用,主要包括材料采购、供应和保管部门工作人员的基本工资、辅助工资、工资附加费、教育经费、办公费、差旅费、交通费及工具用具使用费,仓库、转运站等设施的检修费、固定资产折旧费、技术安全措施费和材料检验费,以及材料在运输、保管过程中发生的损耗等。其计算公式为

$$采购及保管费 = (材料原价 + 包装费 + 运杂费) \times 采购及保管费费率 \qquad (3-7)$$

《水利工程营业税改征增值税计价依据调整办法》(办水总〔2016〕132 号)规定,材料采购及保管费费率按表 3-3 计算。

表 3-3　采购及保管费费率

序号	材料名称	费率(%)
1	水泥、碎(砾)石、砂	3.3
2	钢材	2.2
3	油料	2.2
4	其他材料	2.75

3.2.3　次要材料预算价格的确定

次要材料预算价格一般不作详细计算,可根据工程所在地区就近城市建设工程造价管理部门发布的建设工程材料的信息价格进行计算,次要材料的预算价格等于其信息价格加上运至工地的运杂费。

3.2.4　基价及材料补差

为了避免材料市场价格起伏变化,造成间接费、利润的相应变化,有些地方主管部门对主要材料规定了统一的价格,按此价格计入工程单价,计取有关费用,故称为取费价格。一旦主管部门发布,其在一定时期内固定不变,故又称基价。

主要材料预算价格超过表 3-4 规定的材料基价时,应按基价计入工程单价参加取费,预算价与基价的差值以材料补差形式计算,列入单价表中并计取税金。

主要材料预算价格低于基价时,按预算价计入工程单价。

计算施工电、风、水价格时,按预算价参与计算。

表 3-4　主要材料基价

序号	材料名称	单位	基价(元)
1	柴油	t	2 990
2	汽油	t	3 075
3	钢筋	t	2 560
4	水泥	t	255
5	炸药	t	5 150

3.2.5　材料预算价格计算示例

【案例 3-1】　某水利工程混凝土所用水泥为强度等级 32.5 的普通硅酸盐水泥,试计算该种水泥预算价格。

已知:交货价为 450 元/t("除税价"),厂家至工地水泥罐的运杂费(含上罐费)为 100

元/t,运输保险费费率为1%。

解:水泥预算价格("除税价"):

$$(450 + 100) \times (1 + 3.3\%) + 450 \times 1\% = 572.65(元/t)$$

【**案例 3-2**】 某水利枢纽工程所用钢筋,由某钢铁公司供应。两供应点处,HRB400 级带肋钢筋所占比重为 60%,HPB300 级光圆钢筋所占比重为 40%(与设计要求相一致),按下列基本资料,计算钢筋的综合预算价格。

1. 出厂价

HRB400 级带肋钢筋:3 800 元/t("除税价");

HPB300 级光圆钢筋:3 600 元/t("除税价")。

2. 运输流程

钢铁公司 $\xrightarrow[\text{240 km}]{\text{火车}}$ 转运站 $\xrightarrow[\text{12 km}]{\text{汽车}}$ 工地分仓库。

3. 计算依据

(1)铁路。

火车运输整车与零担比为 8∶2,整车装载系数为 0.90;

火车运价:整车运价 60.00 元/t("除税价"),零担运价 0.15 元/kg("除税价");

火车出库装车综合费 6.80 元/t("除税价"),卸车费 4.20 元/t("除税价")。

(2)公路。

汽车运价 0.85 元/(t·km)("除税价");

转运站费用 10.00 元/t("除税价");

汽车装车费 5.00 元/t("除税价"),卸车费 4.60 元/t("除税价")。

(3)运输保险费费率:8‰。

(4)毛重系数为 1。

解:(1)原价。原价为出厂综合价("除税价"):3 800 × 60% + 3 600 × 40% = 3 720(元/t)。

(2)运输流程的运杂费计算,见表 3-5。

表 3-5 主要材料运杂费计算

编号		1	材料名称	钢筋	材料编号	
交货条件		钢铁公司	运输方式	火车	汽车	火车
交货地点		××市	货物等级	特等	整车	零担
交货比例		100%	装载系数	0.90	80%	20%

编号	运输费用类别	运输起讫地点	运输距离 (km)	计算公式	合计 (元)
1	铁路运输费	钢铁公司—转运站	240	60.00 ÷ 0.90 × 0.8 + 0.15 × 1 000 × 0.2 + 6.80 + 4.20	94.33
	公路运杂费	转运站—工地分仓库	12	10.00 + 0.85 × 12 + 5.00 + 4.60	29.80
	综合运杂费				124.13

(3)钢筋的综合预算价格计算,见表 3-6。

表 3-6   主要材料预算价格计算

编号	名称及规格	单位	除税价(元/t)				
			原价	运杂费	采购及保管费	保险费	预算价格
1	钢筋	t	3 720	124.13	(3 720 + 124.13)×2.2%	3 720×8‰	3 958.46

3.3   施工机械台时费

施工机械台时费是指一台施工机械正常工作 1 小时所支出和分摊的各项费用之和,是计算建筑安装工程单价中机械使用费的基础单价。随着水利工程施工机械化程度的日益提高,施工机械使用费占工程投资的比重越来越大,目前已达到 20% ~ 30% 。因此,正确计算施工机械台时费对合理确定工程造价十分重要。

3.3.1   施工机械台时费的组成

施工机械台时费由一类和二类费用组成。

3.3.1.1   一类费用

一类费用包括折旧费、修理及替换设备费、安装拆卸费。现行定额即水利部 2002 年颁发的《水利工程施工机械台时费定额》(以下简称《台时费定额》)中,一类费用按 2000 年的物价水平以金额形式表示。

《水利工程营业税改征增值税计价依据调整办法》(办水总〔2016〕132 号)及水利部办公厅《关于调整水利工程计价依据增值税计算标准的通知》(办财函〔2019〕448 号)按调整后的施工机械台时费定额和不含增值税进项税额的基础价格计算。施工机械台时费定额的折旧费除以 1.13 调整系数,修理及替换设备费除以 1.09 调整系数,安装拆卸费不变。

掘进机及其他由建设单位采购、设备费单独列项的施工机械,设备费采用不含增值税进项税额的价格。

3.3.1.2   二类费用

二类费用由机上人工费用和机械运转消耗的动力、燃料费用组成,在《台时费定额》中以工时数量和实物消耗量表示,其定额数量一般不允许调整。本项费用取决于每台机械的使用情况,只有在机械运转时才发生。其中:

(1)机上人工费指支付直接操纵施工机械的机上人员预算工资所需的费用,按中级工计算。

(2)动力、燃料费指保持机械正常运转所消耗的风、水、电、油、煤等费用。

3.3.2   施工机械台时费的计算

施工机械台时费的计算公式为

$$一类费用 = 施工机械台时费定额折旧费 /1.13 + 修理及$$
$$替换设备费 /1.09 + 安装拆卸费 \tag{3-8}$$

$$二类费用 = 定额机上人工工时数量 × 人工预算单价 +$$
$$\sum(动力、燃料额定消耗量 × 预算价格) \tag{3-9}$$

3.3.3　补充施工机械台时费的编制

当施工组织设计选取的施工机械在《台时费定额》中缺项,或规格、型号不符时,必须编制补充施工机械台时费,其水平要与同类机械相当。编制时可采用施工机械台时费定额编制方法进行编制。

3.3.3.1　一类费用

1. 折旧费

折旧费指机械在寿命期内回收原值的台时折旧摊销费用。《台时费定额》中的折旧费是按平均年限法确定的,其计算公式如下

$$折旧费 = \frac{机械预算价格 × (1 - 机械残值率)}{机械经济寿命台时} \tag{3-10}$$

式中　机械预算价格——国产机械预算价格为设备出厂价与运杂费之和,其中运杂费一般按出厂价的 5% 计算;进口机械预算价格为到岸价、关税、增值税、银行手续费、进出口公司手续费、商检费、港口杂费、运杂费用之和,按国家现行规定和有关资料计算;公路运输机械预算价格在机械预算价格的基础上,需增加车辆购置附加费,按现行规定,国产车取出厂价的 10% ,进口车取到岸价、关税、增值税之和的 15% 。

　　　　机械残值率——机械报废后回收的价值扣除机械清理费后占机械预算价格的百分率,通常选取 4% ~5% 。

　　　　机械经济寿命台时——机械开始运转至寿命终止时运转的总台时,其值为

$$机械经济寿命台时 = 经济使用年限 × 年工作台时 \tag{3-11}$$

2. 修理及替换设备费

修理及替换设备费指机械使用过程中,为了使机械保持正常功能而进行修理所需费用,日常保养所需的润滑油料费、擦拭用品费、机械保管费,以及替换设备、随机使用的工具附件等所需的台时摊销费用。具体包括以下项目。

1) 大修理费

大修理费指按照规定的大修理间隔期,为使机械保持正常功能而进行大修理所需的摊销费用。计算公式如下

$$台时大修理费 = 一次大修理费用 × 大修理次数 ÷ 经济寿命台时 \tag{3-12}$$

式中　一次大修理费用——机械进行一次全面修理所消耗的全部费用,主要是人工费、材料、配件、机械使用费、管理费、场内往返运输费等费用;

　　　　大修理次数——机械在使用期内,必须进行大修理的平均次数。

$$大修理次数 = 经济寿命台时 ÷ 大修理间隔台时 - 1 \tag{3-13}$$

2）经常修理费

经常修理费指机械中修及各级定期保养的费用。

$$台时经常修理费 = [一次中修费 × 中修次数 + \sum(各级保养一次费用 ×$$
$$各级保养次数)] ÷ 中修间隔台时 \qquad (3\text{-}14)$$

式中　一次中修费——在大修理间隔台时之间进行一次中修所发生的费用。

3）润滑材料及擦拭材料费

润滑材料及擦拭材料费指机械进行正常运转及日常保养所需的润滑油料、擦拭用品费。

$$台时润滑材料及擦拭材料费 = \sum(润滑材料及擦拭材料台时用量 × 相应单价)$$
$$(3\text{-}15)$$

4）保管费

保管费指机械保管部门保管机械所需的费用,包括机械在规定年工作台时以外的保养、维护所需的人工、材料和用品费用。

$$台时保管费 = (机械预算价格 ÷ 机械年工作台时) × 保管费费率 \qquad (3\text{-}16)$$

5）替换设备费

替换设备费指机械正常运转时耗用的设备用品及随机使用的工具附件等的摊销费用,包括机上需用的轮胎、启动机、电线、电缆、蓄电池、电气开关、仪表、传动皮带、钢丝绳、胶皮管、碎石机颚板等。

$$替换设备费 = \sum(某替换设备费一次用量 × 替换设备单价 ÷ 替换设备的寿命台时)$$
$$(3\text{-}17)$$

3. 安装拆卸费

安装拆卸费指机械进出工地的安装、拆卸、试运转和场内转移及辅助设施的摊销费用。按现行概预算编制规定,部分大型施工机械的安装拆卸费不在台时费中计列,列入第四部分"其他施工临时工程"项内。

$$安装拆卸费 = 一次安装拆卸费 × 每年平均安装拆卸次数 ÷ 年工作台时 \qquad (3\text{-}18)$$

对于同类型的新机械可利用已有的资料按下式计算：

$$安装拆卸费 = 折旧费 × 安装拆卸费费率 \qquad (3\text{-}19)$$

3.3.3.2　二类费用

1. 机上人工费

可参照同类机械确定机上人工工时数。

2. 动力、燃料费

计算补充机械台时费时,动力、燃料台时消耗量按以下公式计算。

1）电动机械

$$Q = Ntk \qquad (3\text{-}20)$$

式中　Q——台时电力耗用量,kWh;

　　　N——电动机额定功率,kW;

　　　t——设备工作小时数量,取 1 h;

k——电动机综合利用系数。

2）内燃机械、蒸汽机械

$$Q = NtGk \qquad (3-21)$$

式中　Q——内燃机械台时油料消耗量或蒸汽机械台时水（煤）消耗量，kg；

N——发动机额定功率，kW；

t——设备工作小时数量，取 1 h；

G——额定单位耗油量或额定单位耗水（煤）量，kg/kWh；

k——发动机或蒸汽机综合利用系数。

3）风动机械

$$Q = Vtk \qquad (3-22)$$

式中　Q——台时压缩空气消耗量，m^3；

V——额定压缩空气消耗量，m^3/min；

t——设备工作小时数量，取 60 min；

k——风动机械综合利用系数。

以上各式中的综合利用系数 k 可参考相应的资料选取。

3.3.4　组合台时费的计算

组合台时（简称组时）是指多台施工机械设备相互衔接或配合形成的机械联合作业系统的台时，组时费是系统中各机械台时费之和，其计算公式为

$$B = \sum_{i=1}^{m} T_i n_i \qquad (3-23)$$

式中　B——机械组时费，元/组时；

m——该系统的机械设备种类数目；

T_i——第 i 种机械设备的台时费，元/台时；

n_i——第 i 种机械配备的台数，台。

3.3.5　机械台时费计算示例

【案例3-3】　某水利枢纽工程（一般地区）中级工的人工预算单价为 8.90 元/工时，柴油的预算价格为 5.80 元/L（"除税价"），试按现行《台时费定额》计算 4 m^3 液压挖掘机的台时费。

解：查《台时费定额》定额编号 1014 可知：一类费用：折旧费 216.72 元/台时、修理及替换设备费 103.49 元/台时、安装拆卸费 0；二类费用：人工 2.7 工时/台时，柴油 44.7 kg/台时。

（1）一类费用 = 216.72/1.13 + 103.49/1.09 + 0 = 286.73（元/台时）；

（2）二类费用 = 8.90 × 2.7 + 5.80/0.85 × 44.7 = 329.04（元/台时）（柴油的密度为 0.85 kg/L）；

（3）挖掘机台时费 = 一类费用 + 二类费用 = 286.73 + 329.04 = 615.77（元/台时）。

3.4　施工用电、风、水单价

施工用电、风、水单价直接影响到施工机械台时费的高低。在水利工程施工过程中，电、风、水的消耗量非常大，其价格高低对建筑安装工程的投资影响较大。因此，在编制工程概预算时，要根据施工组织设计确定的电、风、水的供应方式、布置方式、设备配置情况等资料分别计算其单价。

施工用电、风、水单价是编制水利工程概预算的主要基础单位，其价格组成大致相同，由基本价、损耗摊销费、设施维修摊销费三部分组成。

3.4.1　施工用电单价

水利工程施工用电的供电方式主要分为两种：电网供电（简称外购电），自备柴油机发电（简称自发电）。

施工用电按用途可分为生产用电和生活用电两部分，生产用电包括施工机械用电、施工照明用电和其他生产用电，可直接计入工程成本。生活用电指生活及文化福利建筑的室内外照明和其他生活用电。生活用电不直接用于生产，应由职工自行负担，故施工用电电价仅指生产用电。

3.4.1.1　电价的组成

施工用电价格由基本电价、电能损耗摊销费和供电设施维修摊销费组成。

1. 基本电价（不含增值税进项税额）

基本电价是电价的主要组成部分。外购电的基本电价指按规定所需支付的供电价格，包括电网电价、电力建设基金及各种按规定的加价。自发电的基本电价指发电厂的单位发电成本。

2. 电能损耗摊销费

外购电的电能损耗摊销费指从企业与供电部门的产权分界处起，到现场各施工点最后一级降压变压器低压侧止，所有输配电线路和变配电设备上所发生的电能损耗摊销费。它包括高压输电线路损耗、场内变配电设备及配电线路损耗两部分。自发电的电能损耗摊销费是指从施工单位自建发电厂的出线侧起，至现场各施工点最后一级降压变压器低压侧止，所有输配电线路和变配电设备上所发生的电能损耗摊销费。从最后一级降压变压器低压侧至施工现场用电点间的电能损耗费用，已包括在各用电施工设备工器具的台时耗电定额之内，计算电价时不再考虑。

3. 供电设施维修摊销费

供电设施维修摊销费指摊入电价的变配电设备的折旧费、修理费、安装拆卸费、设备及输电线路的运行维护费。由于此类费用的具体计算较烦琐，初步设计阶段施工组织深度往往难以满足要求，因此编制概（估）算时往往不进行具体计算，而是采用经验指标直接摊入电价的方法计算，经验指标一般为 0.04 ~ 0.05 元/kWh。

3.4.1.2　电价的计算

1. 外购电电价

$$J_W = \frac{J}{(1 - k_1)(1 - k_2)} + C_g \tag{3-24}$$

式中　J_W——外购电电价,元/kWh;

J——基本电价,元/kWh;

k_1——高压输电线路损耗率,初设可取 3% ~ 5%;

k_2——35 kV 以下变配电设备及配电线路损耗率,初设可取 4% ~ 7%;

C_g——供电设施维修摊销费,初设可取 0.04 ~ 0.05 元/kWh。

2. 自发电电价

根据冷却水的不同供给方式,自发电电价可按以下公式计算。

1)采用水泵供给冷却水时

$$J_Z = \frac{C_T}{\sum Ptk(1 - k_1)(1 - k_2)} + C_g \tag{3-25}$$

式中　J_Z——自发电电价,元/kWh;

C_T——柴油发电机组(台)时总费用与水泵组(台)时总费用之和,元;

$\sum P$——柴油发电机额定容量之和,kW;

t——组(台)时时间,1 h;

k——发电机出力系数,一般取 0.8 ~ 0.85;

k_1——厂用电率,取 3% ~ 5%;

k_2——变配电设备及配电线路损耗率,取 4% ~ 7%;

C_g——供电设施维修摊销费,取 0.04 ~ 0.05 元/kWh。

2)采用循环冷却水,不用水泵时

$$J_Z = \frac{C_T}{\sum Ptk(1 - k_1)(1 - k_2)} + C_g + C_L \tag{3-26}$$

式中　J_Z——自发电电价,元/kWh;

C_T——柴油发电机组(台)时总费用,元;

$\sum P$——柴油发电机额定容量之和,kW;

t——组(台)时时间,1 h;

k——发电机出力系数,一般取 0.8 ~ 0.85;

k_1——厂用电率,取 3% ~ 5%;

k_2——变配电设备及配电线路损耗率,取 4% ~ 7%;

C_g——供电设施维修摊销费,取 0.04 ~ 0.05 元/kWh;

C_L——单位循环冷却水费,取 0.05 ~ 0.07 元/kWh。

3. 综合电价计算

若工程为自发电与外购电共用,各用电量比例按施工组织设计确定,综合电价则按各用电量比例加权平均后求得。

3.4.1.3 施工用电单价计算示例

【**案例3-4**】 某水利工程施工用电由电网供电。已知 1~10 kV 非工业、普通工业电价为 0.670 7 元/kWh(含增值税进项税额),高压输电线路损耗率取 4%,变配电设备及配电线路损耗率取 6%,供电设施维修摊销费取 0.04 元/kWh。试计算施工用电电价。

解: 由题意知,基本电价 J 取 0.670 7/1.13 元/kWh,高压输电线路损耗率 k_1 取 4%,变配电设备及配电线路损耗率 k_2 取 6%,供电设施维修摊销费 C_g 取 0.04 元/kWh,则

$$J_W = \frac{J}{(1-k_1)(1-k_2)} + C_g = \frac{0.670\ 7/1.13}{(1-4\%) \times (1-6\%)} + 0.04 = 0.70(元/kWh)$$

计算结果如表 3-7 所示。

表 3-7　施工用电价格计算书

序号	项目	计算公式及说明	单价	备注
一	电网售电价	1~10 kV	0.670 7/1.13	鄂发改价格〔2019〕175 号,元/kWh
二	高压输电线路损耗率 k_1	4%		
三	变配电设备及配电线路损耗率 k_2	6%		
四	供电设施维修摊销费		0.04	元/kWh
五	施工用电价格	$\dfrac{一}{(1-k_1)(1-k_2)}$ + 四	0.70	元/kWh

【**案例3-5**】 某水利枢纽工程(一般地区)施工用电由自配 160 kW 固定式柴油发电机发电供电,采用循环冷却水冷却发电机。已知台时费中折旧费 6.53 元/台时、修理及替换设备费 9.70 元/台时、安装拆卸费 1.72 元/台时,发电机出力系数 0.8,厂用电率 4%,变配电设备及配电线路损耗率取 6%,供电设施维修摊销费取 0.04 元/kWh,单位循环冷却水费,取 0.06 元/kWh,柴油市场价为 5.80 元/L("除税价")。试计算施工用电电价。

解: 采用循环冷却水,不用水泵时,由题意知:

柴油发电机组(台)时总费用 C_T 为 280.07 元/台时,其中:

一类费用 = 6.53/1.13 + 9.70/1.09 + 1.72 = 16.14(元/台时);

二类费用 = 8.90 × 3.90 + 5.80/0.85 × 33.70 = 264.67(元/台时)。

柴油发电机额定容量之和 $\sum P$ 为 160 kW;

组(台)时时间 t 取 1 h;

发电机出力系数 k 取 0.8;

厂用电率 k_1 取 4%;

变配电设备及配电线路损耗率 k_2 取 6%;

供电设施维修摊销费 C_g 取 0.04 元/kWh;

单位循环冷却水费 C_L 取 0.06 元/kWh。

$$J_Z = \frac{C_T}{\sum Ptk(1-k_1)(1-k_2)} + C_g + C_L$$

$$= \frac{280.07}{160 \times 1 \times 0.80 \times (1 - 4\%) \times (1 - 6\%)} + 0.04 + 0.06$$

$$= 2.53(元/kWh)$$

【案例3-6】　某水利工程施工用电，主要施工用电由电网供电，自配160 kW固定式柴油发电机发电保障紧急情况用电。测算电网供电占95%，柴油发电机发电占5%。试计算施工用电综合电价。

解：综合上述两题，综合电价计算结果如表3-8所示。

表3-8　施工用电单价计算表

简要说明：施工用电由电网供电，自配160 kW固定式柴油发电机发电保障紧急情况用电

电网供电比例(%)	95		
基本电价(元/kWh)	0.85		
高压输电线路损耗率(%)	4		
变配电设备及配电线路损耗率(%)	6		
供电设施维修摊销费(元/kWh)	0.04		
柴油发电机供电比例(%)	5		
其他供电比例(%)	0		
项目	单位	计算式	合计
电网供电电价	元/kWh	$\dfrac{0.670\,7/1.13}{(1 - 4\%) \times (1 - 6\%)} + 0.04$	0.70
柴油发电机供电电价	元/kWh		2.53
其他供电电价	元/kWh		0
综合电价	元/kWh	$0.70 \times 95\% + 2.53 \times 5\%$	0.79

3.4.2　施工用风单价

水利工程施工用风指石方开挖、混凝土工程、金属结构和机电设备安装等工程施工时，施工机械（如风钻、潜孔钻、凿岩台车、混凝土喷射机等）所需的压缩空气，一般由自建供风系统供给。风价是计算各种风动机械台时费的依据。

压缩空气可由固定式空压机或移动式空压机供给。在大中型工程中，一般采用多台固定式空压机组成供风系统，并以移动式空压机为辅助。对于工程量小、布局分散的工程，宜采用移动式空压机供风，此时可将其与用风的施工机械配套，以空压机台时费乘以台时使用量直接计入工程单价，不再单独计算风价，相应风动机械台时费中二类费用不再计算台时耗风费用。

为保证风压和减少管道损耗，水利工程施工工地一般分区布置供风系统，如左岸坝区、右岸坝区、厂房区等。各区供风系统因布置形式和机械组成不一定相同，因而各区的风价也不一定相同，此种情况下应采用加权平均的方法计算综合风价。

3.4.2.1 风价的组成

施工用风价格由基本风价、供风损耗摊销费和供风设施维修摊销费组成。

（1）基本风价。指根据施工组织设计确定的供风系统所配置的空压机设备，按台时总费用除以台时总供风量计算的单位风量价格。

（2）供风损耗摊销费。指由压气站至用风现场的固定供风管道在送风过程中所发生的风量损耗的摊销费用。其大小与管道铺设好坏、管道长短有关。供风损耗一般占总用风量的 6%～10%。供风管道短的，取小值，反之取大值。风动机械本身的用风及移动的供风损耗已包括在机械台时耗风定额内，不在风价中计算。

（3）供风设施维修摊销费。指摊入风价的供风设施的维护修理费用。因该项费用所占比重很小，在编制概（估）算时可不进行具体计算，而按经验指标 0.004～0.005 元/m³ 摊入风价。

3.4.2.2 风价的计算

施工用风价格，根据冷却水的不同供给方式，可按以下公式计算。

1. 采用专用水泵供给冷却水时

$$J_风 = \frac{C_T}{\sum Q t k_1 (1 - k_2)} + C_g \tag{3-27}$$

式中　$J_风$——风价，元/m³；

　　　C_T——空压机组（台）时总费用与水泵组（台）时总费用之和，元；

　　　$\sum Q$——空压机额定容量之和，m³/min；

　　　t——组（台）时时间，60 min；

　　　k_1——空压机出力系数，取 0.70～0.85；

　　　k_2——供风损耗率，取 6%～10%；

　　　C_g——供风设施维修摊销费，取 0.004～0.005 元/m³。

2. 采用循环冷却水，不用水泵时

$$J_风 = \frac{C_T}{\sum Q t k_1 (1 - k_2)} + C_g + C_L \tag{3-28}$$

式中　$J_风$——风价，元/m³；

　　　C_T——空压机组（台）时总费用，元；

　　　$\sum Q$——空压机额定容量之和，m³/min；

　　　t——组（台）时时间，60 min；

　　　k_1——空压机出力系数，取 0.70～0.85；

　　　k_2——供风损耗率，取 6%～10%；

　　　C_g——供风设施维修摊销费，取 0.004～0.005 元/m³；

　　　C_L——单位循环冷却水费，取 0.007 元/m³。

3.4.2.3 施工用风单价计算示例

【案例 3-7】 某水利工程供风系统设电动移动式空压机一台，其容量为 3 m³/min。

该空压机台时费中折旧费 1.52 元/台时、修理及替换设备费 3.13 元/台时、安装拆卸费 0.43 元/台时,人工 1.30 工时/台时、用电量 15.10 kWh/台时;采用循环水冷却。空压机出力系数取 0.80,供风损耗率取 8%,单位循环冷却水费取 0.007 元/m³,供风设施维修摊销费取 0.005 元/m³,试计算风价。

解:空压机台时费为 28.15 元/台时,其中:

一类费用 = 1.52/1.13 + 3.13/1.09 + 0.43 = 4.65(元/台时);

二类费用 = 8.90 × 1.30 + 0.79 × 15.10 = 23.50(元/台时)。

取 $k_1 = 0.80$,$k_2 = 8\%$,$C_g = 0.005$ 元/m³,$C_L = 0.007$ 元/m³,则

$$J_\text{风} = \frac{C_T}{\sum Qtk_1(1 - k_2)} + C_g + C_L = \frac{28.15}{3 \times 60 \times 0.80 \times (1 - 8\%)} + 0.005 + 0.007$$

$$= 0.22(元/m^3)$$

一般施工用风单价采用如表 3-9 所示的计算表计算。

表 3-9　施工用风价格计算表

序号	项目	计算公式及说明	单价	备注
一	空压机台时总费用	选用电动移动式空压机 3 m³/min	28.15	元/组时,台时定额编号 8009
二	空压机额定容量之和	3		m³/min
三	能量利用系数	0.8		
四	供风损耗率	8%		
五	供风设施维修摊销费		0.005	元/m³
六	单位循环冷却水费		0.007	元/m³
七	施工用风价格	$\dfrac{一}{二 \times 60 \times 三 \times (1 - 四)} + 五 + 六$	0.22	元/m³

3.4.3　施工用水单价

水利工程施工用水包括生产用水和生活用水两部分。生产用水指直接进入工程成本的施工用水,包括施工机械用水、砂石料筛选用水、混凝土拌制养护用水、土石坝砂石料压实用水、灌浆用水等,生产用水水价是计算施工机械台时费和工程单价的依据。生活用水主要指职工、家属的饮用水和洗涤用水等。水利工程造价预测的施工用水水价仅指生产用水水价,而生活用水应在间接费内开支或由职工自行负担,不在水价计算范围之内。

3.4.3.1　水价的组成

施工用水价格由基本水价、供水损耗摊销费和供水设施维修摊销费组成。

(1)基本水价指根据施工组织设计确定的按高峰用水所配置的供水系统设备,按台时产量分析计算的单位水量价格。基本水价是构成水价的主要组成部分,其高低与生产用水的工艺要求及施工布置有关,当扬程高、用水需作沉淀处理时,水价就高,反之则低。

(2)供水损耗摊销费指施工用水在储存、输送、处理过程中造成水量损失的摊销费

用。其大小与贮水池、供水管道的设计、施工质量,以及运行中维修管理的好坏有关。供水损耗一般占总出水量的 6% ~ 10% ,供水范围大、扬程高、采用两级以上泵站的供水系统时取大值,反之取小值。

(3)供水设施维修摊销费指摊入单位水价的贮水池、供水管道等供水设施的维护修理费用。由于该项费用难以准确计算,编制概(估)算时,一般可按经验指标 0.04 ~ 0.05 元/m³摊入水价。

3.4.3.2　水价的计算

施工用水价格,应根据施工组织设计确定的供水系统所配置的水泵设备(不包括备用设备)的组(台)时总费用和组(台)时总有效出水量计算。

水价计算公式为

$$J_{水} = \frac{C_{T}}{\sum Qtk_1(1 - k_2)} + C_g \tag{3-29}$$

式中　$J_{水}$——水价,元/m³;

C_{T}——水泵组(台)时总费用,元;

$\sum Q$——水泵额定流量之和,m³/h;

t——组(台)时时间,1 h;

k_1——水泵出力系数,取 0.75 ~ 0.85;

k_2——供水损耗率,取 6% ~ 10%;

C_g——供水设施维修摊销费,取 0.04 ~ 0.05 元/m³。

3.4.3.3　水价计算时应注意的问题

(1)供水系统为一级供水时,组(台)时总出水量按全部工作水泵的总出水量计。

(2)供水系统为多级供水,且水量全部通过最后一级水泵出水时,组(台)时总出水量按最后一级水泵的出水量计,而组(台)时总费用应包括所有各级工作水泵的台时费。

(3)供水系统为多级供水,且供水量中有部分不通过最后一级水泵,而由其他各级分别供水时,其组(台)时总出水量为各级出水量之和,组(台)时总费用为所有各级工作水泵的台时费之和。

(4)在生产、生活采用同一多级供水系统时,若最后一级全部供生活用水,则组(台)时总出水量应包括最后一级出水量,但组(台)时总费用不包括最后一级水泵的台时费。

(5)在计算组(台)时总出水量和组(台)时总费用时,如果总出水量中不包括备用水泵的出水量,则组(台)时总费用中也不应包括备用水泵的台时费;反之,如计入备用水泵的出水量,则组(台)时总费用中应计入备用水泵的台时费。

(6)生产用水如需分别设置几个供水系统,则可按各系统供水量的比例加权平均计算综合水价。

3.4.3.4　施工用水单价计算示例

【案例 3-8】　某施工用水为一级供水,采用一台 17 kW 离心水泵(其中备用 1 台),设计出水量 45 m³/h。水泵的台时总费用中折旧费 0.31 元/台时、修理及替换设备费 1.76 元/台时、安装拆卸费 0.51 元/台时、人工 1.30 工时/台时、用电量 15.50 kWh/台时。水泵的出力系数取 0.80,供水损耗率取 8%,供水设施维修摊销费取 0.05 元/m^3,试计算水价。

解:17 kW 离心水泵台时费为 27.46 元/台时,其中:

一类费用 = 0.31/1.13 + 1.76/1.09 + 0.51 = 2.40(元/台时);

二类费用 = 8.90 × 1.30 + 0.87 × 15.50 = 25.06(元/台时)。

取 k_1 = 0.80,k_2 = 8%,C_g = 0.05 元/m^3,则

$$J_{水} = \frac{C_T}{\sum Qtk_1(1-k_2)} + C_g = \frac{27.46}{45 \times 1 \times 0.80 \times (1-8\%)} + 0.05 = 0.88(元/m^3)$$

一般施工用水单价采用如表 3-10 所示的计算表计算。

表 3-10　施工用水价格计算书

序号	项目	计算公式及说明	单价	备注
一	水泵总费用	一级泵站供水,设计出水量 45 m^3/h。选用单级离心水泵 17 kW	27.46	元/组时,台时定额编号 9022
二	水泵额定容量之和	45		m^3/h
三	能量利用系数 k	0.8		
四	供水损耗率	8%		
五	供水设施维修摊销费		0.05	元/m^3
六	施工用水价格	$\frac{一}{二 \times 三 \times (1-四)}$ + 五	0.88	元/m^3

🔰 3.5　砂石料单价

砂石料是水利工程中砂、卵(砾)石、碎石、块石、料石等材料的统称。砂石料是水利工程中混凝土和堆砌石等构筑物的主要建筑材料。其单价高低对工程造价有较大的影响,应作为主要基础单价认真编制。

水利工程建设中,由于砂石料使用强度高,使用量大,一般大中型工程由施工单位自行采备,形成机械化联合作业系统。小型工程可从就近的砂石料市场采购。对于外购的砂石料,按材料预算价格的计算方法,根据市场实际调查情况和有关规定计算其单价。本节重点讨论利用天然砂石料自采混凝土骨料和从石场自采石料单价的计算方法。

3.5.1　砂石骨料单价计算的基本方法

骨料单价计算方法有两种,一是系统单价法,二是工序单价法。

3.5.1.1　系统单价法

系统单价法是指以从原料开采运输到骨料运至搅拌楼(场)骨料仓(堆)上的整个砂石料生产系统为计算单元,用系统单位时间的生产总费用除以系统单位时间的骨料产量求得骨料单价。计算公式为

$$骨料单价 = \frac{系统生产总费用}{系统骨料产量} \tag{3-30}$$

式中,系统生产总费用包括人工费、机械使用费和材料费。其中人工费可按施工组织设计确定的劳动组合计算的人工工时数量,乘以相应的人工预算单价求得。机械使用费按施工组织设计确定的机械组合所需机械型号、数量分别乘以相应的机械台时费计算,材料费可参考定额数量计算。

系统骨料产量应考虑施工不同时期(初期、中期、末期)的生产不均匀性因素,经分析计算后确定。

系统单价法避免了影响计算成果准确的损耗和体积变化这两个复杂问题,计算原理相对科学,但对施工组织设计深度要求较高,在选定系统设备、型号、数量及确定单位时间的骨料产量时有一定程度的任意性。

3.5.1.2 工序单价法

工序单价法是按骨料的生产流程,分解成若干工序,然后以工序为计算单元,按现行相应定额计算各个工序单价,再累计计算成品骨料单价。

该方法概念明确,易于结合工程实际,目前被水利行业广泛采用。本节重点介绍工序单价法。

3.5.2 砂石骨料单价计算

砂石骨料单价是指从料场覆盖层清除开始到成品骨料运至拌制系统骨料仓(场)为止,全过程应计算的费用,包括弃料处理费用。其单价应根据料源情况、开采条件和工艺流程等进行计算。

3.5.2.1 砂石料生产的工艺流程

(1)覆盖层清除。天然砂石料场(一般为河滩)表层都有杂草、树木、腐殖质土等覆盖,在毛料开采前应剥离清除。

(2)毛料开采运输。指毛料(未经加工的砂砾料)从料场开采并运至毛料堆存处的整个过程,可分为水上开采运输和水下开采运输。

(3)预筛分。指将毛料隔离超径石的过程。

(4)超径石破碎。指将预筛分隔离的超径石进行一次或两次破碎,加工成需要粒径的碎石半成品的过程。

(5)筛洗加工。指为满足混凝土骨料质量和级配要求,将预筛分后的半成品料,通过各级筛分机与洗砂机冲洗筛分成设计需要的成品料,且分级堆存。

(6)中间破碎。指由于生产和级配平衡的需要,将一部分多余的大粒径骨料破碎加工的过程。

(7)成品骨料运输。指经过筛洗加工后的成品料,由筛分楼(场)成品料仓(场)运至拌和楼(场)骨料仓(场)的过程。运距较近时采用皮带机,运距较远时使用自卸汽车或机车。

(8)弃料处理。因天然砂砾中的自然级配组合与设计采用的级配组合不同而产生的弃料的处理过程,包括级配弃料处理和超径石弃料处理。

(9)二次筛洗。指骨料经长距离运输或长期堆放后,造成逊径或含泥量超过规定,需要进行第二次筛洗的过程。

以上各工序可根据料场天然级配和混凝土生产需要,在施工组织设计中确定其取舍与组合。

3.5.2.2　砂石骨料单价的计算步骤及方法

计算砂石骨料单价应按下列步骤进行。

1. 收集基本资料

主要内容有:

(1)料场位置、地形、地质与水文地质条件,开采与运输条件。

(2)料场的储量、可开采量、设计砂石料用量。

(3)各料场覆盖层清除厚度、数量及其占毛料开采量的比例与清除方法。

(4)砂石料的天然级配与设计级配,级配平衡计算结果。

(5)毛料的开采、运输、堆存方法。

(6)砂石骨料生产系统工艺流程及设备配置情况与生产能力。

2. 确定计算参数

计算参数包括覆盖层清除摊销率、弃料处理摊销率。

1)覆盖层清除摊销率

料场覆盖层清除摊销率指覆盖层的清除量占成品骨料总量的百分率,其计算公式为

$$覆盖层清除摊销率 = \frac{覆盖层清除量(自然方)}{成品骨料总量(成品堆方)} \times 100\% \qquad (3\text{-}31)$$

2)弃料处理摊销率

天然砂石料加工过程中,有部分废弃的砂石料,包括级配弃(余)料、超径弃料及施工损耗。其中施工损耗已在定额中考虑,不再计入弃料处理摊销费,对于级配弃(余)料、超径弃料,则需分别计算其弃料处理单价,然后摊入成品骨料单价中。其弃料处理摊销率的计算公式为

$$弃料处理摊销率 = \frac{弃料处理量(堆方)}{成品骨料总量(成品堆方)} \times 100\% \qquad (3\text{-}32)$$

3. 选用现行定额计算各工序单价

根据砂石骨料单价的含义,工序单价应包括覆盖层清除单价、各开采加工工序单价、成品骨料运输单价、弃料处理单价。各工序单价应根据施工组织设计提供的料场规划及相关资料、生产流程、施工方法等套用"土石方工程"和"砂石备料工程"中相应定额子目,分别计算。

4. 计算砂石骨料综合单价

$$砂石骨料综合单价 = 覆盖层清除摊销费 + 开采加工单价 + 弃料处理摊销费$$
$$(3\text{-}33)$$

其中　　$$覆盖层清除摊销费 = \sum(覆盖层清除单价 \times 覆盖层清除摊销率) \qquad (3\text{-}34)$$

$$弃料处理摊销费 = \sum(弃料处理单价 \times 弃料处理摊销率) \qquad (3\text{-}35)$$

$$开采加工单价 = \sum (各开采加工工序单价 + 成品骨料运输单价) \quad (3\text{-}36)$$

3.5.3　计算砂石骨料单价时应注意的问题

(1)砂石骨料加工过程中,如需进行超径石破碎或中间破碎,其对应的工序单价应为按破碎比例折算后的工序单价,即

$$超径石破碎(中间破碎)单价 = 相应定额工序单价 \times \frac{破碎量(t)}{设计成品骨料总量(t)}$$

$$\quad (3\text{-}37)$$

(2)根据施工组织设计,如骨料在进入搅拌楼之前需设置二次筛洗,可采用相应定额计算其工序单价。若只需对某些骨料进行二次筛洗,则其工序单价应为按筛洗比例折算后的工序单价,即

$$二次筛洗单价 = 相应定额工序单价 \times \frac{筛洗量(t)}{设计成品骨料总量(t)} \quad (3\text{-}38)$$

(3)在计算砂石骨料单价时,毛料开采运输工序单价应乘以调整系数。该系数可根据筛洗定额中砂砾料的采运量与筛洗成品量的比例大小来确定。其计算公式为

$$调整系数 = \frac{砂砾料的采运量(t)}{筛洗成品量(t)} \quad (3\text{-}39)$$

(4)弃料如用于其他工程项目,应按可利用量的比例从砂石骨料单价中扣除。

(5)按水利部现行编制规定,砂石料单价应计入直接费、间接费、利润及税金。本节中砂石料各工序单价均指已计入了上述费用后的工序单价。

3.5.4　砂石骨料单价计算示例

【案例 3-9】　某水利枢纽工程,混凝土所需骨料拟从天然砂砾料场开采,料场覆盖层清除量为 15 m³(自然方),设计需用成品骨料 150 万 m³(成品方),超径石 7.5 m³(堆方)作弃料,并运至弃渣场,试根据下列已知条件用水利部现行建筑工程概算定额计算骨料单价。

已知:(1)工艺流程框图如下:

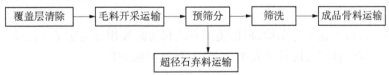

(2)工序单价:

覆盖层清除为 10.16 元/t;毛料开采运输为 6.12 元/t;预筛分为 1.28 元/t;筛洗为 6.64 元/t(其中筛洗 100 t 成品料所需的砂砾料采运量为 110 t);成品骨料运输为:砂 8.90 元/t,石子 8.61 元/t;超径石弃料运输为 5.89 元/t。

(3)砂石骨料的密度:

砂的密度按 1.55 t/m³、粗骨料的密度按 1.65 t/m³ 计。

解:(1)确定计算参数:

$$覆盖层清除摊销率 = \frac{15}{150} \times 100\% = 10\%$$

$$超径石弃料处理摊销率 = \frac{7.5}{150} \times 100\% = 5\%$$

(2)计算砂石骨料的综合单价:

综合单价为覆盖层清除摊销费、开采加工单价、超径石弃料摊销费三者之和。

覆盖层清除摊销费 $= 10.16 \times 10\% = 1.02(元/t)$

砂的开采加工单价 $= 6.12 \times 100/110 + 1.28 + 6.64 + 8.90 = 22.38(元/t)$

粗骨料的开采加工单价 $= 6.12 \times 100/110 + 1.28 + 6.64 + 8.61 = 22.09(元/t)$

超径石弃料处理摊销费 $= (6.12 \times 100/110 + 1.28 + 5.89) \times 5\% = 0.64(元/t)$

砂的综合单价 $= 1.02 + 22.38 + 0.64 = 24.04(元/t)$

粗骨料的综合单价 $= 1.02 + 22.09 + 0.64 = 23.75(元/t)$

折算后:砂的综合单价 $= 24.04 \times 1.55 = 37.26(元/m^3)$

粗骨料的综合单价 $= 23.75 \times 1.65 = 39.19(元/m^3)$

3.5.5 自采石料单价计算

自采块石、条石、料石单价是指将开采的质量合格的石料运至施工现场堆料点的价格。一般包括料场覆盖层(风化层、无用夹层)清除、石料开采、加工(修凿)、运输、堆存及石料在开采、加工、运输、堆存过程中的损耗等。

石料单价应根据地质报告有关资料和施工组织设计确定的工艺流程、施工方法,选用相应定额子目进行计算,其计算公式为

$$J_{石} = fD_f + (D_1 + D_2) \times (1 + k) \tag{3-40}$$

式中 $J_{石}$——石料单价,块石按成品码方,料石、条石按清料方计,元/m^3;

      f——覆盖层清除率,指覆盖层清除量占成品石料总量的百分率;

      D_f——覆盖层清除单价,根据施工方法,按定额相应子目计算,元/m^3;

      D_1——石料开采单价,根据岩石级别、石料种类和施工方法按相应定额子目计算,元/m^3;

      D_2——石料运输堆存单价,根据施工方法和运距按相应定额子目计算,元/m^3;

      k——综合损耗率,块石可取4%,条石、料石可取2%。

3.6 混凝土、砂浆材料单价

混凝土、砂浆材料单价是指配制 1 m^3 混凝土、砂浆所需要的水泥、砂、石子、水、掺合料及外加剂等各种材料的费用之和,不包括拌制、运输、浇筑等工序中所需的人工、材料和机械费用。混凝土、砂浆材料单价在混凝土工程单价中占有较大比重,在编制混凝土工程概算单价时,应根据设计选定的不同工程部位的混凝土及砂浆的强度等级、级配和龄期确定出各组成材料的用量,进而计算出混凝土、砂浆材料单价。

3.6.1　混凝土材料单价的计算步骤及计算方法

混凝土各组成材料的用量是计算混凝土材料单价的基础,应根据工程试验提供的资料计算,若设计深度或试验资料不足,也可按下述计算步骤及方法计算 1 m³ 混凝土半成品的材料用量。

3.6.1.1　选定水泥品种与强度等级

拦河坝等大体积水工混凝土,一般可选用强度等级为 32.5 或 42.5 的水泥。对于水位变化区外部混凝土,宜选用普通硅酸盐大坝水泥和普通硅酸盐水泥;对于大体积建筑物内部混凝土、位于水下的混凝土和基础混凝土,宜选用矿渣硅酸盐大坝水泥、矿渣硅酸盐水泥和粉煤灰硅酸盐水泥。

3.6.1.2　确定混凝土强度等级和级配

混凝土强度等级和级配应根据水工建筑物各结构部位的运用条件、设计要求和施工条件确定。在资料不足的情况下,可参照表3-11选定。

表 3-11　混凝土强度等级与级配参考表

工程类别		不同强度等级不同级配混凝土所占比例(%)		
		C20 ~ C25 二级配	C20 三级配	C15 三级配
大体积混凝土坝		8	32	
轻型混凝土坝		8	92	
水闸		6	50	44
溢洪道		6	69	25
进水塔		30	70	
进水口		20	60	20
隧洞衬砌	1. 混凝土泵浇筑	80	20	
	2. 其他方法浇筑	30	70	
竖井衬砌	1. 混凝土泵浇筑	100		
	2. 其他方法浇筑	30	70	
明渠混凝土			75	25
地面厂房		35	35	30
河床式电站厂房		50	25	25
地下厂房		50	50	
扬水站		30	35	35
大型船闸		10	90	
中、小型船闸		30	70	

3.6.1.3　确定混凝土各材料用量

为节省水泥用量,所有现浇混凝土均应采用掺外加剂的混凝土配合比,大体积建筑物内部混凝土与碾压混凝土还应掺粉煤灰。初设阶段编制设计概算时，掺粉煤灰混凝土、碾压混凝土的各种材料用量，应按各工程的混凝土级配及施工配合比试验资料计算。初设阶段的纯混凝土、掺外加剂混凝土，或可行性研究阶段的掺粉煤灰混凝土、碾压混凝土、纯混凝土、掺外加剂混凝土等，若无试验资料，可参照《概算定额》附录混凝土配合比表选取。

3.6.1.4　计算混凝土材料单价

$$混凝土材料单价 = \sum（某材料用量 \times 某材料预算价格）\qquad(3\text{-}41)$$

材料预算价格按本节相关知识计算。

使用《概算定额》附录混凝土材料配合比表时，应注意以下几个方面：

（1）除碾压混凝土材料配合比表外，水泥混凝土强度等级均是按 28 d 龄期用标准试验方法测得的具有 95% 保证率的抗压强度标准值确定的，如设计龄期超过 28 d，应按设计龄期的强度等级乘以换算系数，折算成 28 d 的强度等级方可使用混凝土材料配合比表。换算系数见表 3-12。

表 3-12　不同龄期混凝土强度换算系数表

设计龄期（d）	28	60	90	180
强度等级换算系数	1.00	0.83	0.77	0.71

计算结果如介于混凝土配合比材料用量表中两种强度等级之间，应选用高一级的混凝土强度等级。如某大坝混凝土采用 180 d 龄期设计强度等级为 C20，则换算为 28 d 龄期时对应的混凝土强度等级为：C20 × 0.71 ≈ C14，其结果介于 C10 与 C15 之间，则混凝土的强度等级取 C15，即按配合比表中强度等级为 C15 的混凝土配合比确定其各材料用量。

（2）混凝土材料配合比表是按卵石、粗砂拟定的，如实际采用碎石或中砂，应对配合比表中的各材料用量按表 3-13 进行换算（注：粉煤灰的换算系数同水泥的换算系数）。

表 3-13　砂石料换算系数表

项目	水泥	砂	石子	水
卵石换为碎石	1.10	1.10	1.06	1.10
粗砂换为中砂	1.07	0.98	0.98	1.07
粗砂换为细砂	1.10	0.96	0.97	1.10
粗砂换为特细砂	1.16	0.90	0.95	1.16

注：1. 水泥按质量计，砂、石子、水按体积计；

2. 若实际采用碎石及中细砂，则总的换算系数应为各单项换算系数的乘积。

（3）当工程采用水泥的强度等级与配合比表中不同时，应对配合表中的水泥用量进行调整，见表 3-14。

（4）除碾压混凝土材料配合比表外，混凝土配合比表中各材料的预算量包括场内运输及操作损耗，不包括搅拌后（熟料）的运输和浇筑损耗，搅拌后的运输和浇筑损耗已根据不同浇筑部位计入定额内。

表 3-14 水泥强度等级换算系数参考表

原强度等级	代换强度等级		
	32.5	42.5	52.5
32.5	1.00	0.86	0.76
42.5	1.16	1.00	0.88
52.5	1.31	1.13	1.00

(5)水泥用量按机械拌和拟定,若人工拌和,则水泥用量需增加5%。

3.6.2 混凝土材料单价计算示例

【案例 3-10】 某工程采用 R90C25 三级配混凝土,采用强度等级 42.5 的矿渣硅酸盐水泥。外加剂采用木质磺酸钙,试计算混凝土材料概算单价。

已知:工程所在地 2022 年 1 月,混凝土各组成材料的预算价格(不含增值税进项税额)分别为:42.5 矿渣硅酸盐水泥 450.59 元/t,中砂 252.2 元/m³,碎石 184.9 元/m³,水 0.88 元/m³。

解:将 R90C25 混凝土转换为 28 d 龄期混凝土,90 d 龄期混凝土强度等级折合系数为 0.77,R90C25 混凝土转换为 28 d 龄期混凝土强度为 0.77×25＝19.25 MPa,取 C20。

参考《概算定额》附录混凝土材料配合比表,查得 C20 三级配的混凝土各组成材料预算量,分别为:水泥 218 kg,粗砂 0.42 m³,卵石 0.95 m³,水 0.125 m³。

现工程采用中砂、碎石,混凝土组分用量要进行调整:

水泥:218×1.10×1.07＝256.59(kg)

中砂:0.42×1.10×0.98＝0.45(m³)

碎石:0.95×1.06×0.98＝0.99(m³)

水:0.125×1.10×1.07＝0.15(m³)

则混凝土材料概算单价为:256.59/1 000×450.59＋0.45×252.2＋0.99×

184.9＋0.15×0.88＝412.29(元/m³)

【案例 3-11】 某岸边开敞式溢洪道工程,设计选定的混凝土强度等级与级配为:C20 二级配占 6%,C20 三级配占 69%,C15 三级配占 25%。C20 混凝土采用强度等级 42.5 的普通水泥,C15 混凝土采用强度等级 42.5 的矿渣水泥。外加剂采用木质磺酸钙,试计算混凝土材料概算单价。

已知:混凝土各组成材料的预算价格(不含增值税进项税额)分别为:42.5 普通水泥 469 元/t,42.5 矿渣水泥 450.59 元/t,粗砂 252.2 元/m³,卵石 184.9 元/m³,水 0.88 元/m³,木质磺酸钙 1.8 元/kg。

解:(1)参考《概算定额》附录掺外加剂混凝土材料配合比表,查得上述各种强度等级与级配的混凝土各组成材料预算量,列入表 3-15。

(2)计算各种强度等级与级配的混凝土材料单价,并按所占比例加权平均计算其综合单价,见表 3-15。

表3-15 混凝土材料单价计算表

混凝土强度等级	级配	材料预算量					材料费（元）					混凝土材料单价（元/m³）
		水泥（kg）	砂（m³）	卵石（m³）	外加剂（kg）	水（m³）	水泥	砂	卵石	外加剂	水	
C20	二	234	0.52	0.81	0.47	0.150	109.75	131.144	149.77	0.85	0.13	391.64
C20	三	195	0.42	0.96	0.39	0.125	91.46	105.924	177.50	0.70	0.11	375.70
C15	三	181×0.86	0.42	0.96	0.37	0.125	70.14	105.92	177.50	0.67	0.11	354.34
混凝土材料综合单价 = 391.64×6% + 375.70×69% + 354.34×25% = 371.31(元/m³)												

3.6.3 砂浆材料单价

砂浆材料单价的计算方法与混凝土材料的计算方法大体相同，应根据工程试验提供的资料确定砂浆各组成材料及相应的用量，进而计算出砂浆材料单价。若无试验资料，也可参照定额附录砂浆材料配合比表中各组成材料的预算量，进而计算出砂浆材料单价。

复习思考题

3-1 某水利工程中混凝土工程所用水泥为袋装32.5的普通硅酸盐水泥，系由本省境内水泥甲厂和水泥乙厂供应，试按水利部现行规定计算甲厂、乙厂水泥的预算价格及水泥综合预算价格。

已知条件：

	甲厂	乙厂
(1)供应比例(%)	35	65
(2)出厂价(元/t)	450	420
(3)厂家至工地距离(km)	80	120
(4)吨千米运价(元/(t·km))	0.85	0.85
(5)装卸费小计(元/t)	15.0	17.0
(6)材料运输保险费费率(%)	0.4	0.4

3-2 某大型工程由甲、乙两厂供应钢筋，甲厂供应60%，乙厂供应40%，从甲厂用火车将钢筋运至工地铁路转运站，运输距离150 km；从乙厂用火车将钢筋运至工地铁路转运站，运距500 km；从铁路转运站用汽车运至工地分仓库，运距20 km。求钢筋的综合预算价格。

已知：根据铁路部门颁发的货物运价费率，甲厂供应的火车整车运价为29.5 元/t，零担运价为0.10 元/kg；乙厂供应的火车整车运价为29.2 元/t，零担运价为0.08 元/kg；火车运输整车与零担比为7∶3，整车装载系数为0.85；碳素结构钢筋的出厂价为3 500 元/t，带肋钢筋出厂价为4 800 元/t，根据设计要求两种规格的钢筋所占比重分别为20%和

80%;汽车运输价为 0.85 元/(t・km);火车、汽车装卸费 8 元/t;铁路出库综合费费率 8.60 元/t,运输保险费费率 2‰。

计算:(1)运输流程的运杂费(填表 3-16)。

表 3-16　主要材料运输费用计算表

编号	1	2	材料名称	钢筋		材料编号	
交货条件			运输方式	火车	汽车	火车	
交货地点			货物等级	特等	整车		零担
交货比例			装载系数				
编号	运输费用	运输起讫地点	运输距离(km)	计算公式			合计(元)
1	铁路运杂费	甲厂—转运站					
	公路运杂费	转运站—工地					
	综合运杂费						
2	铁路运杂费	乙厂—转运站					
	公路运杂费	转运站—工地					
	综合运杂费						
	每吨运杂费						

(2)钢筋的综合预算价格(填表 3-17)。

表 3-17　主要材料预算价格计算表

编号	名称及规格	单位	价格(元/t)					
			原价	运杂费	采购及保管费	运到工地分仓库价格	保险费	预算价格
1	带肋钢筋	t						
2	光圆钢筋	t						
钢筋的综合预算价格								

3-3　某六类地区水利水电枢纽工程自备柴油发电机发电,装机容量共 1 000 kW,其中 200 kW 一台,400 kW 两台,配备 2.2 kW 水泵 3 台供给冷却水,试计算自发电电价。

已知发电机组及水泵台时费用分别为:200 kW 发电机 210 元/台时,400 kW 发电机 410 元/台时,2.2 kW 水泵 15 元/台时,$k=0.8$,$k_1=5\%$,$k_2=6\%$。

3-4　某水利枢纽工程施工供风设两个供风系统,均采用循环水冷却。其中 1# 系统设 3 台空压机(20 m³/min),2# 系统设 3 台空压机(40 m³/min),循环冷却水费 0.007 元/m³。出力系数 0.8,供风损耗率 8%,供风设施维修摊销费 0.005 元/m³。空压机台时费:20 m³/min,145 元/台时;40 m³/min,300 元/台时。计算各系统施工用风单价及综合风价。

3-5　某六类地区水利工程施工用水经施工组织设计确定为一级供水,共设 100D-16×8 水泵(额定出水量 54 m³/h)6 台,台时费 18.12 元/台时;3BA-6 水泵(额定出水量

60 m³/h)4 台,台时费 30 元/台时。已知水泵出力系数 k_1 取 0.8,供水损耗率 k_2 取 8%,供水设施维修摊销费 C_g 取 0.05 元/m³。试计算该工程施工用水水价。

3-6 某水利枢纽工程,混凝土所需量料拟从天然砂砾料场开采,上游料场覆盖层清除量为 6 万 m³(自然方),下游料场覆盖层清除量为 9 万 m³(自然方),设计需用成品骨料 150 万 m³(成品方),超径石弃料 7.5 万 m³(堆方),级配弃料 3.0 万 m³(堆方),并运至弃渣场,试根据下列已知条件计算砂石骨料单价(小数点后保留两位)。

已知:(1)工艺流程图:

覆盖层清除 ——→ 毛料开采运输 ——→ 预筛分 ——→ 筛洗 ——→ 成品骨料运输

　　　　　　　　　　　　　　　↓　　　　　　↓
　　　　　　　　　　　超径石弃料运输　级配弃料运输

(2)工序单价:

覆盖层清除:上游 8.30 元/t,下游 7.20 元/t;毛料开采运输:8.12 元/t;预筛分:1.98 元/t;筛洗:6.64 元/t(其中筛洗 100 t 成品料所需的砂砾料采运量为 110 t);成品骨料运输:砂 6.90 元/t,石子 7.61 元/t;超径石弃料运输:5.89 元/t;级配弃料运输:5.20 元/t。

(3)砂石骨料的密度。砂的密度按 1.55 t/m³,粗骨料的密度按 1.65 t/m³ 计。

3-7 某进水口混凝土工程,设计选定的混凝土强度等级与级配为:C25 二级配占 20%,C20 三级配占 60%,C15 三级配占 20%。C25 混凝土采用强度等级为 42.5 的普通水泥,C20 混凝土和 C15 混凝土均采用强度等级为 32.5 的矿渣水泥。外加剂采用木质磺酸钙,试计算混凝土材料概算单价。

已知:混凝土各组成材料的预算价格分别为:42.5 普通水泥 420 元/t,32.5 矿渣水泥 400 元/t,中砂 75 元/m³,碎石 60 元/m³,水 0.60 元/m³,木质磺酸钙 1.8 元/kg。

第 4 章　建筑与安装工程单价

4.1　建筑与安装工程单价的构成及计算方法

4.1.1　建筑与安装工程单价的构成

建筑与安装工程单价由完成单位工程量所消耗的直接费、间接费、利润、材料补差和税金组成。

4.1.1.1　直接费

直接费指建筑安装施工过程中直接消耗在工程项目上的活劳动和物化劳动。它由基本直接费、其他直接费组成。

1. 基本直接费

基本直接费指在一般生产条件下,按照概预算定额计算的直接消耗在工程项目上的人工、材料、施工机械设备使用费用。

2. 其他直接费

其他直接费指施工过程中直接用于建筑安装工程上但又没有包括在概预算定额内的各项费用,包括冬、雨季施工增加费、夜间施工增加费、特殊地区施工增加费、临时设施费、安全生产措施费及其他。

1)冬、雨季施工增加费

冬、雨季施工增加费指在冬、雨季施工期间为保证工程质量和安全生产所需增加的费用,包括增加施工工序,增设防雨、保温、排水等设施增耗的动力、燃料、材料及因人工、机械效率降低而增加的费用。

计算方法:根据不同地区,按基本直接费的百分率计算。

(1)西南、中南、华东区:0.5% ~1.0%;

(2)华北区:1.0% ~2.0%;

(3)西北、东北区:2.0% ~4.0%;

(4)西藏自治区:2.0% ~4.0%。

西南、中南、华东区中,按规定不计冬季施工增加费的地区取小值,计算冬季施工增加费的地区可取大值;华北区中,内蒙古等较严寒地区可取大值,其他地区取中值或小值;西北、东北区中,陕西、甘肃等省取小值,其他地区可取中值或大值。各地区包括的省(直辖市、自治区)如下:

华北地区:北京、天津、河北、山西、内蒙古等 5 个省(直辖市、自治区);

东北地区:辽宁、吉林、黑龙江等 3 个省;

华东地区:上海、江苏、浙江、安徽、福建、江西、山东等 7 个省(直辖市);

中南地区:河南、湖北、湖南、广东、广西、海南等6个省;

西南地区:重庆、四川、贵州、云南等4个省(直辖市);

西北地区:陕西、甘肃、青海、宁夏、新疆等5个省(自治区)。

2)夜间施工增加费

夜间施工增加费指施工场地和公用道路的照明费用,按基本直接费的百分率计算。

枢纽工程:建筑工程0.5%,安装工程0.7%;

引水工程:建筑工程0.3%,安装工程0.6%;

河道工程:建筑工程0.3%,安装工程0.5%。

照明线路工程费用包括在"临时设施费"中,施工附属企业系统、加工厂、车间的照明,列入相应的产品单价中,均不包括在本项费用之内。

3)特殊地区施工增加费

特殊地区施工增加费指在高海拔和原始森林等特殊地区施工而增加的费用。其中高海拔地区的高程增加费,按规定直接进入定额;其他特殊增加费(如酷热、风沙)应按工程所在地区规定的标准计算,地方没有规定的不得计算此项费用。

4)临时设施费

临时设施费指施工企业为进行建筑安装工程施工所必需的但又未被划入施工临时工程的临时建筑物、构筑物和各种临时设施的建设、维修、拆除、摊销费。如供风、供水(支线)、供电(场内)、照明、供热系统及通信支线,土石料场,简易砂石料加工系统,小型混凝土拌和系统,木工、钢筋、机修等辅助加工厂,混凝土预制构件厂,场内施工排水,场地平整、道路养护及其他小型临时设施。

临时设施费按基本直接费的百分率计算。

枢纽工程:建筑及安装工程3%;

引水工程:建筑及安装工程1.8% ~2.8%;

河道工程:建筑及安装工程1.5% ~1.7%。

若引水工程自采加工人工砂石料,该工程临时设施费费率取上限;若工程自采加工天然砂石料,该工程临时设施费费率取中值;若工程采用外购砂石料,该工程临时设施费费率取下限。

河道工程中的灌溉田间工程临时设施费费率取下限,其他工程取中上限。

5)安全生产措施费

安全生产措施费是指为保证施工现场安全作业环境及安全施工、文明施工所需要,在工程设计中已考虑的安全支护措施之外发生的安全生产、文明施工相关费用。

安全生产措施费按基本直接费的百分率计算。

枢纽工程:建筑及安装工程2.0%;

引水工程:建筑及安装工程1.4% ~1.8%;

河道工程:建筑及安装工程1.2%。

引水工程一般取下限标准,隧洞、渡槽等大型建筑物较多的引水工程,施工条件复杂的引水工程取上限标准。

6）其他

其他包括施工工具用具使用费,检验试验费,工程定位复测及施工控制网测设、工程点交、竣工场地清理费及设备仪表移交生产前的维护费,工程验收检测费等。

（1）施工工具用具使用费。指施工生产所需,但不属于固定资产的生产工具,检验、试验用具等的购置、摊销和维护费。

（2）检验试验费。指对建筑材料、构件和建筑安装物进行一般鉴定、检查所发生的费用,包括自设实验室所耗用的材料和化学药品费用,以及技术革新和研究试验费,不包括新结构、新材料的试验费和建设单位要求的对具有出厂合格证明的材料进行试验、对构件进行破坏性试验,以及其他特殊要求检验试验的费用。

（3）工程项目及设备仪表移交生产前的维护费。指竣工验收前对已完工程及设备进行保护所需费用。

（4）工程验收检测费。指工程各级验收阶段为检测工程质量发生的检测费用。

按基本直接费的百分率计算。

枢纽工程:建筑工程 1.0%,安装工程 1.5%;

引水工程:建筑工程 0.6%,安装工程 1.1%;

河道工程:建筑工程 0.5%,安装工程 1.0%。

特别说明:

（1）砂石备料工程其他直接费费率取 0.5%。

（2）掘进机施工隧洞工程其他直接费费率执行如下规定:土石方类工程、钻孔灌浆及锚固类工程,其他直接费费率为 2% ~3%;掘进机由建设单位采购、设备费单独列项时,台时费中不计折旧费,土石方类工程、钻孔灌浆及锚固类工程其他直接费费率为 4% ~5%。敞开式掘进机费率取低值,其他掘进机取高值。

4.1.1.2　间接费

间接费指施工企业为建筑安装工程施工而进行组织与经营管理所发生的各项费用。间接费构成产品成本,由规费和企业管理费组成。

1. 规费

规费指政府和有关部门规定必须缴纳的费用,包括社会保险费和住房公积金。

1）社会保险费

（1）养老保险费。指企业按照规定标准为职工缴纳的基本养老保险费。

（2）失业保险费。指企业按照规定标准为职工缴纳的失业保险费。

（3）医疗保险费。指企业按照规定标准为职工缴纳的基本医疗保险费。

（4）工伤保险费。指企业按照规定标准为职工缴纳的工伤保险费。

（5）生育保险费。指企业按照规定标准为职工缴纳的生育保险费。

2）住房公积金

住房公积金指企业按照规定标准为职工缴纳的住房公积金。

2. 企业管理费

企业管理费指施工企业为组织施工生产和经营管理活动所发生的费用,内容包括:

（1）管理人员工资。指管理人员的基本工资、辅助工资。

（2）差旅交通费。指施工企业管理人员因公出差、工作调动的差旅费,误餐补助费,职工探亲路费,劳动力招募费,职工离退休、退职一次性路费,工伤人员就医路费,工地转移费,交通工具运行费及牌照费等。

（3）办公费。指企业办公用文具、印刷、邮电、书报、会议、水电、燃煤(气)等费用。

（4）固定资产使用费。指企业属于固定资产的房屋、设备、仪器等的折旧、大修理、维修或租赁费等。

（5）工具用具使用费。指企业管理使用不属于固定资产的工具、用具、家具、交通工具和检验、试验、测绘、消防用具等的购置、维修和摊销费。

（6）职工福利费。指企业按照国家规定支出的职工福利费,以及由企业支付离退休职工的易地安家补助费、职工退职金、六个月以上的病假人员工资、按规定支付给离休干部的各项经费,职工发生工伤时企业依法在工伤保险基金之外支付的费用,其他在社会保险基金之外依法由企业支付给职工的费用。

（7）劳动保护费。指企业按照国家有关部门规定标准发放的一般劳动防护用品的购置及修理费、保健费、防暑降温费、高空作业及进洞津贴、技术安全措施费及洗澡用水、饮用水的燃料费等。

（8）工会经费。指企业按职工工资总额计提的工会经费。

（9）职工教育经费。指企业为职工学习先进技术和提高文化水平按职工工资总额计提的费用。

（10）保险费。指企业财产保险、管理用车辆等保险费用,高空、井下、洞内、水下、水上作业等特殊工种安全保险费、危险作业意外伤害保险费等。

（11）财务费用。指施工企业为筹集资金而发生的各项费用,包括企业经营期间发生的短期融资利息净支出、汇兑净损失、金融机构手续费,企业筹集资金发生的其他财务费用,以及投标和承包工程发生的保函手续费等。

（12）税金。指企业按规定缴纳的房产税、管理用车辆使用税、印花税等。

（13）其他。包括技术转让费、企业定额测定费、施工企业进退场费、施工企业承担的施工临时工程设计费、投标报价费、工程图纸资料费及工程摄影费、技术开发费、业务招待费、绿化费、公证费、法律顾问费、审计费、咨询费等。

《水利工程营业税改征增值税计价依据调整办法》(办水总〔2016〕132号)规定,间接费增加城市维护建设税、教育费附加和地方教育附加,并计入企业管理费。

建筑工程间接费是按直接费的百分比计算的,安装工程间接费是按直接费中的人工费的百分比计算的。根据工程性质不同间接费标准划分为枢纽工程、引水工程、河道工程三部分标准,如表4-1所示。

表4-1 间接费费率

序号	工程类别	计算基础	间接费费率(%)		
			枢纽工程	引水工程	河道工程
一	建筑工程				
1	土方工程	直接费	8.5	5~6	4~5

续表 4-1

序号	工程类别	计算基础	间接费费率(%)		
			枢纽工程	引水工程	河道工程
2	石方工程	直接费	12.5	10.5 ~ 11.5	8.5 ~ 9.5
3	砂石备料工程(自采)	直接费	5	5	5
4	模板工程	直接费	9.5	7 ~ 8.5	6 ~ 7
5	混凝土浇筑工程	直接费	9.5	8.5 ~ 9.5	7 ~ 8.5
6	钢筋制安工程	直接费	5.5	5	5
7	钻孔灌浆工程	直接费	10.5	9.5 ~ 10.5	9.25
8	锚固工程	直接费	10.5	9.5 ~ 10.5	9.25
9	疏浚工程	直接费	7.25	7.25	6.25 ~ 7.25
10	掘进机施工隧洞工程 1	直接费	4	4	4
11	掘进机施工隧洞工程 2	直接费	6.25	6.25	6.25
12	其他工程	直接费	10.5	8.5 ~ 9.5	7.25
二	机电、金属结构设备安装工程	人工费	75	70	70

注:引水工程:一般取下限标准,隧洞、渡槽等大型建筑物较多的引水工程、施工条件复杂的引水工程取上限标准。

河道工程:灌溉田间工程取下限,其他工程取上限。

工程类别划分说明:

(1)土方工程:包括土方开挖与填筑等;

(2)石方工程:包括石方开挖与填筑、砌石、抛石工程等;

(3)砂石备料工程:包括天然砂砾料和人工砂石料的开采加工;

(4)模板工程:包括现浇各种混凝土时制作及安装的各类模板工程;

(5)混凝土浇筑工程:包括现浇和预制各种混凝土、伸缩缝、止水、防水层、温控措施等;

(6)钢筋制安工程:包括钢筋制作与安装工程等;

(7)钻孔灌浆工程:包括各种类型的钻孔灌浆、防渗墙、灌注桩工程等;

(8)锚固工程:包括喷混凝土(浆)、锚杆、预应力锚索(筋)工程等;

(9)疏浚工程:指用挖泥船、水力冲挖机组等机械疏浚江河、湖泊的工程;

(10)掘进机施工隧洞工程 1:包括掘进机施工土石方类工程、钻孔灌浆及锚固类工程等;

(11)掘进机施工隧洞工程 2:指掘进机设备单独列项采购并且在台时费中不计折旧费的土石方类工程、钻孔灌浆及锚固类工程等;

(12)其他工程:指除表中所列十一类工程外的其他工程。

4.1.1.3　利润

利润指按规定应计入建筑安装工程费用中的利润。利润率不分建筑工程和安装工程,均按直接费与间接费之和的 7% 计算。

4.1.1.4　材料补差

材料补差指根据主要材料消耗量、主要材料预算价格与材料基价之间的差值,计算的主要材料补差金额。材料基价是指计入基本直接费的主要材料的限制价格。

按现行文件规定,对主要材料预算价格高于基价的部分应计算材料补差,计算方法如下:

$$材料补差 = \sum 定额材料用量 \times (材料预算价格 - 材料基价) \tag{4-1}$$

4.1.1.5　税金

税金是指应计入建筑安装工程费用内的增值税销项税额,税率为9%。

4.1.2　建筑工程单价的计算

4.1.2.1　直接费

1. 基本直接费

$$人工费 = 定额人工工时数 \times 人工预算单价 \tag{4-2}$$

$$材料费 = 定额材料用量 \times 材料预算价格(超过基价的按基价计) \tag{4-3}$$

$$机械使用费 = 定额机械台时用量 \times 机械基价台时费 \tag{4-4}$$

2. 其他直接费

$$其他直接费 = 基本直接费 \times 其他直接费费率之和 \tag{4-5}$$

4.1.2.2　间接费

$$间接费 = 直接费 \times 间接费费率 \tag{4-6}$$

4.1.2.3　利润

$$利润 = (直接费 + 间接费) \times 利润率 \tag{4-7}$$

4.1.2.4　材料补差

$$材料补差 = \sum 定额材料用量 \times (材料预算价格 - 材料基价) \tag{4-8}$$

4.1.2.5　税金

$$税金 = (直接费 + 间接费 + 利润 + 材料补差) \times 税率 \tag{4-9}$$

4.1.2.6　建筑工程单价

$$建筑工程单价 = 直接费 + 间接费 + 利润 + 税金 + 材料补差 \tag{4-10}$$

建筑工程单价计算程序可归纳为表4-2。

表4-2　建筑工程单价计算程序表

序号	项目	计算方法
(一)	直接费	(1) + (2)
(1)	基本直接费	① + ② + ③
①	人工费	$\sum$(定额人工工时数×人工预算单价)
②	材料费	$\sum$(定额材料用量×材料预算价格(超过基价的按基价计))
③	机械使用费	$\sum$(定额机械台时用量×机械基价台时费)
(2)	其他直接费	(1)×其他直接费费率
(二)	间接费	(一)×间接费费率
(三)	利润	[(一) + (二)]×利润率
(四)	材料补差	$\sum$定额材料用量×(材料预算价格 - 材料基价)
(五)	税金	[(一) + (二) + (三) + (四)]×税率
(六)	工程单价	(一) + (二) + (三) + (四) + (五)

4.1.3　建筑工程单价的编制

4.1.3.1　建筑工程单价编制步骤

（1）了解工程概况，熟悉设计文件与设计图纸，收集编制依据（如定额、基础单价、费用标准等）。

（2）根据施工组织设计确定的施工方法，结合工程特征、施工条件、施工工艺和设备配备情况，正确选用定额子目。

（3）将本工程人工预算单价、材料预算价格、机械基价台时费等的基础单价分别乘以定额的人工、材料、机械设备的消耗量，计算所得人工费、材料费、机械使用费相加可得基本直接费单价。

（4）根据基本直接费单价和各项费用标准计算其他直接费、直接费、间接费、利润和税金，并汇总求得工程单价。当存在材料补差时，应将材料补差考虑税金后计入工程单价。

4.1.3.2　建筑工程单价表的编制

实际工程中常应用工程单价表来编制建筑工程单价。工程单价表按如下步骤编制：

（1）将定额编号、工程名称、单位、数量等分别填入表中相应栏内。其中"名称"一栏，应填写详细和具体，如混凝土要分强度等级及级配等。

（2）将定额中的人工、材料、机械等消耗量，以及相应的人工预算单价、材料预算价格（超过基价的按基价计）和机械基价台时费分别填入表中相应各栏。

（3）按"定额消耗量×单价"的方法，得出相应的人工费、材料费和机械使用费，相加得出基本直接费。

（4）根据规定的费率标准，计算其他直接费、间接费、利润、材料补差、税金等，汇总即得出该工程单价。

◢ 4.2　土方工程单价

4.2.1　土方工程的分类

土方工程包括土方开挖、土方填筑两大类。土方工程定额一般是按土的级别、取（运）土距离、施工方法、施工条件、质量要求等参数来划分节和子目的。

（1）一般土方开挖定额，适用于一般明挖土方工程和上口宽超过 16 m 的渠道及上口面积大于 80 m^2 的柱坑土方工程。

（2）渠道土方开挖定额，适用于上口宽小于或等于 16 m 的梯形断面、长条形、底边需要修整的渠道土方工程。

（3）沟槽土方开挖定额，适用于上口宽小于或等于 4 m 的矩形断面或边坡陡于 1∶0.5 的梯形断面、长度大于宽度 3 倍的长条形、只修底不修边坡的土方工程，如截水墙、齿墙等各类墙基和电缆沟等。

（4）柱坑土方开挖定额，适用于上口面积小于或等于 80 m^2、长度小于宽度 3 倍、深度小于上口短边长度或直径、四侧垂直或边坡陡于1∶0.5、不修边坡只修底的柱坑工程,如集水井、柱坑、机座等工程。

(5)平洞土方开挖定额,适用于水平夹角小于或等于6°、断面面积大于2.5 m²的各型隧洞洞挖工程;斜井土方开挖定额,适用于水平夹角为6°~75°、断面面积大于2.5 m²的各型隧洞洞挖工程;竖井土方开挖定额,适用于水平夹角大于75°、断面面积大于2.5 m²、深度大于上口短边长度或直径的洞挖工程,如抽水井、闸门井、交通井、通风井等。

4.2.2　使用定额应注意的问题

(1)土方定额的计量单位,除注明外,均按自然方计算。自然方指未经扰动的自然状态的土方,松方指自然方经人工或机械开挖而松动过的土方,实方指填筑(回填)并经压实后的成品方。

(2)机械使用定额中,凡一种机械名称之后同时并列几种型号规格的,如压实机械中的羊足碾、轮胎碾,运输定额中的自卸汽车等,表示这种机械只能选用其中一种型号规格的机械定额进行计价;凡一种机械分几种型号规格与机械名称并列的,表示这些名称相同规格不同的机械都应同时进行计价。

(3)凡定额子目以运输距离划分的,当计算的概预算单价需要选用的定额介于两子目之间时,可用内插法调整,但增运定额不足一个增运单位时,可按一个增运单位的定额计列。

挖掘机及装载机挖装土自卸汽车运输定额选用及计算方法如下:

①运距在5 km内,又是整数运距时,如1 km、2 km、3 km,直接选用定额子目。若遇到0.5 km、1.5 km、2.4 km,按下列公式计算其定额值。

运距在0.5 km以内:1 km定额值-(2 km定额值-1 km定额值)÷2;

运距1.5 km、2.4 km、…,采用内插法。

②运距在10 km以内时,5 km值+(实际运距-5)×增运1 km值。

③运距超过10 km时,5 km值+5×增运1 km值+(运距-10)×增运1 km值×0.75。

(4)定额中其他材料费,以主要材料之和为计算基数;零星材料费,以人工费、机械费之和为计算基数;其他机械费,以主要机械费之和为计算基数。

(5)土方开挖和填筑工程,除定额规定的工作内容外,还包括挖小排水沟、修坡、清除场地草皮杂物、交通指挥、安全设施及取土场和卸土场的小路修筑与维护等工作。

4.2.3　土方工程定额的调整

(1)砂砾(卵)石开挖和运输定额,按Ⅳ类土定额计算。

(2)推土机的推土距离和铲运机的铲运距离是指取土中心至卸土中心的平均距离。推土机推运松土时,定额乘以0.8的系数。

(3)挖掘机或装载机挖装土料自卸汽车运输定额,系按挖装自然方拟定。如挖松土,其中人工及挖装机械乘以0.85的系数。挖掘机或装载机挖土(含渠道土方)汽车运输定额各节已包括卸料场配备的推土机定额在内。

预算定额挖掘机、轮斗挖掘机或装载机挖土(含渠道土方)自卸汽车运输各节,适用于Ⅲ类土。Ⅰ、Ⅱ类土人工、机械乘以 0.91 的系数,Ⅳ类土乘以 1.09 的系数。

(4)预算定额中的压实定额适用于水利筑坝工程和堤、堰填筑工程。压实定额均按压实成品方计。根据技术说明和施工要求必须增加的损耗,在计算压实工程的备料量和运输量时,按下式计算:

$$每 100 \ m^3 \ 压实成品方需要的自然方量 = (100 + A) \times 设计干密度/天然干密度$$

$$(4\text{-}11)$$

综合损耗系数 A,包括开挖、上坝运输、雨后清理、边坡削坡、接缝削坡、施工沉陷、取土坑、试验坑和不可避免的压坏等损耗因素。根据不同的施工方法和坝料,按表4-3选取 A 值,使用时不再调整。

表4-3　综合损耗系数 A

项目	$A(\%)$
机械填筑混合坝坝体土料	5.86
机械填筑均质坝坝体土料	4.93
机械填筑心(斜)墙土料	5.70
人工填筑坝体土料	3.43
人工填筑心(斜)墙土料	3.43
坝体砂砾料、反滤料	2.20
坝体堆石料	1.40

(5)概算定额管道沟土方开挖,若采用一-49、一-50、一-51节定额,每 100 m^3 减少下列工时:

Ⅰ~Ⅱ类土	13.1(工时)
Ⅲ类土	14.4(工时)
Ⅳ类土	15.7(工时)

(6)定额中的轴流通风机台时数量,按一个工作面长 200 m 拟定,如超过 200 m,应乘以表4-4所示系数。

表4-4　轴流通风机台时调整系数

工作面长度(m)	200	300	400	500	600	700	800	900	1 000
调整系数	1.00	1.33	1.50	1.80	2.00	2.28	2.50	2.78	3.00

4.2.4　土方工程单价的计算

4.2.4.1　土方开挖、运输单价

土方开挖、运输单价是指从场地清理到将土运输至指定地点所需费用。影响土方挖运工效的主要因素有土的类别、运土距离、施工方法、施工条件等,在编制其单价时应充分考虑这些参数。

　　土方挖运单价按挖运的不同施工工序,既可采用综合定额计算法,也可采用综合单价计算法。前者是先将选定的挖运不同定额子目进行综合,得到一个挖运综合定额,而后根据综合定额进行单价计算;后者是按照不同施工工序选取不同的定额子目,然后计算出不同工序的分项单价,最后将各工序单价进行综合。

4.2.4.2　土方回填压实单价

　　土方回填压实施工工序一般包括料场覆盖层清除、土料开采运输(土料翻晒)和铺土压实三大工序。前两者定额单位为自然方,后者为压实方,计算时应注意单位的换算。

　　当料场表层有不符要求的乱石、杂草、腐质土时,应予清除,其清除费用按清除量乘清除单价来计算。料场覆盖层清除摊销费就是将其清除费用摊销入填筑实际土方中,即

$$单位覆盖层清除摊销费 = \frac{覆盖层清除总费用}{设计成品方量} = \frac{清除量 \times 清除单价}{单价成品方量}$$

$$= 清除单价 \times 覆盖层清除摊销率 \tag{4-12}$$

设计成品方应摊入料场覆盖层清除摊销费。

4.2.4.3　铺土压实单价

　　按设计提供的干密度要求、土质类别、心(斜)墙宽度及不同的施工方法,选用相应的压实定额。

　　计算土方回填压实综合单价时,压实工序以前的施工工序,即开采、运输、翻晒备料等都要乘以综合折实系数,则

$$土方回填压实综合单价 = 料场覆盖层清除单价 \times 摊销率 + (翻晒备料单价 +$$
$$挖运单价) \times 综合折实系数 + 压实单价 \tag{4-13}$$

　　【案例 4-1】　某土坝心墙料采用 5 km 处土场的土通过 1 m³ 挖掘机挖装 8 t 自卸汽车运输至坝面,采用 16 t 轮胎碾碾压,计算其综合预算单价。

　　基本资料:土质以Ⅲ类土计,设计干密度 16.5 kN/m³,土料天然干密度 14.5 kN/m³,综合损耗系数 $A = 5.70\%$,其他条件见单价分析表。

　　解:通过单价分析(见表 4-5、表 4-6),土方挖运单价为 22.46 元/m³,土方压实单价为 5.53 元/m³。

　　土方综合预算单价 $= 22.46 \times (1 + 5.70\%) \times 16.5/14.5 + 5.53 = 32.54$(元/m³)

表 4-5　建筑工程单价表

定额编号:10369　　　　　　　项目:土方挖运　　　　　　　定额单位:100 m³

施工方法:1 m³ 挖掘机挖装 8 t 自卸汽车运输

编号	名称及规格	单位	数量	单价(元)	合价(元)	备注
一	直接费	元			1 338.99	
(一)	基本直接费	元			1 245.57	
1	人工费	工时			41.07	
	工长	工时		11.55		
	高级工	工时		10.67		
	中级工	工时		8.90		

续表4-5

编号	名称及规格	单位	数量	单价(元)	合价(元)	备注
	初级工	工时	6.70	6.13	41.07	
2	材料费	元			47.91	
	零星材料费	元	4%	1 197.66	47.91	
3	机械使用费	元			1 156.59	
	挖掘机 1 m³	台时	1.00	125.65	125.65	
	推土机 59 kW	台时	0.50	68.47	34.24	
	自卸汽车 8 t	台时	13.38	74.49	996.71	
(二)	其他直接费	元	7.50%	1 245.57	93.42	
二	间接费	元	8.50%	1 338.99	113.81	
三	利润	元	7.00%	1 452.80	101.70	
四	材料补差	元			505.62	
	柴油	kg	155.58	3.25	505.62	6.24
五	税金	元	9.00%	2 060.12	185.41	
六	合计	元			2 245.53	
	单价	元/m³			22.46	

注:1. 施工机械台时费中柴油按基价2.99元/kg计。

　　2. 柴油消耗量=1.00台时×14.90 kg/台时+0.50台时×8.40 kg/台时+13.38台时×10.20 kg/台时=
155.58 kg。

　　3. 柴油价差=6.24元/kg-2.99元/kg=3.25元/kg。

表4-6　建筑工程单价表

定额编号:10471　　　　　　　项目:土料压实　　　　　　　定额单位:100 m³实方

施工方法:轮胎碾压实

编号	名称及规格	单位	数量	单价(元)	合价(元)	备注
一	直接费	元			384.70	
(一)	基本直接费	元			357.86	
1	人工费	工时			129.96	
	工长	工时				
	高级工	工时				
	中级工	工时				
	初级工	工时	21.20	6.13	129.96	
2	材料费	元			32.53	
	零星材料费	元	10%	325.32	32.53	
3	机械使用费	元			195.37	
	轮胎碾 9~16 t 拖拉机 74 kW	组时	0.99	26.41 70.48	95.92	
	推土机 74 kW	台时	0.50	91.65	45.83	

续表4-6

编号	名称及规格	单位	数量	单价(元)	合价(元)	备注
	蛙式打夯机　2.8 kW	台时	1.00	21.06	21.06	
	刨毛机	台时	0.5	61.25	30.63	
	其他机械费	元	1%	193.44	1.93	
(二)	其他直接费	元	7.50%	357.86	26.84	
二	间接费	元	8.50%	384.70	32.70	
三	利润	元	7.00%	417.39	29.22	
四	材料补差	元			61.10	
	柴油	kg	18.80	3.25	61.10	6.24
五	税金	元	9.00%	507.72	45.69	
六	合计	元			553.41	
	单价	元/m³			5.53	

注:1. 柴油消耗量 = 0.99 台时 × 9.90 kg/台时 + 0.50 台时 × 10.60 kg/台时 + 0.50 台时 × 7.40 kg/台时 = 18.80 kg。

2. 其他同表4-5。

4.3　石方工程单价

4.3.1　石方工程的分类及定额的适用范围

石方工程包括开挖、运输和支撑等工序。

4.3.1.1　石方开挖

石方开挖施工条件分为明挖石方和暗挖石方两大类,按施工方法分为人工打孔爆破法、机械钻孔爆破法和掘进机开挖等几种。

现行部颁石方定额大多按开挖形状及部位分节,各节再按岩石级别分子目(见表4-7)。

表4-7　石方开挖类型划分表

开挖类型		特征	
		概算定额	预算定额
明挖	一般石方	底宽 >7 m 的沟槽;上口面积 >160 m² 的坑;倾角 ≤20°,开挖厚度(垂直于设计面的平均厚度) >5 m 的坡面;一般明挖石方工程	
	一般坡面石方	倾角 >20°,开挖厚度 ≤5 m 的坡面	
	沟槽石方	底宽 ≤7 m,两侧垂直或有边坡的长条形石方开挖	
	坡面沟槽石方	槽底轴线与水平夹角 >20° 的沟槽石方	
	坑挖石方	上口面积 ≤160 m²,深度小于或等于上口短边长度或直径的工程	
	保护层石方	无此项目(其他分项定额中已综合了保护层开挖等措施)	设计规定不允许破坏岩层结构的石方开挖
	基础石方	不同深度的基础石方开挖	无此项目(已包含在其他分项定额中)

续表4-7

开挖类型		特征	
		概算定额	预算定额
暗挖	平洞石方	洞轴线与水平夹角≤6°的洞挖工程	
	斜井石方	井轴线与水平夹角成45°~75°的洞挖工程;井轴线与水平夹角成6°~45°的洞挖工程,按斜井石方开挖定额乘0.90系数计算	
	竖井石方	井轴线与水平夹角>75°、上口面积>5 m²、深度大于上口短边长度或直径的石方开挖工程	
	地下厂房石方	地下厂房或窑洞式厂房开挖	

（1）一般石方开挖:指明挖工程中底宽超过7 m的沟槽,上口面积大于160 m²的坑挖石方,以及倾角(与水平面所成的角度)小于或等于20°且垂直于设计开挖面的平均厚度大于5 m的坡面石方开挖。

（2）一般坡面石方开挖:指倾角大于20°,且垂直于设计开挖面的平均厚度小于或等于5 m的坡面石方开挖。这是由于坡度大,开挖层薄要影响工效,且未含保护层的因素,故坡面石方开挖单列项目。

（3）沟槽石方开挖:指底宽7 m以内,两侧垂直或有边坡的长条形石方开挖工程,如地槽、渠道截水槽等。已包括保护层因素。

（4）坑挖石方:指上口面积小于或等于160 m²,深度小于或等于上口短边长度或直径的石方工程,如机座基础、集水坑、墩柱基础及基坑开挖等。含保护层因素。

（5）坡面沟槽石方开挖:适用于槽底轴线与水平夹角大于20°的沟槽石方开挖。

（6）基础石方开挖:系指综合了坡面及底部的一般石方和保护层石方开挖的基础石方工程,适用于坝、闸、厂房、溢流堰、消力池等不同开挖深度的基础石方工程。其中潜孔钻钻孔定额系按100型潜孔钻拟定,使用时不作调整。

（7）平洞石方开挖:指水平夹角小于或等于6°的洞挖工程。

（8）斜井石方开挖:指水平夹角为6°~75°的洞挖工程。水平夹角6°~45°的斜井,按斜井石方开挖定额乘以0.90系数计算。

（9）竖井石方开挖:指水平夹角大于75°、上口面积大于5 m²、深度大于上口短边长度或直径的洞挖工程。

（10）地下厂房石方开挖:指地下厂房或窑洞式厂房的开挖工程。

4.3.1.2　石渣运输

石渣运输分人力运输(人力挑抬、双胶轮车、轻轨斗车等)和机械运输(汽车、电瓶机车运输等)。石渣运输又分露天运输和洞内运输。人力运输适用于工作面狭小、运距短、施工强度低的工程或工程部分,自卸汽车运输的适应性较大,故一般工程都可采用,电瓶机车适应洞井而内燃机车适于较长距离的运输。

4.3.1.3　定额内容

石方开挖以自然方计。定额包括钻孔、爆破、撬移、解小、翻渣、清面、修整断面、安全处理、洞挖施工排烟、排水、挖排水沟等工作,但不包括隧洞支撑和锚杆支护,其费用应根据水工设计资料单独列项计算。

《概算定额》石方开挖已按各部位不同要求,根据规范规定分别考虑了预裂爆破、光面爆破、保护层开挖等措施。例如,厂坝基础开挖定额中已考虑了预裂和保护层开挖措施,所以无需再单独编制预裂爆破和保护层开挖单价。《预算定额》对保护层和预裂、防震等措施均单独列项,不包括在各项石方开挖定额中。

4.3.2 影响石方工程的主要因素

影响石方工程的主要因素有:

(1)岩石级别:岩石按其成分、性质划分级别,现行部颁定额将岩、土划分成16级,其中Ⅴ至ⅩⅥ级为岩石。岩石级别越高,其强度越高,钻孔的阻力越大,钻孔工效越低,对爆破的抵抗力也越大,所需炸药也越多。所以,岩石级别是影响开挖工序的主要因素之一。

(2)设计对开挖形状及开挖面的要求。

设计对有形状要求的开挖,如沟、槽、坑、洞、井等,其爆破系数(1 m²工作面上的炮孔数)较没有形状要求的一般石方开挖要大得多,对于小断面的开挖尤甚。爆破系数越大,爆破效率越低,耗用爆破器材(炸药、雷管、导线)也越多。

设计对开挖面有要求(如爆破对建基面和周围岩石的破坏限制,对开挖平整度等的限制)时,为了满足这些要求,必须在施工方法和工艺上采取措施。如采用浅孔小炮、人工开挖、预裂爆破和光面爆破等。

4.3.3 使用定额应注意的问题

4.3.3.1 编制开挖单价时应注意的问题

(1)《概算定额》石方开挖各节定额中,均包括了允许的超挖量和合理的施工附加量耗用的人工、材料、机械,使用本定额时,不得在工程量计算中另行计取超挖量和施工附加量。

《预算定额》石方开挖各节子目中,未计入允许的超挖量和施工附加量所消耗的人工、材料和机械的数量及费用。编制石方开挖预算单价时,需将允许的超挖量及合理的施工附加量,按占设计工程量的比例计算摊销率,然后将超挖量和施工附加量所需的费用乘以各自的摊销率后计入石方开挖单价。施工规范允许的超挖石方,可按超挖石方定额(如平洞、斜井、竖井超挖石方)计算其费用。合理的施工附加量的费用按相应的石方开挖定额计算。

(2)《概算定额》中各节石方开挖定额均已按各部位的不同要求,根据规范的规定,分别考虑了保护层开挖等措施,如预裂、光面爆破等,编制概算单价时一律不作调整。

(3)石方开挖定额中的其他材料费,包括脚手架、排架、操作平台、棚架、漏斗等的搭拆摊销费,冲击器、钻杆、空心钢的摊销费,炮泥、燃香、火柴等次要材料费,以主要材料费之和为计算基数。定额材料中所列"合金钻头",系指风钻(手提式、气腿式)所用的钻头,"钻头"系指液压履带钻或液压凿岩台车所用的钻头。

(4)石方开挖定额中的炸药,一般情况下应根据不同施工条件和开挖部位按表4-8所示的品种、规格选取。定额中的炸药,一般应根据不同施工条件和开挖部位,采用不同的品种,其价格按 1 ~ 9 kg 包装的炸药计算。

表4-8　炸药代表型号规格

项目	代表型号
一般石方开挖	2 号岩石铵梯炸药
边坡、槽、坑、基础、保护层石方开挖	2 号岩石铵梯炸药和 4 号抗水岩石铵梯炸药各半
平洞、斜井、竖井、地下厂房石方开挖	4 号抗水岩石铵梯炸药

(5)洞挖定额中的通风机台时数量系按一个工作面长 400 m 拟定。如超过,应按表 4-9 所示系数(用插入法)调整通风机台时数量。

表4-9　通风机台时调整系数

隧洞工作面长(m)	400	500	600	700	800	900	1 000	1 100	1 200
系数	1.00	1.20	1.33	1.43	1.50	1.67	1.80	1.91	2.00
隧洞工作面长(m)	1 300	1 400	1 500	1 600	1 700	1 800	1 900	2 000	
系数	2.15	2.29	2.40	2.50	2.65	2.78	2.90	3.00	

(6)概预算定额中,岩石共分为十二个等级,即十六级划分法的 V 至 XVI 级。石方开挖定额子目中,岩石最高级别为 XIV 级,当岩石级别大于 XIV 级时,可按相应各节 XIII ~ XIV 级岩石开挖定额乘以表 4-10 所示调整系数计算。

表4-10　岩石级别影响系数

项目	人工	材料	机械
风钻为主各节定额	1.30	1.10	1.40
潜孔钻为主各节定额	1.20	1.10	1.30
液压钻、多臂钻为主各节定额	1.15	1.10	1.15

(7)《预算定额》中,预裂爆破、防震孔、插筋孔均适用于露天施工,若为地下工程,定额中人工、机械应乘以 1.15 系数。

4.3.3.2　使用定额编制石渣运输单价应注意的问题

在《概算定额》石方开挖各节定额子目中,均列有"石渣运输"项目。该项目的数量,已包括完成每一定额单位有效实体所需增加的超挖量、施工附加量的数量。编制概算单价时,按定额石渣运输量乘石方运输单价(仅计算基本直接费),计算石方工程综合单价。

4.3.4　石方工程单价的计算

4.3.4.1　石方开挖工程单价

石方开挖工程单价按开挖类型、施工方法、岩石类型等因素套用定额计算。

4.3.4.2　石方运输工程单价

挖掘机或装载机装石渣汽车运输各节定额,露天与洞内的区分,按挖掘机或装载机装车地点确定。洞内运距按工作面长度的一半计算,当一个工程有几个弃渣场时,可按弃渣量比例计算加权平均运距。

编制石方运输单价,当有洞内外连续运输时,应分别套用不同的定额子目。洞内运输部分,套用"洞内"运输定额的"基本运距"及"增运"子目;洞外运输部分,套用"露天"定额的"增运"子目,并且仅选用运输机械的台时使用量。洞内和洞外为非连续运输(如洞内为斗车,洞外为自卸汽车)时,洞外运输部分应套用"露天"定额的"基本运距"及"增运"子目。

4.3.4.3　石方工程综合单价

石方工程综合单价是指包含石渣运输费用的开挖单价。在编制石方工程综合单价时,应根据施工组织设计确定的施工方法、运输距离、建筑物施工部位的岩石级别、设计开挖断面等正确套用定额。综合单价计算有两种形式:

(1)补充综合定额法:根据施工组织设计确定的施工因素,选用相应的石方开挖定额子目和石渣运输定额子目。其中,运输定额内的人工、机械等消耗量乘以相应的调整系数即为石方工程综合单价。

(2)分项工序单价法:根据施工组织设计确定的施工因素,选用相应的石方开挖定额子目和石渣运输定额子目。首先计算石渣运输分项工序的单价(基本直接费),然后按选好的石方开挖定额项目计算石方工程综合单价。

《概算定额》石方开挖定额各节子目中均列有"石渣运输"项目,该项目的数量,已包括完成定额单位所需增加的超挖量和施工附加量。编制概算单价时,将石方运输基本直接费代入开挖定额中,便可计算石方开挖工程综合单价。《预算定额》石方开挖定额中没有列出石渣运输量,应分别计算开挖与出渣单价,并考虑允许的超挖量及合理的施工附加量的费用分摊,再合并计算开挖综合预算单价。

【案例4-2】　某水利枢纽工程有一条引水隧洞,总长1 500 m,纵坡2‰,开挖直径6.5 m,设一条长100 m的施工支洞,岩石级别为Ⅷ～ⅩⅣ级,海拔高程540 m。试计算引水隧洞开挖运输预算单价。已知:

(1)施工布置如图4-1所示。

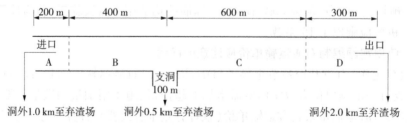

图4-1　某水利枢纽工程引水隧洞运输示意图

(2)施工方法:用风钻钻孔,1 m³挖掘机装8 t自卸汽车运输。

(3)人工、材料等单价见单价表。

解:1. 计算各工作面承担主洞工程权重

设进口控制段 200 m 为 A 段,支洞控制段 400 m 为 B 段,支洞控制段 600 m 为 C 段,出口控制段为 D 段。则各段所占主洞工程权重为:

A 段　　　　　　　　　　200/1 500 = 13.33%

B 段　　　　　　　　　　400/1 500 = 26.67%

C 段　　　　　　　　　　600/1 500 = 40.00%

D 段　　　　　　　　　　300/1 500 = 20.00%

2. 计算通风机综合系数

通风机综合系数采用加权计算为 1.23,见表 4-11。

表 4-11　通风机综合系数计算

编号	权重(%)	通风长度(m)	系数
A	13.33	200	1.00
B	26.67	500	1.20
C	40.00	700	1.43
D	20.00	300	1.00
综合	100		1.23

3. 石渣运输综合运距

1)洞内运输综合运距

洞内运输综合运距通过计算为 283 m,见表 4-12。

表 4-12　洞内运输综合运距计算

编号	权重(%)	洞内运渣计算长度(m)	计算式
A	13.33	100	200/2
B	26.67	300	100 + 400/2
C	40.00	400	100 + 600/2
D	20.00	150	300/2
综合	100	283	

2)洞外运输综合运距

洞外运输综合运距 = 1 000 × 13.33% + 500 × 26.67% + 500 × 40.00% + 2 000 × 20.00% = 867(m)

4. 开挖运输单价计算

1)开挖单价计算

经计算(见表 4-13),开挖单价为 243.24 元/m³。

表 4-13　建筑工程单价表(一)

定额编号:20164、20168、20172　　　　项目:平洞石方开挖　　　　定额单位:100 m³

施工方法:风钻钻孔,爆破开挖,开挖断面积33.17 m²,岩石级别Ⅷ~ⅩⅣ

编号	名称及规格	单位	数量	单价(元)	合价(元)	备注
一	直接费	元			17 687.30	
(一)	基本直接费	元			16 453.30	
1	人工费	工时			7 033.88	
	工长	工时	19.43	11.55	224.42	
	高级工	工时		10.67	0	
	中级工	工时	350.92	8.9	3 123.19	
	初级工	工时	601.35	6.13	3 686.28	
2	材料费	元			3 346.61	
	合金钻头	个	11.93	80	954.40	
	炸药	kg	149.57	5.15	770.29	基价
	雷管	个	178.41	6	1 070.46	
	导电线	m	544.08	0.5	272.04	
	其他材料费	元	9.11%	3 067.19	279.42	
3	机械使用费	元			6 072.82	
	风钻　气腿式	台时	70.81	60.46	4 281.35	
	轴流通风机　37 kW	台时	26.22×1.23	41.78	1 341.63	
	其他机械费	元	8.00%	5 622.98	449.84	
(二)	其他直接费	元	7.50%	16 453.30	1 234.00	
二	间接费	元	12.50%	17 687.30	2 210.91	
三	利润	元	7.00%	19 898.21	1 392.87	
四	材料补差	元			1 024.55	
	柴油	kg				
	炸药	kg	149.57	6.85	1 024.55	12
五	税金	元	9.00%	22 315.64	2 008.41	
六	合计	元			24 324.05	
	单价	元/m³			243.24	

注:1. 人工、材料、机械消耗量是用开挖断面积30 m²及开挖断面积60 m²两个定额内插法计算得出的。

2. 因开挖断面积60 m²定额轴流通风机不是37 kW的,而只有开挖断面积15 m²定额是37 kW的,37 kW轴流通风机消耗量是用开挖断面面积15 m²及开挖断面面积30 m²两个定额外插法计算得出的。

3. 炸药预算价格为8元/kg,材料费中炸药按基价6元/kg计,价差为2元/kg。

2)洞内外运输单价计算

洞内平均运距283 m,套用定额20 423,洞外平均运距867 m,套用定额20 422中洞外汽车增运运输量。经计算(见表4-14),洞内外运输综合单价为33.29 元/m³。

表 4-14　建筑工程单价表（二）

定额编号：20423、20422　　　　　　项目：洞内外石方运输工程　　　　　　定额单位：100 m³

施工方法：1 m³ 挖掘机装 8 t 自卸汽车运输、洞内平均运距 283 m、洞外平均运距 867 m

编号	名称及规格	单位	数量	单价（元）	合价（元）	备注
一	直接费	元			1 895.74	
（一）	基本直接费	元			1 763.48	
1	人工费	工时			137.93	
	工长	工时	11.55	0		
	高级工	工时	10.67	0		
	中级工	工时	8.9	0		
	初级工	工时	22.5	6.13	137.93	
2	材料费	元			34.58	
	零星材料费	元	2.00%	1 728.90	34.58	
3	机械使用费	元			1 590.98	
	挖掘机　1 m³	台时	3.39	125.65	425.95	
	推土机　88 kW	台时	1.7	110.41	187.69	
	自卸汽车　8 t	台时	10.92 + 2.2	74.49	977.34	
（二）	其他直接费	元	7.50%	1 763.48	132.26	
二	间接费	元	12.50%	1 895.74	236.97	
三	利润	元	7.00%	2 132.71	149.29	
四	材料补差	元			668.70	
	柴油	kg	205.76	3.25	668.70	6.24
五	税金	元	9.00%	2 950.70	265.56	
六	合计	元			3 216.27	
	单价	元/m³			32.16	

注：1. 施工机械台时费中柴油按基价 2.99 元/kg 计。

　　2. 柴油消耗量 = 3.39 台时 × 14.90 kg/台时 + 1.7 台时 × 12.60 kg/台时 + 13.12 台时 × 10.20 kg/台时 = 205.76 kg。

　　开挖运输综合单价为 243.24 + 32.16 = 275.40 元/m³。（不包括施工超挖及施工附加量）

4.4　堆砌石工程单价

4.4.1　堆石坝填筑单价

堆石坝填筑可分为石料开采、运输、压实等工序，编制工程单价时，采用单项定额计算各工序单价，然后再编制填筑综合单价。

4.4.1.1　堆石坝填筑料单价

堆石坝按物料填筑部位的不同，分为反滤料区、过渡料区和堆石区等，需分别列项计算。编制填筑料单价时，可将料场覆盖层（包括无效层）清除等辅助项目费用摊入开采单

价中形成填筑料单价。其计算公式为

$$填筑料单价 = \frac{覆盖层清除费用}{填筑料总方量(自然方或成品堆方)} +$$
$$填筑料开采单价(自然方或成品堆方) \qquad (4\text{-}14)$$

式中,覆盖层清除费用可根据施工方法套用土方和石方工程相应定额计算。填筑料开采单价计算可分为以下两种情况:

(1)填筑料不需加工处理:对于堆石料,其单价可按砂石备料工程碎石原料开采定额计算,计量单位为堆方;对于天然砂石料,可按土方开挖工程砂砾(卵)石采运定额(按Ⅳ类土计)计算填筑料挖运单价,计量单位为自然方。

(2)填筑料需加工处理:这类堆石料一般对粒径有一定的要求,其开采单价是指在石料场堆存点加工为成品堆方的单价,可参照砂石料单价计算方法计算,计量单位为成品堆方。对有级配要求的反滤料和过渡料,应按砂及碎(卵)石的数量和组成比例,采用综合单价。

利用基坑等开挖弃渣作为堆石料时,不需计算备料单价,只需计算上坝运输费用。

4.4.1.2　填筑料运输单价

填筑料运输单价指从砂石料开采场或成品堆料场装车并运输上坝至填筑工作面的工序单价,包括装车、运输上坝、卸车、空回等费用。从石料场开采堆石料(碎石原料)直接上坝,运输单价套用砂石备料工程碎石原料运输定额计算,计量单位为堆方;利用基坑等开挖弃渣作为堆石料时,运输单价采用石方开挖工程石渣运输定额计算,计量单位为自然方;自成品供料场上坝的物料运输,采用砂石备料工程定额相应子目计算运输单价,计量单位为成品堆方,其中反滤料运输采用骨料运输定额。

4.4.1.3　堆石坝填筑单价

堆石坝填筑以建筑成品实方计。填筑料压实定额按碾压机械与分区材料划分节和子目。对过渡料如无级配要求,可采用砂砾石定额子目。如有级配要求,需经筛分处理时,则应采用反滤料定额子目。

1. 堆石坝填筑概算单价

《概算定额》中堆石坝物料压实定额按自料场直接运输上坝与自成品供料场运输上坝两种情况分别编制,应根据施工组织设计方案正确选用定额子目。

1)自料场直接运输上坝

砂石料压实定额,列有"砂石料运输(自然方)"项,适用于不需加工就可直接装运上坝的天然砂砾料和利用基坑开挖的石渣料等的填筑。编制填筑单价时,只需将物料的装运直接费(对天然砂砾料包括覆盖层清除摊销费用)计入压实定额的"砂石料运输"项,即可根据压实定额编制堆石坝填筑的综合概算单价。

2)自成品供料场运输上坝

砂石料压实定额,列有"砂砾料、堆石料"等项和"砂石料运输(堆方)"项,适用于需开采加工为成品料后再运输上坝的物料(如反滤料、砂砾料、堆石料等)填筑。在编制填筑单价时,将"砂砾料、堆石料"等填筑料单价(或外购填筑料单价)及自成品供料场运输至填筑部位的"砂石料运输"直接费单价,分别代入堆石坝物料压实定额,计算堆石坝填筑的综合概算单价。

2. 堆石坝填筑预算单价

《预算定额》堆石坝物料压实在砌石工程定额中编列,定额中没有将物料压实所需的填筑料量及其运输方量列出,根据压实定额编制的单价仅仅是压实工序的单价,编制堆石坝填筑综合预算单价时,还应考虑填筑料的单价和填筑料运输的单价。

$$堆石坝填筑预算单价 = (填筑料预算单价 + 填筑料运输预算单价) \times$$
$$(1 + A) \times K_V + 填筑料压实预算单价 \qquad (4\text{-}15)$$

式中　A——综合系数;

　　　K_V——体积换算系数,根据填筑料的来源参考表 4-15 进行折算。

4.4.1.4　编制堆石坝填筑单价应注意的问题

(1)《概算定额》中土石坝物料压实定额已计入了从石料开采到上坝运输、压实过程中所有的损耗及超填、施工附加量,编制概(估)算单价时不得加计任何系数。如为非土石坝、堤的一般土料、砂石料压实,其人工、机械定额乘以 0.8 系数。

(2)《概算定额》堆石坝物料压实定额中的反滤料、垫层料填筑定额,其砂和碎石的数量比例可按设计资料进行调整。

(3)编制土石坝填筑综合概算单价时,根据定额相关章节子目计算的物料运输上坝直接费应乘以坝面施工干扰系数 1.02 后代入压实单价。

表 4-15　石方松实系数换算

项目	自然方	松方	实方	码方	备注
土方	1	1.33	0.85		
石方	1	1.53	1.31		
砂方	1	1.07	0.94		
混合料	1	1.19	0.88		
块石	1	1.75	1.43	1.67	包括片石、大卵石

注:1. 松实系数是指土石料体积的比例关系,供一般土石方工程换算时参考;
　　2. 块石实方指堆石坝坝体方,块石松方即块石堆方。

(4)堆石坝分区使各区石料粒(块)径相差很大,各区石料所耗工料不一定相同,如堆石坝体下游堆石体所需的特大块石需人工挑选,而石料开采定额很难体现这些因素,在编制概(估)算单价时应注意这一问题。

4.4.2　砌石工程单价

4.4.2.1　砌石材料

1. 定额计量单位

砌石工程所用石料定额计量单位,除注明外,均按"成品方"计算。砂、碎石为堆方,块石、卵石为码方,条石、料石为清料方。如无实测资料,不同计量单位间体积换算关系可参考表 4-15。

2. 石料的规格与标准

定额中石料规格及标准说明如下:

块石:指厚度大于 20 cm,长、宽各为厚度的 2~3 倍,上下两面平行且大致平整,无尖角、薄边的石块。

碎石:指经破碎、加工分级后,料径大于 5 mm 的石块。

卵石:指最小料径大于 20 cm 的天然河卵石;长、宽各为厚度的 2~3 倍,上下两面平行且大致平整,无尖角、薄边的石块。

毛条石:一般指长度大于 60 cm 的长条形、四棱方正的石料。

料石:指毛条石经修边打荒加工,外露面方正,各相邻面正交,表面凸凹不超过 10 mm 的石料。

砂砾石:指天然砂卵石混合料。

堆石料:指山场岩石经爆破后,无一定规格、无一定大小的任意石料。

反滤料、过渡料:指土石坝或一般堆砌石工程的防渗体与坝壳之间的过渡区石料,由粒径、级配均有一定要求的砂、砾石(碎石)组成。

3. 石料单价

各种石料作为材料在计算其单价时分三种情况。第一种是外购石料,其单价按材料预算价格编制;第二种是施工企业自采石料,其直接费单价按第三章所述方法计算;第三种是从开挖石渣中捡集块石、片石,此时石料单价只计人工捡石费用及从捡集石料地点到施工现场堆放点的运输费用。

4. 浆砌石砂浆单价

砂浆单价应由设计砂浆的强度等级按试验所确定的材料配合比,并考虑施工损耗量确定材料预算量,再乘以材料预算价格进行计算。如果无试验资料,可按定额附录中的砌筑砂浆材料配合比表确定材料的预算量。

4.4.2.2 砌筑单价

砌石工程单价按不同的工程项目、施工部位及施工方法套用相应定额。砌石包括干砌石和浆砌石,对于干砌石,只需将砌石材料单价代入砌筑定额,便可编制砌筑工程单价。对于浆砌石,将石料、砂浆半成品的价格代入砌筑定额即可编制浆砌石工程单价。

4.4.2.3 编制砌石工程单价应注意的问题

(1)石料自料场至施工现场堆放点的运输费用,应计入石料单价内。施工现场堆放点至工作面的场内运输已包括在砌石工程定额内,不得重复计费。

(2)料石砌筑定额包括了砌体外露的一般修凿,如设计要求作装饰性修凿,应另行增加修凿所需的人工费。

(3)浆砌石定额中已计入了一般要求的勾缝,如设计有防渗要求高的开槽勾缝,应增加相应的人工和材料费。砂浆拌制费用已包含在定额内。

(4)砌石工程定额中的石料数量已经考虑了施工操作损耗和体积变化因素。

【案例 4-3】 某水闸工程采用浆砌块石挡土墙,砂浆强度等级为 M10,计算其预算单价。

解:首先计算 M10 砂浆基价,见表 4-16。

计算 M10 砂浆浆砌块石挡土墙预算单价,见表 4-17。

表 4-16　混凝土、砂浆材料预算价格计算表(基价)　　　　　(单位:元)

砂浆强度等级	材料名称	数量	单位	基价	小计	基价价格
砂浆 M10	42.5 级水泥	305.00	kg	0.255	91.50	154.93
	粗砂	1.10	m³	70.00	77.00	
	水	0.183	m³	0.80	0.15	

表 4-17　建筑工程单价表

定额编号:30021　　　　　　项目:浆砌块石挡土墙工程　　　　　　定额单位:100 m³

施工方法:砂浆搅拌机拌制 M10 砂浆,人工砌筑

编号	名称及规格	单位	数量	单价(元)	合价(元)	备注
一	直接费	元			20 663.98	
(一)	基本直接费	元			19 222.31	
1	人工费	工时			5 967.66	
	工长	工时	16.2	11.55	187.11	
	高级工	工时			0	
	中级工	工时	329.5	8.9	2 932.55	
	初级工	工时	464.6	6.13	2 848.00	
2	材料费	元			12 953.87	
	块石	m³	108	70	7 560.00	
	砂浆 M10	m³	34.4	154.925	5 329.42	
	其他材料费	元	0.50%	12 889.42	64.45	
3	机械使用费	元			300.78	
	砂浆搅拌机　0.4 m³	台时	6.19	27.93	172.89	
	胶轮车	台时	156.49	0.82	127.89	
(二)	其他直接费	元	7.50%	19 222.31	1 441.67	
二	间接费	元	12.50%	20 663.98	2 583.00	
三	利润	元	7.00%	23 246.98	1 627.29	
四	材料补差	元			14 161.31	
	块石	m³	108	116.5 − 70	5 022.00	
	水泥	t	10.49	469 − 255	2 244.86	
	砂	m³	37.84	252.2 − 70	6 894.45	
五	税金	元	9.00%	39 036.00	3 513.20	
六	合计	元			42 548.78	
	单价	元/m³			425.49	

4.5　混凝土工程单价编制

混凝土工程包括各种水工建筑物不同结构部位的现浇混凝土、预制混凝土及碾压混凝土和沥青混凝土等,此外,还有钢筋制作安装、锚筋、锚喷、伸缩缝、止水、防水层、温控措施等项目。

4.5.1　混凝土工程单价

4.5.1.1　混凝土工程分类

混凝土工程按施工工艺可分为现浇和预制两大类。现浇混凝土又可分为常态混凝土、碾压混凝土和沥青混凝土。

现浇混凝土的主要施工工序有混凝土的拌制、运输、浇筑等。对于预制混凝土,除与现浇混凝土有同样的施工工序外,还有预制混凝土构件运输和安装。

4.5.1.2　混凝土工程单价计算

混凝土工程单价应根据设计提供的资料,确定建筑物的施工部位,选定正确的施工方法、运输方案,确定混凝土级配,并根据施工组织设计确定的拌和系统的布置形式等,选用相应定额来计算。

1. 现浇混凝土单价计算

现浇混凝土单价一般包括混凝土拌制、混凝土运输及混凝土浇筑三道工序单价。

1)混凝土拌制工序单价

混凝土的拌制包括配料、加水、加外加剂、搅拌、出料等子工序。

混凝土拌制定额均以半成品方为计量单位,不包括干缩、运输、浇筑和超填等损耗的消耗量在内。混凝土拌制定额按拌制常态混凝土拟定,若拌制加冰、加掺合料等其他混凝土,则按表4-18所示系数对拌制定额进行调整。

表 4-18　拌制定额调整系数

搅拌楼规格	混凝土类别			
	常态混凝土	加冰混凝土	加掺合料混凝土	碾压混凝土
1×2.0 m³ 强制式	1.00	1.20	1.00	1.00
2×2.5 m³ 强制式	1.00	1.17	1.00	1.00
2×1.0 m³ 自落式	1.00	1.00	1.10	1.30
2×1.5 m³ 自落式	1.00	1.00	1.10	1.30
3×1.5 m³ 自落式	1.00	1.00	1.10	1.30
2×3.0 m³ 自落式	1.00	1.00	1.10	1.30
4×3.0 m³ 自落式	1.00	1.00	1.10	1.30

2)混凝土运输工序单价

混凝土运输是指混凝土自搅拌机(楼)出料口至浇筑现场工作面的全部水平运输和垂直运输。

预制混凝土构件运输,指预制场至安装现场之间的运输。预制混凝土构件在预制场和安装现场的运输,包括在预制及安装定额内。

混凝土运输定额均以半成品方为计量单位,不包括干缩、运输、浇筑和超填等损耗的消耗量在内。

混凝土和预制混凝土构件运输,应根据施工组织设计选定的运输方式、设备型号规格,套用概算运输定额相应子目计算。

3)混凝土浇筑工序单价

混凝土的浇筑主要工作有基础面清理、施工缝处理、入仓、平仓、振捣、养护、凿毛等。浇筑定额中包括浇筑和工作面运输所需全部人工、材料与机械的数量和费用。应根据施工部位和混凝土种类,选用相应的定额子目计算。定额子目选定后先要计算混凝土的材料单价。

4)混凝土材料单价

混凝土材料单价指按级配配制混凝土所需砂、石、水泥、水、掺合料及外加剂等材料费用之和。

混凝土材料定额中的"混凝土",系指完成单位产品所需的混凝土成品量,其中包括干缩、运输、浇筑和超填等损耗的消耗量在内。编制概算单价时,配制混凝土所需各项材料用量,应按本工程的混凝土级配试验资料计算。如无试验资料,可采用定额附录混凝土材料配合比表所列数量计算混凝土材料单价。

为节省工程材料消耗,降低工程投资,使用现行《概算定额》时,须注意下列问题:

(1)编制混凝土坝等大体积混凝土概算单价时,必须掺加适量的粉煤灰以节省水泥用量,其掺量比例应参照一般工程实际掺用比例确定,也可按部颁《概算定额》附录"掺粉煤灰混凝土材料配合比表"选取。

(2)现浇混凝土强度等级,定额中系以28 d 龄期的抗压强度标准值确定。在选用时应根据设计对不同水工建筑物的不同运用要求,尽可能利用混凝土的后期强度(60 d、90 d 及 180 d),以降低混凝土强度等级,节省水泥用量。各龄期强度等级换算为28 d 龄期强度等级的换算系数如表3-11 所示。当换算结果介于两种强度等级之间时,应选用高一级强度等级。

(3)埋块石混凝土:

埋块石混凝土材料量 = 配合比表列材料用量 × (1 - 埋块石率)

因埋块石而增加的人工工时数,如表4-19 所示。

表4-19　埋块石需增加人工工时数

埋块石率(%)	5	10	15	20
每100 m³ 埋块石混凝土增加人工工时	24	32	42.4	56.8

(4)混凝土配合比表中各材料系按卵石、粗砂拟定,如改用碎石或中、细砂,按表3-12所示系数换算。

2. 预制混凝土单价计算

预制混凝土单价一般包括混凝土构件的预制、安装等工序。预制构件在预制场和安装现场的运输,也包括在预制及安装定额内。计算混凝土预制单价时,应按混凝土构件选用定额子目。

3. 混凝土温控措施费计算

在水利工程中,为防止拦河坝等大体积混凝土由于温度应力而产生裂缝和坝体接缝灌浆后接缝再度拉裂,根据现行设计规程和混凝土设计及施工规范的要求,高、中拦河坝等大体积混凝土工程的施工,都必须进行混凝土温控设计,提出温控标准和降温防裂措施。

1）温控措施单价的计算

温控措施单价包括风或水预冷骨料、制片冰、制冷水,坝体混凝土一、二期通低温水和坝体混凝土表面保护等温控措施的单价。一般可按各系统不同温控要求所配置设备的台时总费用除以相应系统的台时净产量计算,从而可得各种温控措施的费用单价。当计算条件不具备或计算有困难时,亦可参照定额附录中"水利水电工程大体积混凝土温度控制措施费用计算办法"计算。见附录

2）混凝土温控措施综合费用的计算

混凝土温控措施综合费用,可按 1 m³坝体或大体积混凝土应摊销的温控费计算。根据不同温控要求,工程所需预冷骨料、加冰或加冷水拌制混凝土、坝体混凝土通水冷却及进行混凝土表面保护等温控措施的混凝土量占坝体等大体积混凝土总量的比例,乘以相应温控措施单价之和即为 1 m³坝体或大体积混凝土应摊销的温控措施综合费用。各种温控措施的混凝土量占坝体等大体积混凝土总量的比例,应根据工程施工进度、混凝土月平均浇筑强度及温控时段的长短等具体条件确定。其具体计算办法与参数的选用,可参照定额附录中"水利水电工程大体积混凝土温度控制措施费用计算办法"。

4.5.2　钢筋制作安装工程单价

钢筋是水利水电工程的主要建筑材料,由普通碳素钢或普通低合金钢热轧而成,故又称热轧钢筋。常用钢筋多为直径 6 ~ 40 mm。建筑物或构筑物所用钢筋一般须先按设计图纸在加工场内加工成型,然后运到施工现场绑扎安装。

4.5.2.1　钢筋制作安装的内容

钢筋制作安装包括钢筋加工、绑扎、焊接及场内运输等工序。

（1）钢筋加工:加工工序主要为调直、除锈、划线、切断、调制、整理等。采用手工或调直机、除锈机、切断机及弯曲机等进行。

（2）绑扎、焊接:绑扎是将弯曲成型的钢筋,按设计要求组成钢筋骨架,一般用 18 ~ 22 号铅丝人工绑扎。人工绑扎简单方便,无需机械和动力,是小型水利工程钢筋连接的主要方法。

4.5.2.2　钢筋制作安装工程单价计算

现行部颁概算定额不分工程部位和钢筋规格型号,综合成一节"钢筋制作与安装"定额。该定额适用于现浇及预制混凝土的各部位,以"t"为计量单位。定额已包括切断及焊接损耗、截余短头作废料损耗,以及搭接帮条和施工架立筋等附加量。

4.5.3　沥青混凝土工程单价

　　水利水电工程常用的沥青混凝土为碾压式沥青混凝土,分开级配(孔隙率大于5%,含少量或不含矿粉)和密级配(孔隙率小于5%,含一定量矿粉)两种。开级配适用于防渗墙的整平胶结层和排水层,密级配适用于防渗墙的防渗层和岸边接头部位。沥青混凝土单价编制方法与常规混凝土单价编制方法基本相同。

　　【案例4-4】　某明渠采用25 cm厚的现浇混凝土C20衬砌,采用0.8 m³混凝土搅拌机拌和,机动翻斗机运输500 m,机械振捣,计算其预算单价(见表4-20~表4-23)。

　　解:计算见表4-20~表4-23。由表4-21知,此明渠现浇混凝土工程预算价格为680.05 元/m³。

表 4-20　混凝土、砂浆材料预算价格计算表　　　　　　(单位:元)

混凝土强度等级	级配	材料名称	数量	单位	基价	小计	合计	价差	预算价格
C20	2	32.5 级水泥	289×1.1	kg	0.255	81.06	179.01	0.16	0.415
		粗砂	0.49×1.1	m³	70.00	37.73		10.00	80.00
		碎石	0.81×1.06	m³	70.00	60.10		5.00	75.00
		水	0.15×1.1	m³	0.74	0.12			0.80

　　注:卵石换为碎石要考虑调整系数。

表 4-21　建筑工程单价表(一)

定额编号:40062　　　　　　项目:明渠现浇混凝土工程　　　　　　定额单位:100 m³

施工方法:0.8 m³混凝土搅拌机拌和机动翻斗机运输500 m,机械振捣

编号	名称及规格	单位	数量	单价(元)	合价(元)	备注
一	直接费	元			30 758.67	
(一)	基本直接费	元			28 612.72	
1	人工费	工时			4 861.52	
	工长	工时	19.1	11.55	220.61	
	高级工	工时	31.8	10.67	339.31	
	中级工	工时	255	8.90	2 269.50	
	初级工	工时	331.5	6.13	2 032.10	
2	材料费	元			18 782.39	
	混凝土	m³	103	179.01	18 438.03	
	水	m³	180	0.88	158.40	
	其他材料费	元	1.00%	18 596.43	185.96	
3	机械使用费	元			1 755.59	
	振捣器　插入式　1.1 kW	台时	44	2.10	92.51	
	风水枪	台时	29.32	50.79	1 489.10	
	其他机械费	元	11%	1 581.60	173.98	
4	混凝土拌制	m³	103	19.88	2 047.56	
5	混凝土运输	m³	103	11.32	1 165.66	

续表 4-21

编号	名称及规格	单位	数量	单价(元)	合价(元)	备注
(二)	其他直接费	元	7.50%	28 612.72	2 145.95	
二	间接费	元	9.50%	30 758.67	2 922.07	
三	利润	元	7.00%	33 680.74	2 357.65	
四	材料补差	元			27 173.91	
	水泥	t	29.57	469 − 255	6 327.98	469
	粗砂	m³	57.78	252.2 − 70	10 527.52	252.2
	碎石	m³	88.44	184.9 − 70	10 161.76	184.9
	柴油	kg	48.2	6.24 − 2.99	156.65	6.24
五	税金	元	9.00%	63 212.30	5 689.11	
六	合计	元			68 901.41	
	单价	元/m³			689.01	

表 4-22　建筑工程单价表(二)

定额编号:40135　　　　　　　　项目:混凝土拌和工程　　　　　　　　定额单位:100 m³

施工方法:0.8 m³ 混凝土搅拌机拌和

编号	名称及规格	单位	数量	单价(元)	合价(元)	备注
一	直接费	元				
(一)	基本直接费	元			1 987.92	
1	人工费	工时			1 550.68	
	工长	工时		11.55	0	
	高级工	工时		10.67	0	
	中级工	工时	91.1	8.90	810.79	
	初级工	工时	120.7	6.13	739.89	
2	材料费	元			38.98	
	零星材料费	元	2%	1 948.95	38.98	
3	机械使用费	元			398.27	
	搅拌机　0.8 m³	台时	8.64	38.24	330.43	
	胶轮车	台时	83	0.82	67.83	
二	合计	元			1 987.93	
	单价	元/m³			19.88	

表 4-23　建筑工程单价表（三）

定额编号：40159　　　　　　项目：混凝土运输工程　　　　　　定额单位：100 m³

施工方法：机动翻斗机运输 500 m

编号	名称及规格	单位	数量	单价（元）	合价（元）	备注
一	直接费	元				
（一）	基本直接费	元			1 131.71	
1	人工费	工时			508.14	
	工长	工时		11.55	0	
	高级工	工时		10.67	0	
	中级工	工时	36.5	8.90	324.85	
	初级工	工时	29.9	6.13	183.29	
2	材料费	元			53.89	
	零星材料费	元	5%	1 077.82	53.89	
3	机械使用费	元			569.68	
	机动翻斗机　1 t	台时	31.2	18.26	569.68	
二	合计	元			1 131.71	
	单价	元/m³			11.32	

【案例 4-5】　计算某混凝土结构工程钢筋制作安装预算单价（见表 4-24）。

解：计算见表 4-24。由表 4-24 知，此工程钢筋制作安装预算价格为 6 759.20 元/t。

表 4-24　建筑工程单价表

定额编号：40289　　　　　　项目：钢筋制安工程　　　　　　定额单位：t

施工方法：回直、除锈、切断、弯制、焊接、绑扎及加工场至施工场地运输

编号	名称及规格	单位	数量	单价（元）	合价（元）	备注
一	直接费	元			4 287.25	
（一）	基本直接费	元			3 988.14	
1	人工费	工时			917.08	
	工长	工时	10.30	11.55	118.97	
	高级工	工时	28.80	10.67	307.30	
	中级工	工时	36.00	8.90	320.40	
	初级工	工时	27.80	6.13	170.41	
2	材料费	元			2 742.55	
	钢筋	t	1.02	2 560.00	2 611.20	基价
	铁丝	kg	4.00	8.00	32.00	
	电焊条	kg	7.22	10.00	72.20	
	其他材料费	元	1.00%	2 715.40	27.15	
3	机械使用费	元			328.51	
	钢筋调直机　14 kW	台时	0.60	22.15	13.29	

续表 4-24

编号	名称及规格	单位	数量	单价(元)	合价(元)	备注
	风砂枪	台时	1.50	50.79	76.18	
	钢筋切断机 20 kW	台时	0.40	29.42	11.77	
	钢筋弯曲机 φ6~40	台时	1.05	18.83	19.77	
	电焊机 25 kVA	台时	10.00	13.28	132.77	
	对焊机 150 型	台时	0.40	86.04	34.42	
	载重汽车 5 t	台时	0.45	50.55	22.75	
	塔式起重机 10 t	台时	0.10	111.17	11.12	
	其他机械费	元	2%	322.07	6.44	
(二)	其他直接费	元	7.50%	3 988.14	299.11	
二	间接费	元	5.50%	4 287.25	235.80	
三	利润	元	7.00%	4 523.05	316.61	
四	材料补差	元			1 361.44	
	钢筋	t	1.02	3 883.07 − 2 560	1 349.53	3 883.07
	汽油	kg	3.24	6.75 − 3.075	11.91	6.75
五	税金	元	9.00%	6 201.10	558.10	
六	合计	元			6 759.20	
	单价	元/t			6 759.20	

4.6 模板工程单价编制

模板一般包括平面模板、曲面模板、异形模板、滑模、钢模台车等。模板工程定额适用于各种水工建筑物的现浇混凝土。模板工程包括模板制作、安装及拆除。

4.6.1 模板定额的工作内容

4.6.1.1 模板制作的主要工作内容

模板制作主要包括：木模板制作，木桁（排）架制作，木立柱、围令制作，钢架制作，预埋铁件制作等，以及模板的运输。各工作包含的内容如下：

(1)木模板制作：板条锯断、刨光、裁口，骨架（或圆弧板带）锯断、刨光，板条骨架拼钉，板面刨光、修整。

(2)木桁（排）架制作：枋木锯断、凿榫、打孔，砍刨拼装，上螺栓、夹板。

(3)木立柱、围令制作：枋木锯断、刨平、打孔。

(4)钢架制作：型材下料、切断、打孔、组装、焊接。

(5)预埋铁件制作：拉筋切断、弯曲、套扣，型材下料、切割、组装、焊接。

(6)模板运输：包括模板、立柱、围令及桁（排）架等，自工地加工厂或存放场运输至安装工作面。

4.6.1.2　模板安装、拆除工作内容

定额的主要工作内容有模板(包括排架、钢架、预埋件等)的安装、拆除、除灰、刷脱模剂、维修、倒仓、拉筋割断等。

4.6.2　计算模板工程单价注意问题

(1)模板定额计量单位为 $100~\mathrm{m}^2$ 立模面面积,除注明者外,模板定额的计量面积为混凝土与模板的接触面积,即建筑物体形及施工分缝要求所需的立模面面积。立模面面积的计量,一般应按满足建筑物体形及施工分缝要求所需的立模面计算。当缺乏实测资料时,可参考概预算定额附录"水利工程混凝土建筑物立模面系数参考表",根据混凝土结构部位的工程量计算立模面面积。

(2)《概算定额》隧洞衬砌模板及涵洞模板定额中的堵头和键槽模板已按一定比例摊入定额中,不再计算立模面面积。《预算定额》需计算堵头和键槽模板立模面面积,并单独编制其单价。

(3)定额中的模板材料预算价格,采用模板制作定额计算,如采用外购模板,定额中的模板预算价格计算公式为

$$模板预算价格 = (外购模板预算价格 - 残值) \div 周转次数 \times 综合系数 \quad (4\text{-}16)$$

式中,残值取 10%,周转次数取 50 次,综合系数取 1.15(含露明系数及维修损耗系数)。

(4)模板定额中的材料,除模板本身外,还包括支撑模板的主柱、围令、桁(排)架及铁件等。对于悬空建筑物(如渡槽槽身)的模板,计算到支撑模板结构的承重梁(或枋木)为止,承重梁以下的支撑结构未包括在定额内。

(5)模板定额材料中的铁件包括铁钉、铁丝及预埋铁件,铁件和预制混凝土柱均按成品预算价格计算。

(6)滑模台车、针梁模板台车和钢模台车的行走机构、构架、模板及其支撑型钢,为拉滑模板或台车行走及支立模板所配备的电动机、卷扬机、千斤顶等动力设备,均作为整体设备以工作台时计入定额。

滑模台车定额中的材料包括滑模台车轨道及安装轨道所用的埋件、支架和铁件。

针梁模板台车和钢模台车轨道及安装轨道所用的埋件等应计入其他临时工程。

(7)坝体廊道模板,均采用一次性预制混凝土模板(一般为建筑物结构的一部分)。混凝土模板预制及安装,可参考混凝土预制及安装定额编制补充定额。

(8)《预算定额》第 1~11 节的模板定额中其他材料费的计算基数,不包括模板本身的价值。

4.6.3　模板工程单价编制

4.6.3.1　模板制作单价

按混凝土结构部位的不同,可选择不同类型的模板制作定额,编制模板制作单价。在编制模板制作单价时,要注意各节定额的适用范围和工作内容,对定额作出正确的调整。

模板属周转性材料,其费用应进行摊销。模板制作定额的人工、材料、机械用量是考虑多次周转和回收后使用一次的摊销量,也就是说,按模板制作定额计算的模板制作单价

是模板使用一次的摊销价格。

4.6.3.2 模板安装、拆除单价

1. 模板安装、拆除概算单价

《概算定额》模板安装各节子目中将"模板"作为材料列出,定额中"模板"的预算价格可按制作定额计算(取直接费)。将模板材料的价格代入相应的模板安装、拆除定额,可计算模板工程单价。

2. 模板安装、拆除预算单价

《预算定额》中模板安装、拆除与制作一般在同一节定额相邻子目中编列,模板安装、拆除预算单价与制作预算单价的编制方法相同。

编制模板工程预算单价时,将制作单价和安装、拆除单价叠加即可。

【案例4-6】 某水闸工程底板采用普通标准钢模板,计算其制作预算单价(见表4-25)。

解:计算见表4-25。由表4-25知,该工程模板制作预算单价为16.90元/m²。

表4-25 建筑工程单价表

定额编号:50003   项目:普通标准钢模板制作工程   定额单位:100 m²

施工方法:预埋铁件制作,模板运输

编号	名称及规格	单位	数量	单价(元)	合价(元)	备注
一	直接费	元			1 314.93	
(一)	基本直接费	元			1 223.19	
1	人工费	工时			97.26	
	工长	工时	1.10	11.55	12.71	
	高级工	工时	3.70	10.67	39.48	
	中级工	工时	4.10	8.90	36.49	
	初级工	工时	1.40	6.13	8.58	
2	材料费	元			1 095.21	
	组合钢模板	kg	79.57	7.50	596.78	
	型钢	kg	42.97	6.00	257.82	
	卡扣件	kg	25.33	8.00	202.64	
	铁件	kg	1.50	7.00	10.50	
	电焊条	kg	0.50	12.00	6.00	
	其他材料费	元	2.00%	1 073.74	21.47	
3	机械使用费	元			30.72	
	钢筋切断机 20 kW	台时	0.06	29.42	1.77	
	载重汽车 5 t	台时	0.36	50.55	18.20	
	电焊机 25 kVA	台时	0.70	13.28	9.29	
	其他机械费	元	5%	29.26	1.46	
(二)	其他直接费	元	7.50%	1 223.19	91.74	
二	间接费	元	9.50%	1 314.92	124.92	

续表 4-25

编号	名称及规格	单位	数量	单价(元)	合价(元)	备注
三	利润	元	7.00%	1 439.84	100.79	
四	材料补差	元			9.53	
	汽油	kg	2.592	6.75－3.075	9.53	6.75
五	税金	元	9.00%	1 550.16	139.52	
六	合计	元			1 689.67	
	单价	元/m²			16.90	

【案例 4-7】　某水闸工程底板采用普通标准钢模板,计算其安装拆除预算单价(见表 4-26)。

解:计算见表 4-26。由表 4-26 知,该工程模板安装拆除预算单价为 61.48 元/m²。

表 4-26　建筑工程单价表

定额编号:50004　　　　　项目:普通标准钢模板安装、拆除(不含制作)工程　　　　　定额单位:100 m²

施工方法:模板安装、拆除、除灰、刷脱模剂,维修、倒仓、拉筋割断

编号	名称及规格	单位	数量	单价(元)	合价(元)	备注
一	直接费	元			4 436.18	
(一)	基本直接费	元			4 126.68	
1	人工费	工时			2 143.20	
	工长	工时	17.00	11.55	196.35	
	高级工	工时	82.70	10.67	882.41	
	中级工	工时	119.60	8.90	1 064.44	
	初级工	工时		6.13	0	
2	材料费	元			992.99	
	预埋铁件	kg	121.68	7.00	851.76	
	混凝土柱	m³	0.28	350.00	98.00	
	电焊条	kg	1.98	12.00	23.76	
	其他材料费	元	2.00%	973.52	19.47	
3	机械使用费	元			990.49	
	汽车起重机　5 t	台时	14.17	64.70	916.77	
	电焊机　25 kVA	台时	2.00	13.28	26.55	
	其他机械费	元	5.00%	943.32	47.17	
(二)	其他直接费	元	7.50%	4 126.68	309.50	
二	间接费	元	9.50%	4 436.18	421.44	
三	利润	元	7.00%	4 857.62	340.03	
四	材料补差	元			302.03	
	汽油	kg	82.186	6.75－3.075	302.03	6.75
五	税金	元	9.00%	5 499.68	494.97	
六	合计	元			5 994.65	
	单价	元/m²			59.95	

4.7　基础处理工程单价编制

基础处理工程指为提高地基承载能力、改善和加强其抗渗性能及整体性所采取的处理措施，包括钻孔灌浆、混凝土防渗墙、桩基锚杆、锚索等工程。

4.7.1　钻孔灌浆

编制钻孔灌浆工程单价应注意的问题如下：

（1）钻孔灌浆和锚固工程的工程量计算相对比较复杂，其项目设置、工程数量及其单位均必须与《概算定额》的设置、规定相一致，如不一致，应进行科学的换算，才不致出现差错。

①钻孔。有的定额按全孔计量，有的定额将不灌浆孔段（建筑物段）以钻灌比的形式摊入灌浆孔段，使用这种定额，就只能计算灌浆段长度，否则就会重复计量。

②灌浆。有的定额以灌浆孔的长度（m）为计量单位，有的定额以灌入水泥量（t）为计量单位。两者的工程量显然就不一样。

③混凝土防渗墙，有的定额用阻水面积（m²）为单位，有的定额造孔用折算进尺（m）为单位，防渗墙混凝土用 m³ 为单位，所以一定要按科学的换算方式进行换算。

（2）关于检查孔。常用的检查手段是打检查孔，取岩芯，作压水（浆）试验。对于检查孔的钻孔、压水（浆）试验、灌浆等费用的处理，必须与定额的规定相适应。如定额中已摊入检查孔的上述费用，就不应再计算；如未摊入，则要注意不要漏掉上述费用。

（3）钻机钻灌浆孔、坝基岩帷幕灌浆等定额终孔孔径大于 91 mm 或孔深度超过 70 m 时改用 300 型钻机。

（4）在廊道或隧洞内施工时，人工、机械定额乘以表4-27所列系数。

表4-27　人工、机械数量调整系数（一）

廊道或隧洞高度（m）	0~2.0	2.0~3.5	3.5~5.0	5.0 以上
系数	1.19	1.10	1.07	1.05

（5）地质钻机钻灌不同角度的灌浆孔或观测孔、试验孔时，人工、机械、合金片、钻头和岩芯管定额乘以表4-28所列系数。

表4-28　人工、机械数量调整系数表（二）

钻孔与水平夹角（°）	0~60	60~75	75~85	85~95
系数	1.19	1.05	1.02	1.00

（6）灌浆定额中的水泥用量系概算基本量。如有实际资料，可按实际消耗量调整。水泥强度等级的选择应符合设计要求，设计未注明的可按以下标准选择：回填灌浆 32.5，帷幕与固结灌浆 32.5，接缝灌浆 42.5，劈裂灌浆 32.5，高喷灌浆 32.5。

4.7.2　混凝土防渗墙

4.7.2.1　混凝土防渗墙的施工工艺

在水利水电工程施工中,建在覆盖层上的挡水建筑物设置混凝土防渗墙是一种有效的防渗处理措施。其施工工序一般包括造孔和浇筑混凝土两部分内容。

防渗墙的成墙方式大多采用槽孔法。造孔采用冲击钻机、反循环钻机、液压开槽机开槽法、射水成槽机成槽法进行。一般用冲击钻较多,其施工工艺流程包括钻孔前的准备→泥浆制备→造孔→终孔验收→清孔换浆等。冲击钻机造孔工效不仅受地层土石类别影响,而且与钻孔深度大有关系。随着孔深的增加,钻孔效率下降较大。防渗墙采用导管法浇筑水下混凝土。其施工工艺为浇筑前的准备→配料拌和→导管浇筑混凝土→质量验收。

4.7.2.2　定额表现形式

现行《概算定额》将造孔和浇筑分开编列,均以阻水面积为单位,按成孔深度、墙厚和不同地层分列子目。

《预算定额》也是将造孔和浇筑分列,造孔施工方法不同,其计量单位亦不一样,冲击钻机和冲击反循环钻机成槽法以折算米(m)为单位,液压开槽机和射水成槽机成槽法以 m^2 为单位,浇筑以 m^3 为单位。

造孔折算米计算公式:

$$造孔折算米 = LH/d \tag{4-17}$$

式中　L——槽长,m;

　　　H——平均槽深,m;

　　　D——槽底厚度,m。

墙体连接如采用钻凿法,需增加钻凿混凝土工程量及费用,混凝土工程量为

$$钻凿混凝土(m) = (n-1)H \tag{4-18}$$

式中　n——墙段个数;

　　　H——平均墙深,m。

混凝土防渗墙浇筑定额中未包括施工附加量及超填量。计算施工附加量时接头系数 k_1、墙顶系数 k_2 及因扩孔增加的超填系数 k_3 如下。

1. 接头系数 k_1

液压开槽机及射水成槽机造孔　　$k_1 = 1.00$

冲击钻造孔:采用钻凿(铣削)法　　$k_1 = 1 + D/(L_1 - D)$

　　　　　采用接头管(套接)法　　$k_1 = 1 + \pi D/(4L)$

式中　D——墙厚,m;

　　　L_1——槽孔长度,m;

　　　L——防渗墙长,m。

2. 墙顶系数 k_2

$$k_2 = 1 + 0.5/H$$

式中 H——墙深,m。

3. 扩孔系数 k_3

液压开槽机及射水成槽机造孔:$k_3 = 1.05 \sim 1.10$;

冲击钻造孔:漂石、卵石地层 $k_3 = 1.20$,砂、砾石地层 $k_3 = 1.15$。

由于防渗墙混凝土不经振捣,因而混凝土应具有良好的和易性。要求入孔时塌落度为 $18 \sim 22$ cm,扩散度 $34 \sim 38$ cm,最大骨料粒径不大于 40 mm。计算混凝土材料单价时,应按设计提供的配合比计算。

《预算定额》浇筑混凝土工程量中未包括施工附加量及超填量,计算施工附加量时应考虑接头和墙顶增加量,计算超填量时应考虑扩孔的增加量。具体计算方法可参考混凝土防渗墙浇筑定额下面的"注"。《概算定额》浇筑混凝土工程量中已包含了上述内容。

4.7.3 桩基工程

桩基工程包括振冲桩、灌注桩等。使用定额时应注意:

(1)振动桩按地层不同划分子目,以桩深(m)为计量单位。

(2)灌注桩《预算定额》一般按造孔和灌注划分,造孔按地层划分子目,以桩长(m)计量。灌注混凝土以造孔方式划分子目,以灌注量(m^3)计量。《概算定额》以桩径大小、地层情况划分子目,综合了造孔和浇筑混凝土整个施工过程。

4.7.4 工程单价计算

基础处理工程单价应根据设计确定的孔深、墙厚、灌浆压力参数、地层及岩石级别、透水率等,按施工组织设计确定的施工方法、施工条件,选用概预算定额相应子目计算。

【案例4-8】 某工程灌注桩设计成孔直径 80 cm,用 C25 混凝土浇筑(有关参数见单价表),孔深为 30 m。求其造孔单价和混凝土浇筑单价。

解:经列表计算其造孔单价为 555.20 元/m,混凝土浇筑单价为 473.24 元/m^3(见表 4-29 ~ 表 4-32)。

表 4-29 建筑工程单价表

定额编号:70195　　　　　　项目:灌注桩造孔(80 cm)工程　　　　　　定额单位:100 m

施工方法:制备泥浆、钻进、出渣、清孔换浆、泥浆回收、记录

编号	名称及规格	单位	数量	单价(元)	合价(元)	备注
一	直接费	元			41 765.48	
(一)	基本直接费	元			38 851.61	
1	人工费	元			10 318.01	
	工长	工时	58.50	11.55	675.68	
	高级工	工时	234.00	10.67	2 496.78	
	中级工	工时	641.70	8.90	5 711.13	
	初级工	工时	234.00	6.13	1 434.42	
2	材料费	元			5 820.32	

续表 4-29

编号	名称及规格	单位	数量	单价(元)	合价(元)	备注
	锯材	m³	0.20	1 500.00	300.00	
	钢材	kg	70.00	6.00	420.00	
	钢板　4 mm	kg	1.30	6.00	7.80	
	铁丝	kg	5.50	6.00	33.00	
	黏土	t	108.00	10.00	1 080.00	
	碱粉	kg	450.00	5.00	2 250.00	
	电焊条	kg	53.00	12.00	636.00	
	水	m³	1 050.00	0.88	924.00	
	其他材料费	元	3.00%	5 650.80	169.52	
3	机械使用费	元			22 713.28	
	冲击循环钻　CZ-22	台时	138.60	85.14	11 800.13	
	电焊机　30 kVA	台时	69.30	30.20	2 093.04	
	泥浆泵　3 PN	台时	63.00	15.78	994.29	
	泥浆搅拌机	台时	126.00	32.18	4 055.08	
	汽车起重机　25 t	台时	7.20	164.14	1 181.84	
	自卸汽车　5 t	台时	23.40	53.20	1 244.93	
	载重汽车　5 t	台时	13.50	50.55	682.42	
	其他机械费	%	3.00%	22 051.74	661.55	
(二)	其他直接费	元	7.50%	38 851.62	2 913.87	
二	间接费	元	10.50%	41 765.49	4 385.38	
三	利润	元	7.00%	46 150.86	3 230.56	
四	材料补差	元			1 339.43	
	汽油	kg	97.2	6.75-3.075	357.21	6.75
	柴油	kg	302.22	6.24-2.99	982.22	6.24
五	税金	元	9.00%	50 720.85	4 564.88	
六	合计	元			55 285.73	
	单价	元/m			552.86	

注:孔深小于 40 m 时,人工、机械乘以 0.9 系数。

表 4-30　混凝土、砂浆材料预算价格计算表　　　　　　　　　(单位:元)

混凝土强度等级	级配	材料名称	数量	单位	基价	小计	合计	价差	预算价格
C25	2	32.5 级水泥	310×1.1	kg	0.255	86.96	183.37	0.16	0.415
		粗砂	0.47×1.1	m³	70.00	36.19		10.00	80.00
		碎石	0.81×1.06	m³	70.00	60.10		5.00	75.00
		水	0.15×1.1	m³	0.74	0.12			0.74

注:卵石换为碎石要考虑调整系数。

表 4-31 建筑工程单价表

定额编号:70201   项目:灌注桩混凝土 C25 工程   定额单位:100 m³

施工方法:安拆导管及漏斗,混凝土配料、拌和、运输、灌注、凿除混凝土桩头

编号	名称及规格	单位	数量	单价(元)	合价(元)	备注
一	直接费	元			31 286.76	
(一)	基本直接费	元			29 103.96	
1	人工费	元			5 627.66	
	工长	工时	37.00	11.55	427.35	
	高级工	工时	112.00	10.67	1 195.04	
	中级工	工时	127.00	8.90	1 130.30	
	初级工	工时	469.00	6.13	2 874.97	
2	材料费	元			18 809.94	
	水下混凝土 C25	m³	103.00	179.04	18 441.12	
	其他材料费	元	2.00%	18 441.12	368.82	
3	机械使用费	元			1 413.08	
	搅拌机 0.4 m³	台时	18.50	27.93	516.72	
	卷扬机 5 t	台时	30.00	22.18	665.48	
	载重汽车 5 t	台时	2.40	50.55	121.32	
	胶轮车	台时	85.50	0.80	68.40	
	其他机械费	元	3.00%	1 371.91	41.16	
4	混凝土运输	m³	103	31.59	3 253.28	
(二)	其他直接费	元	7.50%	29 103.95	2 182.80	
二	间接费	元	10.50%	31 286.74	3 285.11	
三	利润	元	7.00%	34 571.85	2 420.03	
四	材料补差	元			28 185.26	
	水泥	t	103 × 0.289 × 1.1	469 − 255	7 007.15	469
	粗砂	m³	103 × 0.49 × 1.1	252.2 − 70	10 115.20	252.2
	碎石	m³	103 × 0.81 × 1.06	184.9 − 70	10 161.27	184.9
	汽油	kg	17.28	6.75 − 3.075	63.50	6.75
	柴油	kg	257.89	6.24 − 2.99	838.14	6.24
五	税金	元	9.00%	65 177.15	5 865.94	
六	合计	元			71 043.10	
	单价	元/m³			710.43	

表 4-32 建筑工程单价表

定额编号:40182   项目:灌注桩混凝土运输工程   定额单位:100 m³

施工方法:3 m³ 搅拌车运输 3 km

编号	名称及规格	单位	数量	单价(元)	合价(元)	备注
(一)	基本直接费	元			3 158.52	
1	人工费	元			169.84	
	工长	工时		11.55	0	

续表 4-32

编号	名称及规格	单位	数量	单价(元)	合价(元)	备注
	高级工	工时		10.67	0	
	中级工	工时	14.4	8.90	128.16	
	初级工	工时	6.8	6.13	41.68	
2	材料费	元			61.93	
	零星材料费	元	2.00%	3 096.59	61.93	
3	机械使用费	元			2 926.75	
	搅拌车 3 m³	台时	24.79	118.06	2 926.75	
				合计	3 158.52	
	单价				31.59	元/m³

4.8 设备及安装工程单价编制

4.8.1 设备及安装工程项目划分

设备及安装工程包括机电设备及安装工程和金属结构设备及安装工程两部分,它们分别构成工程总概算的第二部分和第三部分费用。

4.8.1.1 机电设备及安装工程

机电设备及安装工程项目主要包括发电设备及安装工程、升压变电设备及安装工程、公用设备及安装工程。

1. 发电设备及安装工程

发电设备及安装工程由水轮机、发电机、主阀、起重设备、水力机械辅助设备、电气设备等六项内容组成。

(1)水轮机设备及安装,指水轮机本体、调速器、油压装置、自动化元件、过速限制器等设备及安装。由于设备价格中未包括透平油但又属于成套供应,故透平油应列入本项设备费。额定充填外的备用透平油,应包括在第五部分独立费用中的备品备件购置费内。

(2)发电机设备及安装,指水轮发电机本体、励磁装置等设备及安装。

(3)主阀设备及安装,指防止水轮机飞逸,设置在蜗壳前进水流道上的闸阀(常用的有蝶阀、球形阀、楔形阀和针形阀等)设备及安装。除主阀本体外,还包括操纵主阀的操作机构、油压装置及其额定充填的透平油。

(4)起重设备及安装,指发电厂内起吊水轮发电机组的桥式起重设备及安装,包括桥式起重机本体、转子吊具、平衡梁、轨道、滑触线等设备及安装。负荷试验所需的测力器(或试块)、吊具和辅助车间内的起重设备等不应列入本项。

(5)水力机械辅助设备及安装,指厂区(包括变电站)的压气、油、水系统设备及安装,包括各系统的管路、附件、阀门、水力量测系统。

压气系统包括高压压气系统和低压压气系统。高压压气系统主要供油压装置、高压空气开关和高压电气设备等用气,低压压气系统主要供机组制动、调相压气、蝶阀空气围带设备吹扫、防冻、检测的风动工具等用气。其设备一般由空压机、储气罐和仪表组成。

油系统包括透平油系统、绝缘油系统和油化验室。它是为水电站用油设备服务的,用以完成油设备的给油、排油、添油及净化处理等工作。即用油箱接收新油、储存旧油,用油泵对设备充油、添油并排出污油,用滤油机、烘箱来清净处理污油。其设备一般有滤油机、油泵、油化验设备、油再生设备及仪表等。

水系统包括供设备消防、冷却、润滑用水的供水系统,以及排除厂房建筑物设备的渗漏、冷却、机组检测等用水的排水系统和监测电站水力参数所需的水力测量系统。设备一般有水泵、滤水器、水力测量设备及仪表。厂房上下水工程属建筑工程,应列入第一部分费用内。

管路安装包括管子、附件和阀门等安装,应分别以压气系统、油系统、水系统项目计算管路安装费。

(6)电气设备及安装,指发电电压设备、控制保护设备、直流系统、厂用电系统、电工试验、35 kV及以下动力电缆、控制和保护电缆和母线等设备。

发电电压设备,指发电机定子引出线至主变压器低压侧套管之间干支线上除厂用电外的电气设备(含中性点设备)。一般有油断路器、消弧线圈、隔离开关、互感器等。

控制保护设备,指厂区(包括变电站)起控制、保护作用的电器及电子计算机监控设备。一般有保护、操作、信号等屏、盘、柜、台、计算机系统及接线端子箱等设备。

直流系统指操作、保护所需的直流设备,一般有蓄电池、充电机和浮充电机、直流屏等。

厂用电系统指厂区用电所需的变电、配电、保护等电气设备。一般分厂用动力系统和厂用照明系统两部分,其设备有厂用变压器、开关柜、配电盘、事故照明切换屏(照明分电箱)、动力箱、避雷器及其他低压电器等。不包括厂区以上各用电点如拦河坝、溢洪道、引水系统等所需的变电、配电等电气设备,以及厂区至上述各用电点的馈电线路,前者应列入第二部分中的坝区馈电设备及安装项目内,后者属建筑工程,应列入第一部分中的其他工程项内。

电工试验指为电气试验而设置的各种设备、仪器、仪表等,如变压器、直流泄漏及耐压试验设备、电桥电压互感器、电流互感器、感应移相器、滑线式变阻器等。

电缆包括全厂的电力电缆、控制电缆及相应的电缆架、电缆管等。不包括通信电缆和厂坝区通信线路工程。

母线包括发电电压母线、厂用电母线。不包括直流系统母线、变电站母线和接地母线等。

2. 升压变电设备及安装工程

升压变电设备及安装工程由主变压器、高压电气设备、一次拉线项目组成。

(1)主变压器设备及安装,仅指主变压器及其轨道,不包括厂用变压器和其他变压器。额定充填的变压器油包括在变压器的出厂价格内。备用的变压器油应包括在第五部分中的备品备件购置费内。

(2)高压电气设备及安装,指从主变压器高压侧出线套管起,到变电站出线架之间

(含中性点设备)所有的电气设备。一般有高压断路器、电流互感器、电压互感器等,还包括隔离开关、避雷器、高频阻波器、110 kV 及以上高压电缆等。

(3)一次拉线及其他设备安装,指从主变压器高压侧至变电站出线架之间的一次拉线、软(硬)母线、引下线、连接线、绝缘子串、避雷线及附属金具等安装。

3. 公用设备及安装工程

公用设备及安装工程包括通信设备,通风采暖设备,机修设备,计算机监控系统,管理自动化系统,全厂接地及保护网,电梯,厂坝区馈电设备,厂坝区供水、排水、供热设备,水文、泥沙监测设备,水情自动测报系统设备,外部观测设备,消防设备,交通设备等项目。

(1)通信设备及安装工程:

卫星通信设备包括卫星接收天线及各种放大处理设备。

光缆通信设备包括信号处理设备等。

微波通信设备包括微波机、电源设备、保安配线架、铃流发生器、分路滤波器、天线及仪表等。

载波通信设备包括载波机、放大器、交流稳压器、电源自动切换屏及仪表等。

对于以上卫星、光缆、微波、载波通信设备,概算中计算建筑项目终端一侧的设备。220 kV 及以上电压等级的微波通信送出工程,可单编概预算,但投资数不应列入概算总投资之内。

生产调度通信设备包括调度电话总机、分机、录音机、蓄电池、配线架、分线盒及仪表等。

行政管理通信设备包括交换机、电话分机、整流器、配电盘、蓄电池、配线架、配线箱、分线盒及仪表等,生产管理室通信电缆包括在本项内。厂坝内对外通信线路和室外通信电缆、光缆工程,均属建筑工程,应列入第一部分内。高频阻波器和耦合电容器应列入升压变电设备中的高压电气设备内,载波通信的电缆等属装置性材料。

(2)通风采暖设备及安装工程包括通风机、空调机、管理系统等项目,不包括生活建筑物的通风、采暖设备。

(3)机修设备及安装工程。指电缆运行期间为机组、金属结构及其他机械设备的检修所设的设备,包括车床、刨床、钻床等项目。

(4)计算机监控系统,指主控室和辅控室计算设备等。

(5)管理自动化系统。

(6)全厂接地及保护网。

全厂保护网,指全厂为保证设备安全运行而专门设置的金属网、门、围栏等,随设备配套供应的保护网应包括在相应的设备内。

全厂接地,指全厂公用和分散设置的接地网,包括接地板、接地母线、避雷针等的制作安装,以及相应的土石方开挖、回填和接地电阻测量。设备至接地母线的接地线不包括在本项中,应包括在相应设备的安装费内。避雷针如设置在专用的金属塔架上,则金属塔架的制作安装应列入第一部分建筑工程中的升压变电工程构架项目内。

(7)电梯设备及安装,指拦河坝和厂房等处的生产用电梯。

(8)厂坝区馈电设备及安装,指全厂用电系统供电范围以外的各用电点(拦河坝、溢洪道、引水系统等)独立设置的变配电系统设备及安装,如降压变压器、配电盘、动力箱、避雷器及其他低压电器等。

(9)厂坝区供水、供热、排水设备,指厂区以外各生产区的生产(或生产与生活相结合)用供水、排水、供热系统的设备,一般有水泵、锅炉等。供水、供热系统的建筑工程(包括管路)应列入第一部分建筑工程的其他工程项内。

(10)水文、泥沙监测设备及安装,包括水文站、气象站、地震台网所需购置的设备、仪器设施,如测流用绞车、缆道、流速仪等,本项仅包括水库库尾坝下段的水文、气象设施。

(11)水情自动测报系统设备及安装,指遥测水位站、雨量站、接收站和中继站所需要的设备。

(12)外部观测设备,指按设计要求,对拦河坝、溢洪道等重要水工建筑物进行监测所需的外部观测设备,如经纬仪、水准仪等。不包括设置在建筑物内部及表面的观测设备和设施(如应力仪、应变仪、温度仪、变位测点等),它们已列入第一部分建筑工程项内。

(13)消防设备,指消防栓、消防水龙头、消防带、消防水枪和灭火器、消防车等。

(14)交通设备,指工程竣工后,为保证建设项目初期正常生产、管理必须配备的生产、生活车辆和船只的购置费。

4.8.1.2 金属结构设备及安装工程

金属结构设备及安装工程构成工程总概算的第三部分,该部分概算的一级项目与第一部分建筑工程相应的一级项目一致,其一级项目的取舍可根据工程的具体情况而定。

金属结构设备及安装工程主要包括闸门、启闭机、拦污栅、升船机等设备安装,以及引水工程的钢管制作及安装等。

1. 闸门安装工程

闸门设备指平板闸门、弧形闸门和埋件。平板闸门又可分为定轮门、滑动门、叠梁门、人字门等。

2. 启闭设备安装工程

启闭设备指门式启闭机、油压启闭机、卷扬式启闭机、螺杆式启闭机、电动葫芦等。

3. 拦污栅安装工程

在有拦(清)污要求的进水口设置拦污栅,用以拦住杂草、树根和流冰等物,其设备有拦污栅、清污机等。

4. 压力钢管制作及安装工程

压力钢管设备包括一般压力钢管和叉管。

4.8.2 设备费

设备费包括设备原价、运杂费、运输保险费和采购及保管费等。

4.8.2.1 设备原价

设备原价有以下两种:

(1)国产设备,以出厂价为原价,非定型和非标准产品,采用与厂家签订的合同价或询价。

(2)进口设备,以到岸价和进口征收的税金、手续费、商检费及港口费等各项费用之和为原价。到岸价采用与厂家签订的合同价或询价计算,税金和手续费等按规定计算。

大型机组及其他大型设备分瓣运至工地后的拼装费用,应包括在设备原价内。

在可行性研究和初步设计阶段,非定型和非标准产品,一般不可能与厂家签订价格合同,设计单位可按向厂家索取的报价资料和当年的价格水平,经认真分析论证后,确定设备价格。

4.8.2.2 运杂费

运杂费指设备由厂家运至工地安装现场所发生的一切运杂费用,主要包括调车费、装卸费、包装绑扎费、变压器充氮费及其他可能发生的杂费。设备运杂费分主要设备和其他设备,按占设备原价的百分率计算。

1. 主要设备运杂费费率

主要设备运杂费费率标准见表4-33。设备由铁路直达或铁路、公路联运时,分别按里程求得费率叠加计算,如果设备由公路直达,应按公路里程计算费率后,再加公路直达基本费费率。

表4-33 主要设备运杂费费率 (%)

设备分类		铁路		公路		公路直达基本费费率
		基本运距 1 000 km	每增运 500 km	基本运距 100 km	每增运 20 km	
水轮发电机组		2.21	0.30	1.06	0.15	1.01
主阀、桥机		2.99	0.50	1.85	0.20	1.33
主变压器	120 000 kVA 及以上	3.50	0.40	2.80	0.30	1.20
	120 000 kVA 以下	2.97	0.40	0.92	0.15	1.20

2. 其他设备运杂费费率。

其他设备运杂费费率见表4-34。

表4-34 其他设备运杂费费率

类别	适用地区	费率(%)
Ⅰ	北京、天津、上海、江苏、浙江、江西、安徽、湖北、湖南、河南、广东、山西、山东、河北、陕西、辽宁、吉林、黑龙江等省、直辖市	3~5
Ⅱ	甘肃、云南、贵州、广西、四川、重庆、福建、海南、宁夏、内蒙古、青海等省、自治区、直辖市	5~7

工程地点距铁路线近者费率取小值,远者取大值。新疆、西藏地区的费率在表4-34中未包括,可视具体情况另行确定。

表4-33、表4-34所示运杂费费率适用于国产设备,在编制概算时可根据设备来源地、运输方式、运输距离等逐项进行分析计算。几项主要大件设备,如水轮发电机组、变压器等,在运输过程中应考虑超重、超高、超宽所增加的费用,如铁路运输的特殊车辆费,公路运输的桥涵加宽、路面拓宽所需费用。

3. 进口设备国内段运杂费费率

上述运杂费费率,适用于计算国产设备运杂费。国产设备运杂费费率乘以相应国产设备原价占进口设备原价的比例系数,即为进口设备国内段运杂费费率。

4.8.2.3 运输保险费

国产设备的运输保险费可按工程所在省、自治区、直辖市的规定计算。进口设备的运输保险费按有关规定计算。

$$运输保险费 = 设备原价 \times 运输保险费费率 \tag{4-19}$$

保险费费率一般取 0.1% ~ 0.4%。

4.8.2.4 采购及保管费

采购及保管费指建设单位和施工企业在负责设备的采购、保管过程中发生的各项费用。主要包括:

(1)采购保管部门工作人员的基本工资、辅助工资、职工福利费、劳动保护费、养老保险费、失业保险费、医疗保险费、工伤保险费、生育保险费、住房公积金、教育经费、办公费、差旅交通费、工具用具使用费等。

(2)仓库、转运站等设施的运行费、维修费、固定资产折旧费、技术安全措施费和设备的检验、试验费等。

$$采购及保管费 = (设备原价 + 运杂费) \times 采购及保管费费率 \tag{4-20}$$

采购及保管费费率一般取 0.70%。

以上三项费用可用综合费率计算如下:

$$三项费用综合费率 = 运杂费费率 + (1 + 运杂费费率) \times$$
$$采购及保管费费率 + 运输保险费费率 \tag{4-21}$$

【案例 4-9】 某工程从生产厂家采购电站设备,已知资料如下,请计算该设备的设备费。

(1)设备质量:毛量系数 5%,净重 400 t;

(2)设备原价:4.5 万元/t;

(3)厂家至工地运杂费费率:6%;

(4)运输保险费费率:0.3%。

解:(1)设备原价　　　　400 t × 4.5 万元/t = 1 800(万元)

　　(2)运杂费　　　　　　1 800 × 6% = 108(万元)

　　(3)采购及保管费　　　(1 800 + 108) × 0.70% = 13.36(万元)

　　(4)运输保险费　　　　1 800 × 0.3% = 5.4(万元)

　　(5)设备费　　　　　　1 800 + 108 + 13.36 + 5.4 = 1 926.76(万元)

4.8.2.5 交通工具购置费

工程竣工后,为保证建设项目初期正常生产管理所必须配备的生产、生活、消防车辆和船只的数量,应由设计单位按有关规定、结合工程规模确定,设备价格根据市场情况,结合国家有关政策确定。

无设计资料时,可按表 4-35 所列指标计算。除高原、沙漠地区外,不得用于购置进口、豪华车辆。灌溉田间工程不计此项费用。

计算方法:以第一部分建筑工程投资为基数,按表 4-35 所示的费率,以超额累进方法计算。

表 4-35　交通工具购置指标

第一部分建筑工程投资(万元)	费率(%)	辅助参数(万元)
10 000 及以内	0.50	0
10 000 ~ 50 000	0.25	25
50 000 ~ 100 000	0.10	100
100 000 ~ 200 000	0.06	140
200 000 ~ 500 000	0.04	180
500 000 以上	0.02	280

　　简化计算公式

$$交通工具购置费 = 第一部分建筑工程投资 \times 该档费率 + 辅助参数 \qquad (4\text{-}22)$$

4.8.3　安装工程单价

4.8.3.1　安装工程单价计算方法

　　《安装工程概算定额》有两种表示形式,因此采用的计算方法也有区别。

　　1. 以实物量形式表示的定额

　　以实物量形式表示的安装工程定额,其安装工程单价的计算与前述建筑工程单价计算方法和步骤相同。以这种形式编制的单价较准确,但计算相对烦琐。由于这种方法量、价分离,所以能满足动态变化的要求。

　　采用实物量计算单价的项目有:水轮机、水轮发电机、主阀、大型水泵、水力机械辅助设备,电气设备中的电缆线、接地、保护网、变电站设备(除高压电气设备),通信设备、起重设备、闸门及压力钢管等设备。

　　2. 以安装费率形式表示的定额

　　安装费率是以安装费占设备原价的百分率形式表示的。定额中给定了人工费、材料费(装置性材料)和机械使用费各占设备原价的百分比。在编制安装工程单价时,由于设备原价本身受市场价格的变化而浮动,因此除人工费费率外,材料费费率和机械费费率使用时均不作调整。

　　采用安装费率计算单价的项目有:电气设备中的发电电压设备、控制保护设备、计算机监控系统、直流系统、厂用电系统和电气试验设备、变电站高压电气设备等。

　　计算公式:

$$安装工程直接费 = 设备原价 \times 各费率之和(\%) \qquad (4\text{-}23)$$

　　人工费费率的调整,应根据定额主管部门当年发布的北京地区人工预算单价,与该工程设计概算采用的人工预算单价进行对比,测算其比例系数,据以调整人工费指标。

4.8.3.2　安装工程单价编制步骤

　　(1)了解工程设计情况,收集整理和核对设计提供的项目全部设备清单,并按项目划分规定进行项目归类。设备清单必须包括设备的规格、型号、重量及推荐的厂家。

(2)要熟悉现行概(预)算定额的相关内容:定额的总说明及各章节的说明、各安装项目包含的安装工作内容、定额安装费的费用构成和其他有关资料。

(3)根据设备清单提供的各项参数,正确选用定额。

(4)按编制规定计算安装工程单价。

4.8.3.3 采用现行定额应注意的问题

(1)设备自工地仓库运至安装现场的一切费用,称为设备场内运费,属于设备运杂费范畴,不属于设备安装费。在《预算定额》中列有"设备工地运输"一章,是为施工单位自行组织运输而拟定的定额,不能理解为这项费用也属于安装费范围。

(2)压力钢管制作、运输和安装均属安装费范畴,应列入安装费栏下,这点是和设备不同的,应特别注意。

(3)装置性材料费本身属材料,但又是被安装的对象,安装后构成工程的实体。装置性材料分为主要装置性材料和次要装置性材料。凡在《概算定额》或《预算定额》各项目中作为安装对象的材料,即为主要装置性材料,如轨道、管路、电缆、母线、滑触线等。其余的即为次要装置性材料,如轨道的垫板、螺栓、电缆支架、母线金具等。

主要装置性材料在概(预)算定额中,一般作为未计价材料,应按设计提供的规格、数量和工地材料预算价格计算其费用(另加定额规定的操作损耗率),损耗率见定额总说明(有些定额项目中括号内的装置性材料数量含了损耗)。次要装置性材料因品种多,规格杂,且价值也较低,故在概(预)算定额中均已列入其他费用。在编制概(预)算单价时,不必再另行计算。

(4)设备与材料的划分。

①制造厂成套供货范围的部件、备品备件、设备体腔内定量填物(如透平油、变压器油、六氟化硫气等)均作为设备。

②不论成套供货,还是现场加工或零星购置的贮气罐、阀门、盘用仪表、机组本体上的梯子、平台和栏杆等均作为设备,不能因供货来源不同而改变设备性质。

③如管道和阀门构成设备本体部件,应作为设备,否则应作为材料。

④随设备供应的保护罩、网、门等已计入相应设备出厂价格内时,应作为设备,否则应作为材料。

⑤电缆和管道的支吊架、母线、金属、金具、滑触线和架、屏盘的基础型钢、钢轨、石棉板、穿墙隔板、绝缘子、一般用保护网、罩、门、梯子、栏杆和蓄电池架等,均作为材料。

(5)"电气调整"在《概算定额》各章节中均已包括这项工作内容,而在《预算定额》中是单列一章,独立计算,不包括在各有关章节内。这点应注意,避免在编制预算时遗漏这个项目。

(6)按设备质量划分子目的定额,当所求设备的质量介于同型设备的子目之间时,按插入法计算安装费。如与目标起重量相差5%以内,可不作调整。

换算公式

$$A = \frac{(C-B)(a-b)}{c-b} + B \tag{4-24}$$

式中　A——所求设备的安装费;

B——较所求设备小而最接近的设备安装费;

C——较所求设备大而最接近的设备安装费;

a——A 项设备的质量;

b——B 项设备的质量;

c——C 项设备的质量。

(7)压力钢管一般在工地制作和安装,在《概算定额》中包括一般钢管和叉管的制作及安装,并将直管、弯管、渐变管、斜管和伸缩节等综合考虑,使用时均不作调整,只把叉管制作安装单独列出。《预算定额》中,钢管的制作及安装项目划分得比较细,把钢管制作、安装、运输分别单独列出,并且定额费以直管形式列出,对于其他形状的钢管制作和安装及安装斜度≥15°时,按不同斜度分别乘以规定的修正系数。

4.8.3.4 安装工程单价计算

1. 实物量形式的安装单价

1)直接费

A. 基本直接费

$$人工费 = 定额人工工时数 × 人工预算单价 \tag{4-25}$$

$$材料费 = 定额材料用量 × 材料预算价格(超过基价的按基价计) \tag{4-26}$$

$$机械使用费 = 定额机械台时用量 × 机械基价台时费 \tag{4-27}$$

B. 其他直接费

$$其他直接费 = 基本直接费 × 其他直接费费率之和 \tag{4-28}$$

2)间接费

$$间接费 = 直接费中人工费 × 间接费费率 \tag{4-29}$$

3)利润

$$利润 = (直接费 + 间接费) × 利润率 \tag{4-30}$$

4)材料补差

$$材料补差 = (材料预算价格 - 材料基价) × 材料消耗量 \tag{4-31}$$

5)未计价装置性材料费

$$未计价装置性材料费 = 未计价装置性材料用量 × 材料预算单价 \tag{4-32}$$

6)税金

$$税金 = (直接费 + 间接费 + 利润 + 材料补差 + 未计价装置性材料费) × 税率 \tag{4-33}$$

7)安装工程单价

$$安装工程单价 = 直接费 + 间接费 + 利润 + 材料补差 + 未计价装置性材料费 + 税金 \tag{4-34}$$

2. 费率形式的安装单价

1)直接费(%)

A. 基本直接费(%)

$$人工费(\%) = 定额人工费安装费率(\%) × 设备原价 × 人工费调整系数 \tag{4-35}$$

$$材料费(\%) = 定额材料费安装费率(\%) × 设备原价 \tag{4-36}$$

装置性材料费(%) = 定额装置性材料费安装费率(%) × 设备原价　　(4-37)

机械使用费(%) = 定额机械使用费安装费率(%) × 设备原价　　(4-38)

　B. 其他直接费(%)

其他直接费(%) = 基本直接费(%) × 其他直接费费率之和(%)　　(4-39)

2)间接费(%)

间接费(%) = 人工费(%) × 间接费费率(%)　　(4-40)

3)利润(%)

利润(%) = (直接费 + 间接费)(%) × 利润率(%)　　(4-41)

4)税金(%)

税金(%) = (直接费 + 间接费 + 利润)(%) × 税率(%)　　(4-42)

5)安装工程单价(%)

安装工程单价(%) = 直接费(%) + 间接费(%) + 利润(%) + 税金(%)

(4-43)

《水利工程营业税改征增值税计价依据调整办法》(办水总〔2016〕132 号)及水利部办公厅《关于调整水利工程计价依据增值税计算标准的通知》(办财函〔2019〕448 号)规定:以费率形式(%)表示的安装工程定额,其人工费费率不变,材料费费率除以 1.03 调整系数,机械使用费费率除以 1.10 调整系数,装置性材料费费率除以 1.13 调整系数。设备费采用不含增值税进项税额的价格。

具体编制程序见表4-36。

表4-36　安装工程单价计算程序

序号	项目	计算方法	
		实物量法	安装费率法
(一)	直接费	(1) + (2)	(1) + (2)
(1)	基本直接费	① + ② + ③	① + ② + ③ + ④
①	人工费	$\sum$(定额人工工时数 × 人工预算单价)	设备原价 × 定额人工费安装费率 × 人工费调整系数
②	材料费	$\sum$(定额材料用量 × 材料预算价格(超过基价的按基价计))	设备原价 × 定额材料费安装费率
③	机械使用费	$\sum$(定额机械台时用量 × 机械基价台时费)	设备原价 × 定额机械使用费安装费率
④	装置性材料费		设备原价 × 定额装置性材料费安装费率
(2)	其他直接费	(1) × 其他直接费费率	(1) × 其他直接费费率
(二)	间接费	① × 间接费费率	① × 间接费费率
(三)	利润	[(一) + (二)] × 利润率	[(一) + (二)] × 利润率
(四)	材料补差	(材料预算价格 - 材料基价) × 材料消耗量	

续表 4-36

序号	项目	计算方法	
		实物量法	安装费率法
（五）	未计价装置性材料费	未计价装置性材料用量×材料预算单价	
（六）	税金	［（一）+（二）+（三）+（四）+（五）］×税率	［（一）+（二）+（三）］×税率
（七）	工程单价	（一）+（二）+（三）+（四）+（五）+（六）	（一）+（二）+（三）+（六）

【案例 4-10】　某水利枢纽工程电站采用 HLA616－WJ－90 混流式水轮机（自重12 t），试编制水轮机安装工程概算单价。

解：经列表计算水轮机安装工程概算单价为 67 375.66 元/台（见表 4-37）。

表 4-37　安装工程单价表

定额编号：01061,01062　项目：HLA616－WJ－90（设备自重12 t）水轮机安装工程　定额单位：台

编号	名称及规格	单位	数量	单价（元）	合计（元）	备注
一	直接费	元			40 397.17	
（一）	基本直接费	元			37 335.65	
1	人工费	元			22 992.64	
	工长	工时	126.60	11.55	1 462.23	
	高级工	工时	608.60	10.67	6 493.76	
	中级工	工时	1 445.00	8.90	12 860.50	
	初级工	工时	355.00	6.13	2 176.15	
2	材料费	元			8 641.86	
	钢板	kg	189.00	6.00	1 134.00	
	型钢	kg	294.80	6.00	1 768.80	
	铜材	kg	6.20	60.00	372.00	
	电焊条	kg	63.40	12.00	760.80	
	氧气	m³	77.00	2.00	154.00	
	乙炔气	m³	34.80	5.00	174.00	
	汽油	kg	37.00	3.075	113.78	
	油漆	kg	31.20	30.00	936.00	
	木材	m³	0.48	1 500.00	720.00	
	电	kWh	842.00	1.06	892.52	
	其他材料费	%	23.00%	7 025.90	1 615.96	
3	机械使用费	元			5 701.14	
	桥式起重机	台时	43.00	34.14	1 467.81	
	电焊机　20～30 kVA	台时	60.80	27.83	1 691.78	
	车床　φ400～600	台时	23.40	28.29	661.94	
	刨床　B650	台时	18.60	17.64	328.06	
	摇臂钻床　φ50	台时	18.60	22.11	411.33	

续表 4-37

编号	名称及规格	单位	数量	单价(元)	合计(元)	备注
	其他机械费	元	25.00%	4 560.91	1 140.23	
(二)	其他直接费	元	8.20%	37 335.63	3 061.52	
二	间接费	元	75.00%	22 992.64	17 244.48	
三	利润	元	7.00%	57 641.64	4 034.92	
四	材料补差	元			135.98	
	汽油	kg	37.00	6.75 – 3.075	135.98	6.75
五	税金	元	9.00%	61 812.53	5 563.13	
六	合计	元/台			67 375.68	

【案例 4-11】　某水利枢纽工程电站采用起重能力为 16 t 的桥式起重机,试编制其安装概算单价。

解:经列表计算桥式起重机安装工程概算单价为 49 335.39 元/台(见表 4-38)。

表 4-38　安装工程单价表

定额编号:09001、09002　　　　　项目:16 t 桥式起重机安装工程　　　　　定额单位：台

编号	名称及规格	单位	数量	单价(元)	合计(元)	备注
一	直接费	元			28 386.74	
(一)	基本直接费	元			26 235.43	
1	人工费	元			17 671.35	
	工长	工时	101.00	11.55	1 166.55	
	高级工	工时	531.00	10.67	5 665.77	
	中级工	工时	887.40	8.90	7 897.86	
	初级工	工时	479.80	6.13	2 941.17	
2	材料费	元			3 977.55	
	钢板	kg	88.80	6.00	532.80	
	型钢	kg	142.00	6.00	852.00	
	垫铁	kg	44.40	5.50	244.20	
	电焊条	kg	11.20	12.00	134.40	
	氧气	m³	11.20	2.00	22.40	
	乙炔气	m³	4.60	5.00	23.00	
	汽油	kg	8.20	3.075	25.22	
	柴油	kg	17.40	2.99	52.03	
	油漆	kg	10.20	30.00	306.00	
	棉纱头	kg	13.80	2.00	27.60	
	木材	m³	0.56	1 500.00	840.00	
	其他材料费	元	30.00%	3 059.64	917.90	
3	机械使用费	元			4 586.53	

续表 4-38

编号	名称及规格	单位	数量	单价(元)	合计(元)	备注
	汽车起重机　8 t	台时	17.80	79.00	1 406.11	
	卷扬机　5 t	台时	34.20	22.18	758.64	
	电焊机　20～30 kVA	台时	10.80	27.83	300.51	
	空气压缩机　9 m^3/min	台时	10.80	67.52	729.21	
	载重汽车　5 t	台时	6.60	50.55	333.63	
	其他机械费	元	30.00%	3 528.10	1 058.43	
(二)	其他直接费	元	8.20%	26 235.42	2 151.31	
二	间接费	元	75.00%	17 671.35	13 253.51	
三	利润	元	7.00%	41 640.24	2 914.82	
四	材料补差	元			706.77	
	汽油	kg	55.72	6.75－3.075	204.77	6.75
	柴油	kg	154.46	6.24－2.99	502.00	6.24
五	税金	元	9.00%	45 261.82	4 073.57	
六	合计	元/台			49 335.41	

【案例 4-12】　某水利枢纽工程电站水系统设备费为 268.93 万元，试编制水系统安装工程概算单价。

解：经列表计算，水系统安装工程概算单价为 20.38%/项（见表 4-39），其设备费为 268.93 万元，则其安装费用概算为 268.93 万元×20.39%＝54.81 万元。

表 4-39　安装工程单价表

定额编号：05002　　项目：水系统工程安装工程　　定额单位：项

编号	名称及规格	单位	数量	单价(%)	合计(%)	备注
一	直接费	%			12.53	
(一)	基本直接费	%			11.58	
1	人工费	%	6.60		6.60	
2	材料费	%	4.10	4.10/1.03	3.98	
3	机械使用费	%	1.10	1.1/1.1	1.00	
(二)	其他直接费	%	8.20	11.58	0.95	
二	间接费	%	75.00	6.60	4.95	
三	利润	%	7.00	17.48	1.22	
四	税金	%	9	18.70	1.68	
	合计	%			20.38	

【案例 4-13】　某水闸采用 5 t 定轮平板焊接闸门，计算其安装预算单价。

解：经列表计算，闸门安装工程概算单价为 2 441.92 元/t，见表 4-40。

表4-40 安装工程单价表

定额编号:12001   项目:闸门安装工程   定额单位: t

型号规格:5t定轮平板焊接闸门

编号	名称及规格	单位	数量	单价(元)	合价(元)	备注
一	直接费	元			1 415.93	
(一)	基本直接费	元			1 308.62	
1	人工费	工时			895.05	
	工长	工时	5.00	11.55	57.75	
	高级工	工时	26.00	10.67	277.42	
	中级工	工时	45.00	8.90	400.50	
	初级工	工时	26.00	6.13	159.38	
2	材料费	元			159.67	
	钢板	kg	2.90	6.00	17.40	
	氧气	m³	1.70	2.00	3.40	
	乙炔气	m³	0.80	5.00	4.00	
	电焊条	kg	3.80	12.00	45.60	
	油漆	kg	1.90	30.00	57.00	
	黄油	kg	0.20	20.00	4.00	
	汽油	kg	1.90	3.075	5.84	
	棉纱头	kg	0.80	2.00	1.60	
	其他材料费	元	15.00%	138.84	20.83	
3	机械使用费	元			253.90	
	门式起重机 10 t	台时	0.80	198.08	158.47	
	电焊机 20~30 kVA	台时	2.60	27.83	72.35	
	其他机械费	元	10.00%	230.81	23.08	
(二)	其他直接费	元	8.20%	1 308.61	107.31	
二	间接费	元	75.00%	895.05	671.29	
三	利润	元	7.00%	2 087.21	146.11	
四	材料补差	元			6.98	
	汽油	kg	1.90	6.75 – 3.075	6.98	6.75
五	税金	元	9.00%	2 240.29	201.63	
六	合计	元/t			2 441.94	

【案例4-14】 某水利枢纽工程电站压力钢管直径2.8 m,壁厚30 mm,试编制其制作工程概算单价。

解:经列表计算,压力钢管制作工程概算单价为8 826.69 元/t(不含钢管本体、加经环、支承环本身的钢材),见表4-41。

表4-41 安装工程单价表

定额编号:11009 项目:压力钢管制作(D≤3 m,壁厚>10 mm)制作工程 定额单位:t

编号	名称及规格	单位	数量	单价(元)	合计(元)	备注
一	直接费	元			6 164.85	
(一)	基本直接费	元			5 697.64	
1	人工费	元			1 747.60	
	工长	工时	10.00	11.55	115.50	
	高级工	工时	50.00	10.67	533.50	
	中级工	工时	89.00	8.90	792.10	
	初级工	工时	50.00	6.13	306.50	
2	材料费	元			1 574.41	
	型钢	kg	47.10	6.00	282.60	
	电焊条	kg	24.90	12.00	298.80	
	氧气	m³	8.00	2.00	16.00	
	乙炔气	m³	2.70	5.00	13.50	
	汽油	kg	16.40	3.075	50.43	
	油漆	kg	7.90	30.00	237.00	
	石英砂	m³	1.00	300.00	300.00	
	探伤材料	张	6.40	8.00	51.20	
	其他材料费	元	26.00%	1 249.53	324.88	
3	机械使用费	元			2 375.63	
	龙门式起重机 10 t	台时	2.00	61.12	122.24	
	汽车起重机 10 t	台时	0.70	85.25	59.68	
	卷板机 22×3 500 mm	台时	2.00	118.56	237.12	
	电焊机 20~30 kVA	台时	31.90	27.83	887.63	
	空气压缩机 9 m³/min	台时	5.40	67.52	364.60	
	轴流通风机 28 kW	台时	4.90	34.43	168.69	
	X光探伤机 TX-2 505	台时	4.40	18.11	79.70	
	载重汽车 15 t	台时	0.60	100.05	60.03	
	其他机械费	元	20.00%	1 979.70	395.94	
(二)	其他直接费	元	8.20%	5 697.64	467.21	
二	间接费	元	75.00%	1 747.60	1 310.70	
三	利润	元	7.00%	7 475.55	523.29	
四	材料补差	元			99.04	
	汽油	kg	16.40	6.75-3.075	60.27	6.75
	柴油	kg	11.93	6.24-2.99	38.77	6.24
五	税金	元	9.00%	8 097.88	728.81	
六	合计	元/t			8 826.69	

【案例 4-15】 某水利枢纽工程启闭机安装 QU80 轨道,试编制其安装工程概算单价(见表 4-42)。

表 4-42 安装工程单价表

定额编号:11091   项目:QU80 轨道安装工程   定额单位:双 10 m

编号	名称及规格	单位	数量	单价(元)	合计(元)	备注
一	直接费	元			4 166.49	
(一)	基本直接费	元			3 850.73	
1	人工费	元			2 549.67	
	工长	工时	15.00	11.55	173.25	
	高级工	工时	59.00	10.67	629.53	
	中级工	工时	146.00	8.90	1 299.40	
	初级工	工时	73.00	6.13	447.49	
2	材料费	元			736.56	
	钢板	kg	42.00	6.00	252.00	
	型钢	kg	36.00	6.00	216.00	
	氧气	m³	11.00	6.00	66.00	
	乙炔气	m³	4.80	10.00	48.00	
	电焊条	kg	7.30	12.00	87.60	
	其他材料费	元	10.00%	669.60	66.96	
3	机械使用费	元			564.50	
	汽车起重机 8 t	台时	2.60	79.00	205.39	
	电焊机 20~30 kVA	台时	11.00	30.20	332.23	
	其他机械费	元	5.00%	537.62	26.88	
(二)	其他直接费	元	8.20%	3 850.73	315.76	
二	间接费	元	75.00%	2 549.67	1 912.25	
三	利润	元	7.00%	6 078.74	425.51	
四	价差	元			65.07	
	柴油	元	20.02	6.24 – 2.99	65.07	6.24
五	未计价装置性材料费	元			21 997.50	
	钢轨	kg	1 833	7	12 831.00	
	垫板	kg	1 179	5.5	6 484.50	
	型钢	kg	163	6	978.00	
	螺栓	kg	142	12	1 704.00	
六	税金	%	9.00%	28 566.82	2 571.01	
	合计	元			31 137.83	
	单价	元/双 m			3 113.78	

复习思考题

4-1 建筑工程单价由哪几部分费用组成？如何计算？

4-2 某工程 M10 浆砌块石挡土墙，所有砂石材料均需外购，其外购单价为：砂 80 元/m³，块石 75 元/m³，计算其浆砌石工程预算单价。

基本资料：32.5 水泥 480 元/t，施工用水 0.74 元/m³，砂浆每立方米配合比：水泥 305 kg，砂 1.04 m³，水 0.184 m³。人工预算单价：工长 11.55 元/工时，高级工 10.67 元/工时，中级工 8.90 元/工时，初级工 6.13 元/工时。

4-3 某水利枢纽工程有一条引水隧洞，总长 6 000 m，纵坡 2‰，设一条长 200 m 的施工支洞，分四个工作面 A、B、C、D 同时进行，见图 4-2。试确定通风机台时调整系数、石渣运输综合运距(洞内运输综合运距、露天运输综合运距)

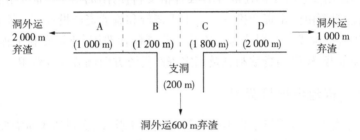

图 4-2 施工布置图

4-4 某灌溉渠道的边坡采用 15 cm 厚的现浇混凝土 C25(二级配)衬砌，采用 0.8 m³ 混凝土搅拌机拌和，机动翻斗车运输 700 m 至浇筑现场，机械振捣，试计算其预算单价(小数点后保留两位)。

已知：人工预算单价：工长 11.55 元/工时，高级工 10.67 元/工时，中级工 8.90 元/工时，初级工 6.13 元/工时。混凝土原材料及价格：42.5 的矿渣水泥 510 元/t，中砂 155 元/m³，碎石 140 元/m³，水 0.74 元/m³，外加剂 10.85 元/kg。

4-5 编制某水电站发电厂桥式起重机轨道(双 10 m，轨道 QU80)安装概算单价(小数点后保留两位小数)。

已知：人工预算单价：工长 11.55 元/工时，高级工 10.67 元/工时，中级工 8.90 元/工时，初级工 6.13 元/工时。

材料预算价格：钢板 7 000 元/t，型钢 6 900 元/t，电焊条 8.3 元/kg，氧气 6.0 元/m³，乙炔气 26 元/m³，螺栓 6.8 元/kg，钢轨 6 433 元/t，垫板 6 358 元/t。

施工机械台时费：起重机 76.62 元/台时，电焊机 31.90 元/台时。

4-6 编制某发电电压设备(电压 10.5 kV，设备原价 25 万元)安装概算单价(小数点后保留两位小数)。

已知：工程所在地人工预算单价 11.55 元/工时。

第 5 章　工程总概算

5.1　总概算的内容及编制依据

5.1.1　建设项目总投资

工程造价从广义上讲可以理解为工程项目按照确定的建设内容、建设规模、建设标准、功能要求和使用要求等全部建成并验收合格交付使用所需的全部费用。我国现行的建设工程项目总投资由固定资产投资——工程造价和流动资产投资——流动资金两部分构成，其中工程造价构成主要划分为设备及工器具购置费用、建筑安装工程费用、工程建设其他费用、预备费、建设期贷款利息及固定资产投资方向调节税等费用。

5.1.2　水利工程建设项目费用

水利工程建设项目费用指工程项目从筹建到竣工验收、交付使用所需要费用的总和。根据建设项目费用组成并结合水利工程特点，将水利工程建设项目费用组成分为工程部分、建设征地移民补偿、环境保护工程、水土保持工程等四部分，如图 5-1 所示。

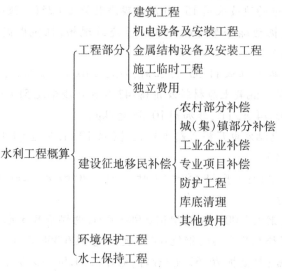

图 5-1　水利工程建设项目费用组成示意图

水利工程工程部分费用组成内容如图 5-2 所示。

编制水利工程概（预）算，要针对具体工程情况，在不同的设计阶段，根据设计深度及掌握的资料，按照设计要求编制工程建设项目费用。正确划分工程项目和熟悉费用的组成,是编制工程概(预)算的基础和前提。

$$
\text{费用}\begin{cases}\text{工程费}\begin{cases}\text{建筑及安装工程费}\\\text{设备费}\end{cases}\\\text{独立费}\\\text{预备费}\\\text{建设期融资利息}\end{cases}
$$

图 5-2　水利工程工程部分费用组成

5.1.3　设计概算编制依据

(1)国家及省(自治区、直辖市)颁发的有关法规、制度、规程。

(2)水利工程设计概(估)算编制规定。

(3)水利行业主管部门颁发的概算定额和有关行业主管部门颁发的定额。

(4)水利水电工程设计工程量计算规定。

(5)初步设计文件及图纸。

(6)有关合同协议及资金筹措方案。

(7)其他。

5.1.4　设计概算文件编制程序

5.1.4.1　准备工作

(1)了解工程概况,即了解工程位置、规模、枢纽布置、地质、水文情况、主要建筑物的结构形式和主要技术数据、施工总体布置、施工导流、对外交通条件、施工进度及主体工程施工方案等。

(2)拟订工作计划,确定编制原则和依据;确定计算基础价格的基本条件和参数;确定所采用的定额标准及有关数据;明确各专业提供的资料内容、深度要求和时间;落实编制进度及提交最后成果的时间;编制人员分工安排和提出计划工作量。

(3)调查研究、收集资料。主要了解施工砂、石、土料储量、级配、料场位置、料场内外交通运输条件、开挖运输方式等,收集物资、材料、税务、交通及设备价格资料,调查新技术、新工艺、新材料的有关价格等。

5.1.4.2　计算基础单价

基础单价是建筑安装工程单价计算的依据和基本要素之一。应根据收集到的各项资料,按工程所在地编制年价格水平,根据上级主管部门有关规定分析计算。

5.1.4.3　划分工程项目,计算工程量

按照水利水电基本建设项目划分的规定将项目进行划分,并按水利水电工程量计算规定计算工程量。设计工程量就是编制概算的工程量。合理的超挖、超填和施工附加量及各种损耗和体积变化等均已按现行规范计入有关概算定额,设计工程量中不再另行计算。

5.1.4.4　套用定额计算工程单价

在上述工作的基础上,根据工程项目的施工组织设计、现行定额、费用标准和有关设

备价格，分别编制工程单价。

5.1.4.5　编制工程概算

根据工程量、设备清单、工程单价和费用标准分别编制各部分概算。

5.1.4.6　进行工、料、机分析汇总

将各工程项目所需的人工工时和费用、主要材料数量和价格、使用机械总数及台时，进行统计汇总。

5.1.4.7　汇总总概算

各部分概算投资计算完成后，即可进行总概算汇总：

（1）汇总建筑工程、机电设备及安装工程、金属结构设备及安装工程三大部分投资。

（2）编制总概算表，填写各部分投资之后，再依次计算基本预备费、价差预备费、建设期还贷利息，最终计算静态总投资和总投资。

5.1.4.8　编写编制说明及装订整理

编写编制说明，并将复核、校核、审定后的概算成果装订成册，形成设计概算文件。

5.1.5　概算文件组成内容

概算文件包括设计概算报告（正件）、附件、投资对比分析报告等三部分。

5.1.5.1　概算正件组成内容

1. 编制说明

1）工程概况

工程概况包括流域、河系、兴建地点、工程规模、工程效益、工程布置形式、主体建筑工程量、主要材料用量、施工总工期等。

2）投资主要指标

投资主要指标包括工程总投资和静态总投资、年度物价指数、基本预备费费率、建设期融资额度、利率和利息等。

3）编制原则和依据

（1）人工预算单价，主要材料，施工用电、水、风及砂石料等基础单价的计算依据；

（2）主要设备价格的编制依据；

（3）建筑安装工程定额、施工机械台时费定额和有关指标的采用依据；

（4）费用计算标准及依据；

（5）工程资金筹措方案。

4）概算编制中其他应说明的问题

（略）

5）主要技术经济指标表

主要技术经济指标表根据工程特性表编制，反映工程主要技术经济指标。

2. 工程概算总表

工程概算总表应汇总工程部分、建设征地移民补偿、环境保护工程、水土保持工程总概算表。

3. 工程部分概算表和概算附表

1）概算表

(1)工程部分总概算表。

(2)建筑工程概算表。

(3)机电设备及安装工程概算表。

(4)金属结构设备及安装工程概算表。

(5)施工临时工程概算表。

(6)独立费用概算表。

(7)分年度投资表。

(8)资金流量表(枢纽工程)。

2）概算附表

(1)建筑工程单价汇总表。

(2)安装工程单价(费率)汇总表。

(3)主要材料预算价格汇总表。

(4)次要材料预算价格汇总表。

(5)施工机械台时费汇总表。

(6)主要工程量汇总表。

(7)主要材料量汇总表。

(8)工时数量汇总表。

(9)建设及施工场地征用数量汇总表。

5.1.5.2 概算附件组成内容

(1)人工预算单价计算表。

(2)主要材料运输费用计算表。

(3)主要材料预算价格计算表。

(4)施工用电价格计算书(附计算说明)。

(5)施工用风价格计算书(附计算说明)。

(6)施工用水价格计算书(附计算说明)。

(7)补充定额计算书(附计算说明)。

(8)补充施工机械台时费计算书(附计算说明)。

(9)砂石料单价计算书(附计算说明)。

(10)混凝土材料单价计算表。

(11)建筑工程单价计算表。

(12)安装工程单价计算表。

(13)主要设备运杂费费率计算书(附计算说明)。

(14)施工房屋建筑工程投资计算书(附计算说明)。

(15)独立费用计算书(勘测设计费可另附计算书)。

(16)分年度投资计算表。

(17)资金流量计算表。

(18)价差预备费计算表。

（19）工程建设期融资利息计算书（附计算说明）。

（20）计算人工、材料、设备预算价格和费用依据的有关文件，询价报价资料及其他。

概算正件及附件均应单独成册并随初步设计文件报审。

5.1.5.3　投资对比分析报告

应从价格变动、项目及工程量调整、国家政策性变化等方面仔细分析，说明初步设计阶段与可行性研究阶段（或可行性研究阶段与项目建议书阶段）相比较的投资变化原因和结论，编写投资对比分析报告。工程部分报告应包括以下附表：

（1）总投资对比表。

（2）主要工程量对比表。

（3）主要材料和设备价格对比表。

（4）其他相关表格。

投资对比分析报告应汇总工程部分、建设征地移民补偿、环境保护、水土保持各部分对比分析内容。

设计概算报告（正件）、投资对比分析报告可单独成册，也可作为初步设计报告（设计概算章节）的相关内容。设计概算附件宜单独成册，并应随初步设计文件报审。

🏵 5.2　工程量计算

工程量计算的准确性直接影响工程造价的编制质量。在初步设计阶段，如果工程量不按有关规定计算或计算不准确，则编制的设计概算也就不正确。因此，工程造价人员应具有一定程度的水工、施工、机电等方面的专业知识，掌握工程量计算的规则和方法。编制设计概算时，造价人员应熟悉主要设计图纸和设计说明书，对设计各专业提供的工程量，应进行详细审核后，方可采用。

5.2.1　水利建筑工程量分类

5.2.1.1　设计工程量

设计工程量由图纸工程量和设计阶段扩大工程量组成。设计工程量就是编制概（估）算的工程量。

1. 图纸工程量

图纸工程量是指按设计图纸计算出的工程量，即按照水工建筑物设计的几何轮廓尺寸计算的工程量。对于钻孔灌注工程，就是按设计参数（孔距、排距、孔深等）计算的工程量。

2. 设计阶段扩大工程量

设计阶段扩大工程量系指由于设计工作的深度有限而存在一定的误差，为留有一定的余地而增加的工程量。

5.2.1.2　施工超挖量

为保证建筑物的安全，施工开挖一般都不容许欠挖。为保证建筑物的设计尺寸，施工超挖往往是不可避免的。影响施工超挖量的因素主要有施工方法、施工技术及管理水平、地质条件等。

5.2.1.3　施工附加量

施工附加量是指为完成本项目工程必须增加的工程量。例如,小断面圆形隧洞为满足施工交通需要扩挖下部而增加的工程量,隧洞开挖工程为满足交通和爆破的安全而设置错车道、避炮洞所增加的工程量,为固定钢筋网而增加固定筋的工程量等。

5.2.1.4　施工超填量

施工超填量是指由施工超挖量和施工附加量增加的相应回填工程量,如隧洞超挖需要回填混凝土的工程量。

5.2.1.5　施工损失量

1. 体积变化损失量

体积变化损失量是指施工期沉陷、体积变化影响而增加的工程量,如土石方填筑工程中施工期沉陷而增加的工程量、混凝土体积收缩而增加的工程量等。

2. 运输及操作损耗量

运输及操作损耗量是指混凝土、土石方在运输、操作过程中的损耗,以及围垦工程、堵坝抛填工程的损耗量等。

3. 其他损耗量

其他损耗量主要指土石方填筑工程施工后,按设计边坡要求的削坡损失工程量,接缝削坡损失工程量,黏土心(斜)墙及土坝的雨后坝面清理损失工程量,混凝土防渗墙一、二期墙槽接头孔重复造孔及混凝土浇筑增加的工程量。

5.2.1.6　质量检查工程量

1. 基础处理检查工程量

基础处理工程大多数采用钻一定数量检查孔的方法进行质量检查。

2. 其他检查工程量

如土石方填筑工程通常采用挖试坑的方法来检查其填筑成品方的干密度。

5.2.1.7　试验工程量

试验工程量如土石坝工程为取得石料场爆破参数和坝上碾压参数进行爆破试验、碾压试验而增加的工程量。

5.2.2　各类工程量在概预算中的处理

在编制概(估)算时,应按工程量计算规定和项目划分及定额等有关规定,正确处理上述各类工程量。

5.2.2.1　设计工程量

设计工程量是图纸工程量乘以设计阶段系数,可行性研究、初步设计阶段的设计阶段系数应采用《水利水电工程设计工程量计算规定》中的数值,如表 5-1 所示。利用施工图设计阶段成果计算工程造价的,不论是预算或是调整概算,其设计阶段系数均为 1,即设计工程量就是图纸工程量,不再保留设计阶段扩大工程量。

5.2.2.2　施工超挖量、施工附加量及施工超填量

现行《预算定额》中均未计入施工超挖量、施工附加量及施工超填量三项工程量,故

表 5-1　工程量设计阶段系数表

项目		设计阶段					
		永久水工建筑物		施工临时建筑物		金属结构	
		可行性研究	初步设计	可行性研究	初步设计	可行性研究	初步设计
钢筋混凝土		1.05	1.03	1.01	1.05		
混凝土 (万 m³)	300 以上	1.03	1.01	1.05	1.03		
	100~300	1.05	1.03	1.10	1.05		
	100 以下	1.10	1.05	1.15	1.10		
土石方开挖 (万 m³)	500 以上	1.03	1.01	1.05	1.03		
	200~500	1.05	1.03	1.10	1.05		
	200 以下	1.10	1.05	1.15	1.10		
土石方填筑 (万 m³)	500 以上	1.03	1.01	1.05	1.03		
	200~500	1.05	1.03	1.10	1.05		
	200 以下	1.10	1.05	1.15	1.10		
钢筋		1.05	1.03	1.10	1.05		
钢材		1.05	1.03	1.10	1.05	1.05	1.10
木材		1.15	1.10		1.05		

采用时,应将这三项合理的工程量,按相应的超挖、超填预算定额,摊入单价中,而不是简单地乘以这三项工程量的扩大系数。现行《概算定额》已将这三项工程量计入定额中。

5.2.2.3　试验工程量

碾压试验、爆破试验、级配试验、灌浆试验等大型试验均为设计工作提供重要参数,应列入独立费用中的勘测设计费或工程科研试验费中。

5.2.3　计算工程量应注意的问题

5.2.3.1　工程项目的设置

工程项目的设置除必须满足《水利水电工程设计工程量计算规定》提出的基本要求(如土石方开挖工程,应按不同土壤、岩石类别分别列项,洞挖应将平洞、斜井、竖井分列,混凝土工程按不同的强度等级分列)外,还必须与概算定额子目划分相适应,如土石方填筑工程应按抛石、堆石料、垫层料等分列,固结灌浆应按深孔(地质钻机钻孔)、浅孔(风钻钻孔)分列等。

5.2.3.2　必须与采用的定额相一致

概预算的项目及工程量的计算应与定额章节子目的设置和定额单位及定额的有关规定相一致。有的工程项目,工程量单位可以有几种表达方式。如喷射混凝土可以用 m²,也可以用 m³;混凝土防渗墙可以用 m²(阻水面积),也可以用 m(进尺)和 m³(混凝土浇筑);高压喷射防渗墙可以用 m²(阻水面积),也可以用 m(进尺)。设计采用的工程量单位应与定额单位相一致,如不一致则要按定额的单位进行换算使之一致。

工程量计算也要与定额的单位相适应,例如岩基帷幕灌浆,如果定额中已将建筑物段的钻孔、封孔工作量摊入岩基段的钻孔灌浆中,则工程量只能计算岩基段钻孔灌浆量。

5.3　设计总概算的构成及编制

5.3.1　分部工程概算的编制

5.3.1.1　第一部分　建筑工程

建筑工程按主体建筑工程、交通工程、房屋建筑工程、供电线路工程、其他建筑工程分别采用不同的方法进行编制。

1. 主体建筑工程

（1）主体建筑工程概算按设计工程量乘以工程单价进行编制。

（2）主体建筑工程量应遵照《水利水电工程设计工程量计算规定》，按项目划分要求，计算到三级项目。

（3）当设计对混凝土施工有温控要求时，应根据温控措施设计，计算温控措施费用，也可以经过分析确定指标后，按建筑物混凝土方量进行计算。

（4）各主体建筑物的细部结构工程，如多孔混凝土排水管、廊道木模制作与安装、止水工程（面板坝除外）、伸缩缝工程、接缝灌浆管路、冷却水管路、栏杆、照明工程、爬梯、通气管道、排水工程、排水渗井钻孔及反滤料、坝坡踏步、孔洞钢盖板、厂房内上下水工程、防潮层、建筑钢材及其他细部结构工程等，初步设计阶段由于设计深度所限，不可能对上述繁多的细部结构提出工程项目和数量。编制概算时，大多按建筑物本体的工程量乘以经验指标（元/m^3）计算，指标见表 5-2。但这些指标通常是指基本直接费，应相应计算其各项费用（其他直接费、间接费、利润、税金），分别计入相应单项工程的三级项目中。

表 5-2　水工建筑工程细部结构指标表

项目名称	混凝土重力坝、重力拱坝、宽缝重力坝、支墩坝	混凝土双曲拱坝	土坝、堆石坝	水闸	冲砂闸、泄洪闸
单位	元/m^3（坝体方）			元/m^3（混凝土）	
综合指标	16.2	17.2	1.15	48	42
项目名称	进水口、进水塔	溢洪道	隧洞	竖井、调压井	高压管道
单位	元/m^3（混凝土）				
综合指标	19	18.1	15.3	19	4
项目名称	电（泵）站地面厂房	电（泵）站地下厂房	船闸	倒虹吸、暗渠	渡槽	明渠（衬砌）
单位	元/m^3（混凝土）					
综合指标	37	57	30	17.7	54	8.45

注：1. 表中综合指标包括多孔混凝土排水管、廊道木模制作与安装、止水工程（面板坝除外）、伸缩缝工程、接缝灌浆管路、冷却水管路、栏杆、照明工程、爬梯、通气管道、排水工程、排水渗井钻孔及反滤料、坝坡踏步、孔洞钢盖板、厂房内上下水工程、防潮层、建筑钢材及其他细部结构工程。

2. 表中综合指标仅包括基本直接费内容。

3. 改扩建及加固工程根据设计确定细部结构工程的工程量。其他工程，如果工程设计能够确定细部结构工程的工程量，可按设计工程量乘工程单价进行计算，不再按表中指标计算。

2. 交通工程

交通工程投资按设计工程量乘单价进行计算,也可根据工程所在地区造价指标或有关资料,采用扩大单位指标编制。

3. 房屋建筑工程

1)永久房屋建筑

(1)用于生产、办公的房屋建筑面积,由设计单位按有关规定结合工程规模确定,单位造价指标根据当地相应建筑造价水平确定。

(2)值班宿舍及文化福利建筑的投资按主体建筑工程投资的百分率计算:

枢纽工程

50 000 万元≥投资	1.0%~1.5%
100 000 万元≥投资>50 000 万元	0.8%~1.0%
100 000 万元<投资	0.5%~0.8%

引水工程　　　　　　　　　　　　0.4%~0.6%

河道工程　　　　　　　　　　　　0.4%

投资小或工程位置偏远者取大值,反之取小值。

(3)除险加固工程(含枢纽、引水、河道工程)、灌溉田间工程的永久房屋建筑面积由设计单位根据有关规定结合工程建设需要确定。

2)室外工程

室外工程投资,一般按房屋建筑工程投资的15%~20%计算。

4. 供电线路工程

供电线路工程根据设计的电压等级、线路架设长度及所需配备的变配电设施要求,采用工程所在地区造价指标或有关实际资料计算。

5. 其他建筑工程

(1)安全监测设施工程,指属于建筑工程性质的内外部观测设施。安全监测工程项目投资应按设计资料计算。如无设计资料,可根据坝型或其他工程形式,按照主体建筑工程投资的百分率计算:

当地材料坝	0.9%~1.1%
混凝土坝	1.1%~1.3%
引水式电站(引水建筑物)	1.1%~1.3%
堤防工程	0.2%~0.3%

(2)动力线路、照明线路、通信线路等三项工程投资按设计工程量乘单价或采用扩大单位指标编制。

(3)其余各项按设计要求分析计算。

5.3.1.2　第二部分　机电设备及安装工程

机电设备及安装工程投资由设备费和安装工程费两部分组成。

机电设备及安装工程指电厂或泵站全部机电设备及安装工程。其中:

(1)设备费包括设备原价、运杂费、运输保险费和采购及保管费等。

(2)交通工具购置费按设备数量和国产设备出厂价格加车船附加费、运杂费计算。

（3）安装工程费中安装工程投资按设计工程量乘工程单价进行计算。

5.3.1.3　第三部分　金属结构设备及安装工程

金属结构设备及安装工程概算编制方法和深度，同第二部分机电设备及安装工程。

5.3.1.4　第四部分　施工临时工程

在水利工程建设中，为保证主体工程施工的顺利进行，按施工进度要求，需建造一系列的临时性工程，不论这些工程结构如何，均视为临时工程。因施工临时工程不直接形成建筑产品（固定资产），有一部分还可回收，所以单独归为一部分进行编制。施工临时工程包括施工导流工程、施工交通工程、施工房屋建筑工程、施工场外供电工程及其他施工临时工程。其他小型临时工程包括在其他直接费内直接进入工程单价。

1. 临时工程项目内容

临时工程项目主要包括以下五项内容：

（1）施工导流工程。包括导流洞、导流明渠、施工围堰、蓄水期下游断流补偿设施、金属结构设备及安装等。

（2）施工交通工程。包括施工现场内外为工程建设服务的临时交通工程，如公路、铁路、桥涵、码头、施工支洞、架空索道、施工通航建筑、施工过木、通航整治等工程项目。

（3）施工房屋建筑工程。包括施工仓库和办公、生活及文化福利建筑两部分。施工仓库，指为施工而兴建的设备、材料、工器具等仓库；办公、生活及文化福利建筑，指施工单位、建设单位、监理单位及设计代表在工程建设期所需的办公室、宿舍、招待所和其他文化福利设施等房屋建筑。

（4）施工场外供电工程。包括从现有电网向施工现场供电的高压输电线路（枢纽工程：35 kV 及以上等级；引水工程及河道工程：10 kV 及以上等级）和施工变（配）电设施（场内除外）工程。

（5）其他施工临时工程。指除施工导流、施工交通、施工房屋建筑、施工场外供电、缆机平台外的施工临时工程。主要包括施工供水（大型泵房及干管）、砂石料加工系统、混凝土拌和浇筑系统、防汛、防冰、施工排水、施工通信、大型机械安拆及临时支护、隧洞钢支撑等工程。大型机械安拆主要有以下八种机械：3 m³ 及以上的挖掘机、混凝土拌和楼、准轨机车、摇臂堆料机、缆机、10 t 以上的起重机、船舶、500 kW 以上的柴油发电机组等。

2. 施工临时工程费的计算

1）导流工程

导流工程费用计算同主体建筑工程计算方法一样，采用工程量乘单价计算。

2）施工交通工程

施工交通工程费用既可按设计工程量乘单价计算，也可根据工程所在地区造价指标或有关实际资料，采用单位指标编制。

3）施工房屋建筑工程

施工房屋建筑工程包括施工仓库和办公、生活及文化福利建筑两部分，不包括列入临时设施和其他施工临时工程项目内的电、风、水，通信系统，砂石料系统，混凝土拌和及浇筑系统，木工、钢筋、机修等辅助加工厂，混凝土预制构件厂，混凝土制冷、供热系统，施工排水等生产用房。

A. 施工仓库

建筑面积由施工组织设计确定,单位造价指标根据当地相应建筑造价水平确定。

B. 办公、生活及文化福利建筑

(1)枢纽工程,按下列公式计算:

$$I = \frac{AUP}{NL}K_1K_2K_3 \tag{5-1}$$

式中　I——房屋建筑工程投资;

　　　A——建安工作量,按工程一至四部分建安工作量(不包括办公、生活及文化福利
　　　　　　建筑和其他施工临时工程)之和乘以(1 + 其他施工临时工程百分率)计算;

　　　U——人均建筑面积综合指标,按 12 ~ 15 m²/人标准计算;

　　　P——单位造价指标,参考工程所在地的永久房屋造价指标(元/m²)计算;

　　　N——施工年限,按施工组织设计确定的合理工期计算;

　　　L——全员劳动生产率,一般按 80 000 ~ 120 000 元/(人·年),施工机械化程度高
　　　　　　取大值,反之取小值,采用掘进机施工为主的工程全员劳动生产率应适当
　　　　　　提高;

　　　K_1——施工高峰人数调整系数,取 1.10;

　　　K_2——室外工程系数,取 1.10 ~ 1.15,地形条件较差的可取大值,反之取小值;

　　　K_3——单位造价指标调整系数,按不同施工年限,采用表 5-3 所示系数。

表 5-3　单位造价指标调整系数(K_3)

工期	系数
2 年以内	0.25
2 ~ 3 年	0.40
3 ~ 5 年	0.55
5 ~ 8 年	0.70
8 ~ 11 年	0.80

(2)引水工程按一至四部分建安工作量的百分率计算(见表 5-4)。

表 5-4　引水工程施工房屋建筑工程费费率

工期	费率(%)
≤3 年	1.5 ~ 2.0
>3 年	1.0 ~ 1.5

一般引水工程取中上限,大型引水工程取下限。

掘进机施工隧洞工程按表 5-4 中费率乘以 0.5 调整系数。

(3)河道工程按一至四部分建安工作量的百分率计算(见表 5-5)。

表 5-5　河道工程施工房屋建筑工程费费率

工期	费率(%)
≤3 年	1.5~2.0
>3 年	1.0~1.5

4)施工场外供电工程

场外供电工程费用应根据施工组织设计确定的供电线路长度及电压等级所需配备的变配电设施要求,采用专业概算定额或工程所在地区造价指标及有关实际资料计算,也可根据经过主管部门批准的有关施工协议(合同)价格列入概算。

5)其他施工临时工程

其他施工临时工程按工程一至四部分建安工作量(不包括其他施工临时工程)之和的百分率计算。

(1)枢纽工程为 3.0%~4.0%。

(2)引水工程为 2.5%~3%。一般引水工程取下限,隧洞、渡槽等大型建筑物较多的引水工程,施工条件复杂的引水工程取上限。

(3)河道工程为 0.5%~1.5%。灌溉田间工程取下限,建筑物较多、施工排水量大或施工条件复杂的河道工程取上限。

5.3.1.5　第五部分　独立费用

第五部分独立费用由建设管理费、工程建设监理费、联合试运转费、生产准备费、科研勘测设计费、其他等费用组成,按其费用构成和标准计算如下。

1. 建设管理费

建设管理费指建设单位在工程项目筹建和建设期间进行管理工作所需费用,包括工程筹建及建设过程中用于筹措资金、咨询、招标投标协调工作、视察工程建设所发生的会议、差旅、保卫、消防等费用,以及为保证工程正常进行,所必须购置的办公和生活设施及其他用于开办工作的费用。

1)枢纽工程

枢纽工程建设管理费以一至四部分建安工作量为计算基数,按表 5-6 所列费率,以超额累进方法计算。

表 5-6　枢纽工程建设管理费费率

一至四部分建安工作量(万元)	费率(%)	辅助参数(万元)
50 000 及以下	4.5	0
50 000~100 000	3.5	500
100 000~200 000	2.5	1 500
200 000~500 000	1.8	2 900
500 000 以上	0.6	8 900

简化计算公式:一至四部分建安工作量×该档费率＋辅助参数(下同)。

2)引水工程

引水工程建设管理费以一至四部分建安工作量为计算基数,按表5-7所列费率,以超额累进方法计算。原则上应按整体工程投资统一计算,工程规模较大时可分段计算。

表5-7　引水工程建设管理费费率

一至四部分建安工作量(万元)	费率(%)	辅助参数(万元)
50 000 及以下	4.2	0
50 000~100 000	3.1	550
100 000~200 000	2.2	1 450
200 000~500 000	1.6	2 650
500 000 以上	0.5	8 150

3)河道工程

河道工程建设管理费以一至四部分建安工作量为计算基数,按表5-8所列费率,以超额累进方法计算。原则上应按整体工程投资统一计算,工程规模较大时可分段计算。

表5-8　河道工程建设管理费费率

一至四部分建安工作量(万元)	费率(%)	辅助参数(万元)
10 000 及以下	3.5	0
10 000~50 000	2.4	110
50 000~100 000	1.7	460
100 000~200 000	0.9	1 260
200 000~500 000	0.4	2 260
500 000 以上	0.2	3 260

2. 工程建设监理费

工程建设监理费指在工程建设过程中聘任监理单位,对工程的质量、进度、安全和投资进行监理所发生的全部费用。工程建设监理费,根据委托监理业务的范围、深度和工程的性质、规模、难易程度及工作条件等情况,按照国家发展改革委发改价格〔2007〕670号文颁发的《建设工程监理与相关服务收费管理规定》及其他相关规定执行。

3. 联合试运转费

联合试运转费指水利工程中的发电机组、水泵等安装完毕,在竣工验收前,进行整套设备带负荷联合试运转期间所需的各项费用,包括联合试运转期间所消耗的燃料、动力、材料及机械使用费,工具用具购置费,施工单位参加联合试运转人员工资等。费用指标见表5-9。

表 5-9　联合试运转费用指标

水电站工程	单机容量(万 kW)	≤1	≤2	≤3	≤4	≤5	≤6	≤10	≤20	≤30	≤40	>40
	费用(万元/台)	6	8	10	12	14	16	18	22	24	32	44
泵站工程	电力泵站	50~60 元/kW										

4. 生产准备费

生产准备费指水利建设项目的生产、管理单位为准备正常的生产运行或管理发生的费用,包括生产及管理单位提前进厂费、生产职工培训费、管理用具购置费、备品备件购置费、工器具及生产家具购置费等五项。

1)生产及管理单位提前进厂费

生产及管理单位提前进厂费指生产及管理单位在工程完工之前,有一部分工人、技术人员和管理人员提前进厂进行生产筹备工作所需的各项费用。

枢纽工程按一至四部分建安工程量的 0.15%~0.35% 计算,大(1)型工程取小值,大(2)型工程取大值。

引水工程视工程规模参照枢纽工程计算。

河道工程、除险加固工程、田间工程原则上不计此项费用。

2)生产职工培训费

生产职工培训费指工程在竣工验收之前,生产及管理单位为保证生产、管理工作能顺利进行,需对工人、技术人员与管理人员进行培训所发生的费用,包括基本工资、辅助工资、工资附加费、差旅交通费、实习费等,以及其他属于职工培训应开支的费用。

生产职工培训费按一至四部分建安工作量的 0.35%~0.55% 计算。

枢纽工程、引水工程取中上限,河道工程取下限。

3)管理用具购置费

管理用具购置费指为保证新建项目的正常生产与管理所必须购置的办公和生活用具等费用。

枢纽工程按一至四部分建安工作量的 0.04%~0.06% 计算,大(1)型工程取小值,大(2)型工程取大值。

引水工程按建安工作量的 0.03% 计算。

河道工程按建安工作量的 0.02% 计算。

4)备品备件购置费

备品备件购置费指工程在投产以后的运行初期,由于易损件损耗和避免发生事故,而必须准备的备品备件和专用材料的购置费。不包括设备价格中配备的备品备件。

备品备件购置费按占设备费的 0.4%~0.6% 计算。大(1)型工程取下限,其他工程取中、上限。

注:(1)设备费应包括机电设备、金属结构设备及运杂费等全部设备费。

(2)电站、泵站同容量、同型号机组超过一台时,只计算一台的设备费。

5)工器具及生产家具购置费

工器具及生产家具购置费指按设计规定,为保证初期生产正常运行所必须购置的不属于固定资产的生产工具、器具、仪表、生产家具等的购置费。不包括设备价格中已包括的专用工具。

工器具及生产家具购置费按占设备费的 0.1% ~ 0.2% 计算。枢纽工程取下限，其他工程取中、上限。

5. 科研勘测设计费

科研勘测设计费包括工程科学研究试验费和工程勘测设计费。

1）工程科学研究试验费

工程科学研究试验指在工程建设过程中，为解决工程的技术问题，而进行必要的科学研究试验所需的费用。

工程科学研究试验费按工程建安工作量的百分率计算。其中：枢纽和引水工程取 0.7% ，河道工程取 0.3% 。

灌溉田间工程一般不计此项费用。

2）工程勘测设计费

工程勘测设计费指工程从项目建议书开始至以后各设计阶段的勘测费、设计费。

项目建议书、可行性研究阶段的勘测设计费及报告编制费执行发改价格〔2006〕1352号文颁布的《水利、水电、电力建设项目前期工作工程勘察收费暂行规定》和计价格〔1999〕1283 号文颁布的《建设项目前期工作咨询收费暂行规定》。

初步设计、招标设计及施工图设计阶段的勘测设计费执行国家计委、建设部计价格〔2002〕10 号文颁布的《工程勘察设计收费管理规定》。

应根据所完成的相应勘测设计工作阶段确定工程勘测设计费，未发生的工作阶段不计相应阶段勘测设计费。

6. 其他

1）工程保险费

工程保险费指工程建设期间，为使工程能在遭受火灾、水灾等自然灾害和意外事故造成损失后得到经济补偿，而对建筑安装工程投保所发生的保险费用。

工程保险费按工程一至四部分投资合计的 4.5‰ ~ 5.0‰ 计算，田间工程原则上不计此项费用。

2）其他税费

其他税费指按国家规定应缴纳的与工程建设有关的税费，按国家有关规定计取。

5.3.2　分年度投资及资金流量

5.3.2.1　分年度投资

分年度投资是根据施工组织设计确定的施工进度和合理工期而计算出的工程各年度完成的投资额。

1. 建筑工程

（1）建筑工程分年度投资表应根据施工进度的安排，对主要工程按各单项工程分年度完成的工程量和相应的工程单价计算。

对于次要的和其他工程，可根据施工进度，按各年所占完成投资的比例，摊入分年度投资表。

（2）建筑工程分年度投资的编制可视不同情况按项目划分列至一级项目或二级项目，分别反映各自的建筑工程量。

2. 设备及安装工程

设备及安装工程分年度投资应根据施工组织设计确定的设备安装进度计算各年预计完成的设备费和安装费。

3. 其他费用

根据其他费用的性质和费用发生的时段，按相应年度分别进行计算。

5.3.2.2　资金流量

资金流量是为满足工程项目在建设过程中各时段的资金需求，按工程建设所需资金投入时间计算的各年度使用的资金量。

资金流量表的编制以分年度投资表为依据，按建筑及安装工程、永久设备购置费和独立费用三种类型分别计算。本资金流量计算办法主要用于初步设计概算。

1. 建筑及安装工程资金流量

（1）建筑工程可根据分年度投资表的项目划分，以各年度建筑工作量作为计算资金流量的依据。

（2）资金流量是在原分年度投资的基础上，考虑预付款、预付款的扣回、保留金和保留金的偿还等编制出的分年度资金安排。

（3）预付款一般可划分为工程预付款和工程材料预付款两部分。

①工程预付款按划分的单个工程项目的建安工作量的 10% ~20% 计算，工期在 3 年以内的工程全部安排在第一年，工期在 3 年以上的可安排在前两年。工程预付款的扣回从完成建安工作量的 30% 起开始，按完成建安工作量的 20% ~30% 扣回，至预付款全部回收完毕为止。

对于需要购置特殊施工机械设备或施工难度较大的项目，工程预付款可取大值，其他项目取中值或小值。

②工程材料预付款。水利工程一般规模较大，所需材料的种类及数量较多，提前备料所需资金较大，因此考虑向施工企业支付一定数量的材料预付款。可按分年度投资中次年完成建安工程量的 20% 在本年提前支付，并于次年扣回，依次类推，直至本项目竣工。

（4）保留金。水利工程的保留金，按建安工作量的 2.5% 计算。在计算概算资金流量时，按单位工程分年度完成建安工作量的 5% 扣留至该项工程全部建安工作量的 2.5% 时终止（即完成建安工作量的 50% 时），并将所扣的保留金 100% 计入该项工程最后一年（如该年已超出总工期，则此项保留金计入工程的最后一年）的资金流量表内。

2. 永久设备购置费资金流量

永久设备购置费资金流量划分为主要设备和其他设备两种类型分别计算。

1）主要设备

主要设备为水轮发电机组、大型水泵、大型电机、主阀、主变压器、桥机、门机、高压断路器或高压组合电器、金属结构闸门启闭设备等。按设备到货周期确定各年资金流量比例，具体比例见表 5-10。

表 5-10　主要设备资金流量比例　　　　　　　　　　　(%)

到货周期	年份					
	第 1 年	第 2 年	第 3 年	第 4 年	第 5 年	第 6 年
1 年	15	75	10			
2 年	15	25	50	10		
3 年	15	25	10	40	10	
4 年	15	25	10	10	30	10

注:年份为设备到货年份。

2)其他设备

其资金流量按到货前一年预付 15% 定金,到货年支付 85% 的剩余价款计算。

3. 独立费用资金流量

独立费用资金流量计算主要考虑勘测设计费的支付方式应考虑质量保证金的要求,其他项目均按分年度投资表中的资金安排计算。

(1)可行性研究和初步设计阶段勘测设计费按合理工期分年平均计算。

(2)施工图设计阶段勘测设计费的 95% 按合理工期分年平均计算,其余 5% 的勘测设计费作为设计保证金计入最后一年的资金流量表内。

5.3.3　总概算编制

5.3.3.1　预备费

预备费包括基本预备费和价差预备费两项。

1. 基本预备费

基本预备费指主要为解决在施工过程中,经上级批准的设计变更所增加的工程项目和费用。根据工程规模、施工年限和地质条件等不同情况,按工程一至五部分投资合计(依据分年度投资表)的百分率计算。初步设计阶段为 5.0% ~ 8.0%。技术复杂、建设难度大的工程项目取大值,其他工程取中小值。

2. 价差预备费

价差预备费主要为解决在工程建设过程中,因人工工资、材料和设备价格上涨及费用标准调整而增加的投资。根据施工年限,不分设计阶段,以分年度的静态投资为计算基数,按国家发展改革委根据物价变动趋势,适时调整和发布的年物价指数计算。

计算公式为

$$E = \sum_{n=1}^{N} F_n \left[(1 + P)^n - 1 \right] \tag{5-2}$$

式中　E——价差预备费;

　　　N——合理建设工期;

　　　n——施工年度;

　　　F_n——建设期间资金流量表内第 n 年的投资;

　　　P——年物价指数。

5.3.3.2　建设期融资利息

建设期融资利息指根据国家财政金融政策规定,工程在建设期内需偿还并应计入工程总投资的融资利息。

根据合理建设工期,按工程概(估)算一至五部分分年度投资、基本预备费、价差预备费之和,按国家规定的融资利率复利计算。计算公式为

$$S = \sum_{n=1}^{N} \left(\sum_{m=1}^{n} F_m b_m - \frac{1}{2} F_n b_n + \sum_{m=0}^{n-1} S_m \right) i \tag{5-3}$$

式中　S——建设期融资利息;

　　　N——合理建设工期;

　　　n——施工年限;

　　　m——还息年度;

　　　F_n、F_m——建设期间资金流量表内第 n、m 年的投资;

　　　b_n、b_m——各施工年份融资额占当年投资比例;

　　　i——建设期融资利率;

　　　S_m——第 m 年的付息额度。

5.3.3.3　静态总投资

一至五部分投资与基本预备费之和构成工程部分静态投资。编制工程部分总概算时,在第五部分独立费用之和后,应顺序计列以下项目:

(1)一至五部分投资合计。

(2)基本预备费。

(3)静态投资。

工程部分、建设征地移民补偿、环境保护工程、水土保持工程的静态投资之和构成静态总投资。

5.3.3.4　总投资

静态总投资、价差预备费、建设期融资利息之和构成总投资。

编制工程概算总表时,在工程投资总计中应顺序计列以下项目:

(1)静态总投资(汇总各部分静态投资)。

(2)价差预备费。

(3)建设期融资利息。

5.3.4　概算表格

5.3.4.1　工程概算总表

工程概算总表由工程部分的总概算表与建设征地移民补偿、环境保护工程、水土保持工程的总概算表汇总而成,见表5-11。表中:

Ⅰ 为工程部分总概算表。

Ⅱ 为建设征地移民补偿总概算表。

Ⅲ 为环境保护工程总概算表。

Ⅳ 为水土保持工程总概算表。

Ⅴ包括静态总投资(Ⅰ ~ Ⅳ项静态投资合计)、价差预备费、建设期融资利息、总投资。

表 5-11　工程概算总表　　　　　　　　　　（单位:万元）

序号	工程或费用名称	建安工程费	设备购置费	独立费用	合计
Ⅰ	工程部分投资				
	第一部分　建筑工程				
	……				
	第二部分　机电设备及安装工程				
	……				
	第三部分　金属结构设备及安装工程				
	……				
	第四部分　施工临时工程				
	……				
	第五部分　独立费用				
	……				
	一至五部分投资合计				
	基本预备费				
	静态投资				
Ⅱ	建设征地移民补偿投资				
一	农村部分补偿费				
二	城(集)镇部分补偿费				
三	工业企业补偿费				
四	专业项目补偿费				
五	防护工程费				
六	库底清理费				
七	其他费用				
	一至七项小计				
	基本预备费				
	有关税费				
	静态投资				
Ⅲ	环境保护工程投资				
	静态投资				
Ⅳ	水土保持工程投资				
	静态投资				
Ⅴ	工程投资总计(Ⅰ ~ Ⅳ合计)				
	静态总投资				
	价差预备费				
	建设期融资利息				
	总投资				

5.3.4.2　工程部分概算表

工程部分概算表包括工程部分总概算表(表 5-12)、建筑工程概算表(5-13)、设备及安装工程概算表(表5-14)、分年度投资表(表5-15)、资金流量表(表5-16)。

1. 工程部分总概算表

按项目划分的五部分填至一级项目。五部分后内容为：一至五部分投资合计、基本预备费、静态投资，如表5-12所示。

表5-12　工程部分总概算表　　　　　　　　　　（单位:万元）

序号	工程或费用名称	建安工程费	设备购置费	独立费用	合计	占一至五部分投资(%)
	各部分投资					
	一至五部分投资合计					
	基本预备费					
	静态投资					

2. 建筑工程概算表

按项目划分列示至三级项目，见表5-13。本表适用于编制建筑工程概算、施工临时工程概算和独立费用概算。

表5-13　建筑工程概算表

序号	工程或费用名称	单位	数量	单价(元)	合计(元)

3. 设备及安装工程概算表

按项目划分列示至三级项目，如表5-14所示。本表适用于编制机电设备和金属结构设备及安装工程概算。

表5-14　设备及安装工程概算表

序号	名称及规格	单位	数量	单价(元)		合计(元)	
				设备费	安装费	设备费	安装费

4. 分年度投资表

按表5-15编制分年度投资表，可视不同情况按项目划分列示至一级项目或二级项目。

表5-15　分年度投资表　　　　　　　　　　（单位:万元）

序号	项目	合计	建设工期(年)						
			1	2	3	4	5	6	……
I	工程部分投资								
一	建筑工程								
1	建筑工程								
	××工程(一级项目)								

续表 5-15

序号	项目	合计	建设工期(年)						
			1	2	3	4	5	6	……
2	施工临时工程								
	××工程(一级项目)								
二	安装工程								
1	机电设备安装工程								
	××工程(一级项目)								
2	金属结构设备安装工程								
	××工程(一级项目)								
三	设备购置费								
1	机电设备								
	××设备								
2	金属结构设备								
	××设备								
四	独立费用								
1	建设管理费								
2	工程建设监理费								
3	联合试运转费								
4	生产准备费								
5	科研勘测设计费								
6	其他								
	一至四项合计								
	基本预备费								
	静态投资								
Ⅱ	建设征地移民补偿投资								
	……								
	静态投资								
Ⅲ	环境保护工程投资								
	……								
	静态投资								
Ⅳ	水土保持工程投资								
	……								
	静态投资								
Ⅴ	工程投资总计(Ⅰ~Ⅳ合计)								
	静态总投资								
	价差预备费								
	建设期融资利息								
	总投资								

5. 资金流量表

按表 5-16 编制资金流量表,可视不同情况按项目划分列示至一级项目或二级项目。项目排列方法同分年度投资表。资金流量表应汇总建设征地移民补偿、环境保护工程、水土保持工程部分投资,并计算总投资。资金流量表是资金流量计算表的成果汇总。

表 5-16　资金流量表　　　　　　　　　　　　　(单位:万元)

序号	项目	合计	建设工期(年)						
			1	2	3	4	5	6	……
Ⅰ	工程部分投资								
一	建筑工程								
1	建筑工程								
	××工程(一级项目)								
2	施工临时工程								
	××工程(一级项目)								
二	安装工程								
1	机电设备安装工程								
	××工程(一级项目)								
2	金属结构设备安装工程								
	××工程(一级项目)								
三	设备购置费								
1	机电设备								
	××设备								
2	金属结构设备								
	××设备								
四	独立费用								
	……								
	一至四项合计								
	基本预备费								
	静态投资								
Ⅱ	建设征地移民补偿投资								
	……								
	静态投资								
Ⅲ	环境保护工程投资								
	……								
	静态投资								
Ⅳ	水土保持工程投资								
	……								
	静态投资								
Ⅴ	工程投资总计(Ⅰ~Ⅳ合计)								
	静态总投资								
	价差预备费								
	建设期融资利息								
	总投资								

5.3.4.3　工程部分概算附表

工程部分概算附表包括建筑工程单价汇总表（表5-17）、安装工程单价汇总表（表5-18）、主要材料预算价格汇总表（表5-19）、次要材料预算价格汇总表（表5-20）、施工机械台时费汇总表（表5-21）、主要工程量汇总表（表5-22）、主要材料量汇总表（表5-23）、工时数量汇总表（表5-24）、建设及施工场地征用数量汇总表（表5-25）。

表5-17　建筑工程单价汇总表

序号	名称	单位	单价(元)	其中							
				人工费	材料费	机械使用费	其他直接费	间接费	利润	材料补差	税金

表5-18　安装工程单价汇总表

序号	名称	单位	单价(元)	其中								
				人工费	材料费	机械使用费	其他直接费	间接费	利润	材料补差	未计价装置性材料费	税金

表5-19　主要材料预算价格汇总表

序号	名称及规格	单位	预算价格(元)	其中			
				原价	运杂费	运输保险费	采购及保管费

表5-20　次要材料预算价格汇总表

序号	名称及规格	单位	原价(元)	运杂费(元)	合计(元)

表5-21　施工机械台时费汇总表

序号	名称及规格	台时费(元)	其中				
			折旧费	修理及替换设备费	安拆费	人工费	动力燃料费

表5-22　主要工程量汇总表

序号	项目	土石方明挖(m³)	石方洞挖(m³)	土石方填筑(m³)	混凝土(m³)	模板(m²)	钢筋(t)	帷幕灌浆(m³)	固结灌浆(m³)

表 5-23 主要材料量汇总表

序号	项目	水泥 (t)	钢筋 (t)	钢材 (t)	木材 (m³)	炸药 (t)	沥青 (t)	粉煤灰 (t)	汽油 (t)	柴油 (t)

表 5-24 工时数量汇总表

序号	项目	工时数量	备注

表 5-25 建设及施工场地征用数量汇总表

序号	项目	占地面积(亩)	备注

5.3.4.4 工程部分概算附件附表

工程部分概算附件附表包括:人工预算单价计算表(表 5-26)、主要材料运输费用计算表(表 5-27)、主要材料预算价格计算表(表 5-28)、混凝土材料单价计算表(表 5-29)、建筑工程单价计算表(表 5-30)、安装工程单价计算表(表 5-31)、资金流量计算表(表 5-32)。

表 5-26 人工预算单价计算表

艰苦边远地区类别		定额人工等级	
序号	项目	计算式	单价(元)
1	人工工时预算单价		
2	人工工日预算单价		

表 5-27 主要材料运输费用计算表

编号	1	2	3	材料名称			材料编号	
交货条件				运输方式	火车	汽车	船运	火车
交货地点				货物等级			整车	零担
交货比例(%)				装载系数				
编号	运输费用项目		运输起讫地点	运输距离(km)		计算公式		合计(元)
1	铁路运杂费							
	公路运杂费							
	水路运杂费							
	场内运杂费							
	综合运杂费							

续表 5-27

编号	运输费用项目	运输起讫地点	运输距离(km)	计算公式	合计(元)
	铁路运杂费				
	公路运杂费				
2	水路运杂费				
	场内运杂费				
	综合运杂费				
	铁路运杂费				
	公路运杂费				
3	水路运杂费				
	场内运杂费				
	综合运杂费				
每吨运杂费					

表 5-28　主要材料预算价格计算表

编号	名称及规格	单位	原价依据	单位毛重(t)	每吨运费(元)	价格(元)				
						原价	运杂费	采购及保管费	运输保险费	预算价格

表 5-29　混凝土材料单价计算表　　　　　　　　　　　　（单位:m^3）

编号	名称及规格	单位	预算量	调整系数	单价(元)	合价(元)
	水泥	kg				
	掺合料	kg				
	砂	m^3				
	石子	m^3				
	外加剂	kg				
	水	m^3				

表 5-30　建筑工程单价计算表

单价编号		项目名称		
定额编号			定额单位	
施工方法		（填写施工方法、土或岩石类别、运距等）		

编号	名称及规格	单位	数量	单价(元)	合价(元)

表 5-31 安装工程单价计算表

单价编号			项目名称		
定额编号				定额单位	
型号规格					
编号	名称及规格	单位	数量	单价(元)	合价(元)

表 5-32 资金流量计算表　　　　　　　(单位:万元)

序号	项目	合计	建设工期(年)						
			1	2	3	4	5	6	……
I	工程部分投资								
一	建筑工程								
(一)	××工程								
1	分年度完成工程量								
2	预付款								
3	扣回预付款								
4	保留金								
5	偿还保留金								
(二)	××工程								
	……								
二	安装工程								
	……								
三	设备工程								
	……								
四	独立费用								
	……								
	一至四项合计								
1	分年度费用								
2	预付款								
3	扣回预付款								
4	保留金								
5	偿还保留金								
	基本预备费								
	静态投资								
II	建设征地移民补偿投资								
	……								
	静态投资								

续表 5-32

序号	项目	合计	建设工期（年）						
			1	2	3	4	5	6	……
Ⅲ	环境保护工程投资								
	……								
	静态投资								
Ⅳ	水土保持工程投资								
	……								
	静态投资								
Ⅴ	工程投资总计（Ⅰ~Ⅳ合计）								
	静态总投资								
	价差预备费								
	建设期融资利息								
	总投资								

5.3.4.5　投资对比分析报告附表

1. 总投资对比表

格式参见表5-33,可根据工程情况进行调整,视不同情况按项目分列至一级项目或二级项目。

表 5-33　总投资对比表　　　　　　　　　（单位：万元）

序号	工程或费用名称	可研阶段投资	初步设计阶段投资	增减额度	增减幅度（%）	备注
(1)	(2)	(3)	(4)	(4)－(3)	[(4)－(3)]/(3)	
Ⅰ	工程部分投资 第一部分　建筑工程 …… 第二部分　机电设备及安装工程 …… 第三部分　金属结构设备及安装工程 …… 第四部分　施工临时工程 …… 第五部分　独立费用 …… 一至五部分投资合计 基本预备费 静态投资					
Ⅱ	建设征地移民补偿投资					
一	农村部分补偿费					
二	城(集)镇部分补偿费					

续表 5-33

序号	工程或费用名称	可研阶段投资	初步设计阶段投资	增减额度	增减幅度（％）	备注
(1)	(2)	(3)	(4)	(4)－(3)	[(4)－(3)]/(3)	
三	工业企业补偿费					
四	专业项目补偿费					
五	防护工程费					
六	库底清理费					
七	其他费用					
	一至七项小计					
	基本预备费					
	有关税费					
	静态投资					
Ⅲ	环境保护工程投资					
	静态投资					
Ⅳ	水土保持工程投资					
	静态投资					
Ⅴ	工程投资总计（Ⅰ～Ⅳ合计）					
	静态总投资					
	价差预备费					
	建设期融资利息					
	总投资					

2. 主要工程量对比表

格式参见表 5-34，可根据工程情况进行调整，应列示主要工程项目的主要工程量。

表 5-34　主要工程量对比表

序号	工程或费用名称	单位	可研阶段投资	初步设计阶段投资	增减额度	增减幅度（％）	备注
(1)	(2)	(3)	(4)	(5)	(5)－(4)	[(5)－(4)]/(4)	
1	挡水工程						
	石方工程						
	混凝土						
	钢筋						
	……						

3. 主要材料和设备价格对比表

格式参见表 5-35，可根据工程情况进行调整。设备投资较少时，可不附设备价格对比。

表5-35　主要材料和设备价格对比表

序号	工程或费用名称	单位	可研阶段投资	初步设计阶段投资	增减额度	增减幅度(%)	备注
(1)	(2)	(3)	(4)	(5)	(5)-(4)	[(5)-(4)]/(4)	
1	主要材料价格						
	水泥						
	油料						
	钢筋						
	……						
2	主要设备价格						
	……						

【案例5-1】　某水利枢纽工程第一至第五部分的分年度投资如表5-36(第1至5栏)所列,按给定条件计算并填写枢纽工程总概算表。已知基本预备费费率5%,物价指数6%,贷款利率8%,贷款比例70%。

解:分别计算基本预备费、价差预备费构成预备费,分别填写表5-36中第8、9、7栏。

按贷款利率8%、贷款比例70%计算各年的还贷利息,填写表5-36中第10栏。

将第6、8栏相加得到第11栏静态总投资,将第9、10、11栏相加得到第12栏总投资。

将表5-36中数据进行整理可得表5-37。

表5-36　分年度投资表　　　　　　　　(单位:万元)

序号	工程或费用名称	第一年	第二年	第三年	合计
1	第一部分　建筑工程	5 000	8 000	2 000	15 000
2	第二部分　机电设备及安装工程	100	250	250	600
3	第三部分　金属结构设备及安装工程	50	100	150	300
4	第四部分　临时工程	150	100	50	300
5	第五部分　独立费用	400	300	200	900
6	一至五部分合计	5 700	8 750	2 650	17 100
7	预备费	644.1	1 573.08	664.00	2 881.18
8	基本预备费	285.0	437.5	132.5	855.0
9	价差预备费	359.1	1 135.58	531.5	2 026.18
10	建设期融资利息	177.63	658.53	1 093.05	1 929.21
11	静态总投资	5 985.0	9 187.5	2 782.5	17 955.0
12	总投资	6 521.73	10 981.61	4 407.05	21 910.39

表 5-37　枢纽工程总概算表　　　　　　　　　　（单位:万元）

序号	工程或费用名称	建安工程费	设备购置费	独立费用	合计
1	第一部分　建筑工程	15 000			15 000
2	第二部分　机电设备及安装工程	100	500		600
3	第三部分　金属结构设备及安装工程	100	200		300
4	第四部分　临时工程	300			300
5	第五部分　独立费用			900	900
6	一至五部分合计	15 500	700	900	17 100
7	预备费				2 881.16
8	基本预备费				855.0
9	价差预备费				2 026.18
10	建设期还贷利息				1 929.21
11	静态总投资				17 955.0
12	总投资				21 910.39

5.3.5　建设征地移民补偿部分

建设征地移民补偿部分的概算表及编制,按照有关规定执行。

5.3.6　环境保护工程部分

环境保护工程部分的概算表及编制,按照有关规定执行。

5.3.7　水土保持工程部分

水土保持工程部分的概算表及编制,按照有关规定执行。

5.3.8　设计概算编制实例

【案例 5-2】　×××水利水电枢纽工程设计概算

1. 工程概况

(地理位置、流域概况、主要建设内容、枢纽组成、功能、效益等略)

2. 投资主要指标

按 2018 年第一季度鄂西北××县市场调查价格水平计算,工程总投资为 15 770.68 万元,其中:建筑工程 10 269.98 万元,机电设备及安装工程 1 216.79 万元,金属结构设备及安装工程 469.81 万元,临时工程 742.85 万元,独立费用 1 903.04 万元,基本预备费 1 168.20 万元。

3. 编制依据及费用构成

1)文件依据

(1)本设计概算按水利部水总〔2014〕429 号文颁发的《水利工程设计概(估)算编制

规定》(工程部分)进行编制。

(2)本设计概算费用构成及计算标准执行水利部水总〔2014〕429 号文颁发的《水利工程设计概(估)算编制规定》(工程部分)。

2)定额依据

(1)建筑工程执行水利部水总〔2002〕116 号文颁发的《水利建筑工程概算定额》、水总〔2005〕389 号文颁发的《水利工程概预算补充定额》。

(2)安装工程执行水建管〔1999〕523 号文颁发《水利水电设备安装工程概算定额》。

(3)机械台时费执行水总〔2002〕116 号文颁发的《水利工程施工机械台时费定额》,其中人工费按中级工计算。

3)基础单价

(1)人工预算单价(枢纽工程):人工单价按水总〔2014〕429 号文颁发的《水利工程设计概(估)算编制规定》(工程部分)计算标准(湖北一类区),即工长 11.80 元/工时,高级工 10.92 元/工时,中级工 9.15 元/工时,初级工 6.13 元/工时。

(2)水、电单价:水按 0.67 元/m³,电按 1.08 元/kWh,风按 0.28 元/m³。

(3)主要材料价格("除税价"):采用鄂西北××县 2018 年第一季度市场价格,经计算钢筋4 096.32 元/t,水泥 400.67 元/t,汽油 9 198.00 元/t、柴油 835 932 元/t,砂 63.86元/m³,碎石 62.01 元/m³,块石 59.95 元/m³。计算单价时柴油按 3 500 元/t,汽油 3 600元/t,钢筋 3 000 元/t,水泥 300 元/t,砂、碎石(砾石)、块石等预算价格较高时应按基价 70元/m³计入工程单价参加取费,预算价与基价的差值以材料补差形式计算,列入单价表中并计取税金。

4)建安工程费

建安工程费用构成根据水总〔2014〕429 号文颁发的《水利工程设计概(估)算编制规定》(工程部分)计算。且取费标准如下:

A. 其他直接费

建筑工程按基本直接费的 7%。

安装工程按直接费的 7.2%。

B. 间接费

土方工程按直接费的 8.5%。

石方工程按直接费的 12.5%。

模板工程按直接费的 9.5%。

钢筋制作安装工程按直接费的 5.5%。

混凝土浇筑工程按直接费的 9.5%。

钻孔灌浆及锚固工程按直接费的 10.5%。

机电、金属结构设备及安装工程按人工费的 75%。

C. 利润

按直接费与间接费之和的 7%。

D. 税金

按(直接费 + 间接费 + 材料补差 + 利润)×费率计算,费率为 9%。

5）设备费

主要设备运杂费：水轮发电机组（公路直达）按设备原价的1.01%计，主阀、桥机按设备原价的1.33%计算。

其他设备运杂费：按设备原价的1.01%计算。

采购及保管费：按设备原价、运杂费之和的0.7%计算。

6）其他费用标准

（1）工程建设管理费以一至四部分建安工作量为计算基础，费率4.5%（建安工作量按投资额度确定）。

（2）监理费执行国家发展改革委、建设部发改价格〔2007〕670号文颁布的《建设工程监理与相关服务收费管理规定》。

（3）联合试运转费根据枢纽电站规模确定，费用6万元/台。

（4）生产准备费。

①生产及管理单位提前进厂费按一至四部分建安工作量的0.15%计算；

②生产职工培训费按一至四部分建安工作量的0.35%计算；

③管理用具购置费按一至四部分建安工作量的0.06%计算；

④备品备件购置费按设备费的0.5%计算；

⑤工器具及生产家具购置费按设备费的0.1%计算。

（5）科研勘测设计费。

①工程科学研究试验费按工程建安工作量的0.7%计算。

②工程勘测设计费执行国家计委、建设部计价格〔2002〕10号文颁布的《工程勘察设计收费管理规定》。

（6）工程保险费按工程一至四部分投资合计的4.5‰计算。

4. 概算表

见表5-38至表5-46（其他表略）。

表5-38　工程部分概算表　　　　　（单位：万元）

序号	工程或费用名称	建安工程费	设备购置费	独立费用	合计
	第一部分　建筑工程	10 269.98			10 269.98
1	拦水工程	7 611.05			7 611.05
2	引水工程	1 676.08			1 676.08
3	发电厂工程	733.23			733.23
4	升压变电站工程	14.44			14.44
5	交通工程	45.00			45.00
6	房屋建筑工程	66.00			66.00
7	其他工程	124.18			124.18
	第二部分　机电设备及安装工程	238.58	978.21		1 216.79

续表 5-38

序号	工程或费用名称	建安工程费	设备购置费	独立费用	合计
1	发电设备及安装工程	110.54	777.07		887.61
2	变电站设备及安装工程	98.96	201.14		300.10
3	其他设备及安装工程	29.08			29.08
	第三部分 金属结构设备及安装工程	204.71	265.10		469.81
1	挡水工程	30.59	137.82		168.40
2	输水工程	174.13	127.29		301.41
	第四部分 临时工程	742.85			742.85
1	施工导流工程	59.21			59.21
2	施工交通工程	64.00			64.00
3	施工场外供电工程	50.00			50.00
4	施工房屋建筑工程	199.76			199.76
5	其他施工临时工程	369.89			369.89
	第五部分 独立费用			1 903.04	1 903.04
1	建设管理费			571.47	571.47
2	工程建设监理费			287.05	287.05
3	联合试运转费			18.00	18.00
4	生产准备费			81.24	81.24
5	科研勘测设计费			888.14	888.14
6	其他			57.15	57.15
	一至五部分投资合计	11 456.12	1 243.31	1 903.04	14 602.48
	预备费(8%)				1 168.20
	静态投资				15 770.68

表 5-39 分年度投资表 (单位:万元)

序号	工程项目	总投资	建设工期(年)			
			1	2	3	4
I	工程部分投资	15 770.68				
	第一部分 建筑工程	10 269.98	2 456.41	4 248.17	2 707.71	857.70
1	拦水工程	7 611.05	2 283.32	4 186.08	1 141.66	
2	引水工程	1 676.08			1 089.45	586.63
3	发电厂工程	733.23			476.60	256.63
4	升压变电站工程	14.44				14.44
5	交通工程	45.00	45.00			
6	房屋建筑工程	66.00	66.00			

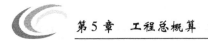

续表 5-39

序号	工程项目	总投资	建设工期(年)			
			1	2	3	4
7	其他工程	124.18	62.09	62.09		
	第二部分　机电设备及安装工程	1 216.79			801.39	415.40
1	发电设备及安装工程	887.61			621.33	266.28
2	变电站设备及安装工程	300.10			180.06	120.04
3	其他设备及安装工程	29.08				29.08
	第三部分　金属结构设备及安装工程	469.81		168.40	90.42	210.99
1	挡水工程	168.40		168.40		
2	引水发电工程	301.41			90.42	210.99
	第四部分　临时工程	742.85	742.85			
1	施工导流工程	59.21	59.21			
2	施工交通工程	64.00	64.00			
3	施工场外供电工程	50.00	50.00			
4	施工房屋建筑工程	199.76	199.76			
5	其他施工临时工程	369.89	369.89			
	第五部分　独立费用	1 903.04	538.28	538.28	363.62	462.86
1	建设管理费	571.47	171.44	171.44	114.29	114.29
2	工程建设监理费	287.05	86.11	86.11	57.41	57.41
3	联合试运转费	18.00			18.00	
4	生产准备费	81.24				81.24
5	科研勘测设计费	888.14	266.44	266.44	177.63	177.63
6	其他	57.15	14.29	14.29	14.29	14.29
	一至五部分投资合计	14 602.48	3 737.55	4 954.86	3 963.14	1 946.94
	预备费	1 168.20	233.64	292.05	525.69	116.82
	基本预备费(8%)	1 168.20	233.64	292.05	525.69	116.82
	静态投资	15 770.68	3 971.18	5 246.91	4 488.83	2 063.76

表 5-40　建筑工程概算表

序号	工程或费用名称	单位	数量	单价(元)	合计(元)
	第一部分　建筑工程				102 699 839.87
1	挡水工程(415 拱坝)				76 110 506.16
1.1	混凝土拱坝				76 110 506.16
1.1.1	土方开挖(运 1.0 km)	m³	36 000	14.91	536 760.00
1.1.2	石方开挖(运 1.5 km)	m³	72 000	62.23	4 480 560.00
1.1.3	RCC(二级配)C$_{90}$20 混凝土	m³	91 413	354.93	32 445 216.09
1.1.4	RCC(三级配)C$_{90}$20 混凝土	m³	68 400	360.99	24 691 716.00

续表 5-40

序号	工程或费用名称	单位	数量	单价(元)	合计(元)
1.1.5	改性混凝土	m³	9 000	354.93	3 194 370.00
1.1.6	常态混凝土	m³	7 000	354.93	2 484 510.00
1.1.7	薄壁 C20 混凝土(厚 35 cm)	m³	210	443.98	93 235.80
1.1.8	钢筋制作安装	t	308	7 058.99	2 174 168.92
1.1.9	灌浆平洞开挖	m³	1 225	210.97	258 438.25
1.1.10	帷幕灌浆	m	7 100	377.19	2 678 049.00
1.1.11	固结灌浆	m	850	261.07	221 909.50
1.1.12	细部结构	m³	176 023	16.2	2 851 572.60
2	引水工程				16 760 786.52
2.1	进水口工程				4 967 794.66
2.1.1	土方开挖(0.5 km)	m³	1 270	13.31	16 903.70
2.1.2	石方开挖(0.5 km)	m³	6 870	57.02	391 727.40
2.1.3	M7.5 浆砌石护坡	m³	1 134	251.74	285 473.16
2.1.4	C20 底板混凝土	m³	412	409.60	168 755.20
2.1.5	C20 进水塔混凝土	m³	3 409	431.42	1 470 710.78
2.1.6	C20 塔架混凝土	m³	731	416.15	304 205.65
2.1.7	C20 检修平台混凝土	m³	95	431.42	40 984.90
2.1.8	C20 交通桥面板混凝土	m³	80	431.42	34 513.60
2.1.9	C20 启闭机平台混凝土	m³	114	431.42	49 181.88
2.1.10	浆砌石桥墩	m³	20	255.32	5 106.40
2.1.11	启闭机房	m²	210	800.00	168 000.00
2.1.12	钢筋制作安装	t	274.86	7 058.99	1 940 233.99
2.1.13	细部结构	m³	4 842	19.00	91 998.00
2.2	引水隧洞工程				8 962 714.47
2.2.1	平洞石方开挖(运 1 km)	m³	5 015	212.15	1 063 932.25
2.2.2	斜洞石方开挖(运 1 km)	m³	1 587	212.15	336 682.05
2.2.3	C20 隧洞衬砌混凝土(平洞)	m³	5 077	731.95	3 716 110.15
2.2.4	C20 隧洞衬砌混凝土(斜洞)	m³	863	778.02	671 431.26
2.2.5	回填灌浆	m²	2 906	79.83	231 985.98
2.2.6	细部结构	m³	5 940	15.3	90 882.00
2.2.7	钢筋制作安装	t	403.98	7 058.99	2 851 690.78
2.3	调压井工程				2 830 277.38
2.3.1	土方开挖(0.5 km)	m³	1 267	13.31	16 863.77
2.3.2	石方开挖(竖井)	m³	3 347	270.10	904 024.70
2.3.3	C20 竖井混凝土	m³	1 553	547.31	849 972.43
2.3.4	C20 底板混凝土	m³	154	409.60	63 078.40
2.3.5	细部结构	m³	1 707	19.00	32 433.00

续表 5-40

序号	工程或费用名称	单位	数量	单价（元）	合计（元）
2.3.6	钢筋制作安装	t	136.55	7 058.99	963 905.08
3	发电厂工程				7 332 306.27
3.1	地面厂房工程				5 948 689.18
3.1.1	土方开挖	m³	2 413	13.31	32 117.03
3.1.2	石方开挖	m³	10 626	57.02	605 894.52
3.1.3	石渣回填	m³	1 200	3.54	4 248.00
3.1.4	C20 混凝土	m³	5 213	431.42	2 248 992.46
3.1.5	C20 压力钢管外包混凝土	m³	1 064	431.42	459 030.88
3.1.6	砖墙	m²	241	205.00	49 405.00
3.1.7	钢筋制作安装	t	361.1	7 058.99	2 549 001.29
3.2	尾水渠工程				1 383 617.09
3.2.1	C20 底板混凝土	m³	144	409.60	58 982.40
3.2.2	C20 挡土墙混凝土	m³	1 680	387.36	650 764.80
3.2.3	石渣回填	m³	8 500	3.54	30 090.00
3.2.4	钢筋制作安装	t	91.2	7 058.99	643 779.89
4	升压变电站工程				144 395.08
4.1.1	平整场地	m³	3 300	4.38	14 454.00
4.1.2	C20 基础混凝土	m³	161	379.87	61 159.07
4.1.3	细部结构	m³	161	37.0	5 957.00
4.1.4	钢筋制作安装	m³	8.9	7 058.99	62 825.01
5	交通工程				450 000.00
5.1	公路	km	4.5	100 000.00	450 000.00
5.2	涵洞	座			0.00
6	房屋建筑工程				660 000.00
6.1	办公房屋建筑工程	m²	600	1 000	600 000.00
6.2	仓库、车库	m²	200	300.00	60 000.00
7	其他建筑工程				1 241 845.85
7.1	安全监测设施（内部观测设施）	%	1.2	101 457 994.02	1 217 495.93
7.2	其他建筑工程	%	2	1 217 495.93	24 349.92

表 5-41 机电设备及安费工程概算表

编号	名称及规格	单位	数量	单价（元）		合计（元）	
				设备费	安装费	设备费	安装费
	第二部分 机电设备及安装工程					9 051 006.90	3 116 853.22
1	发电设备及安装工程					7 770 657.53	1 105 421.53
1.1	水轮机设备及安装工程					1 099 050.00	172 388.76
1.1.1	水轮机 HL220/A153 - WJ - 74	台	3	250 000	57 462.92	750 000.00	172 388.76
1.1.2	调速器 YWT - 100	台	3	90 000		270 000.00	
	小计	元				1 020 000.00	172 388.76
	设备运杂费、采购及保管费	%	7.75	1 020 000		79 050.00	

续表 5-41

编号	名称及规格	单位	数量	单价（元）		合计（元）	
				设备费	安装费	设备费	安装费
1.2	发电机设备及安装工程					2 198 100.00	173 658.99
	发电机 SFW3400 - 8/1730	台	3	680 000	57 886.33	2 040 000.00	173 658.99
	小计	元				2 040 000.00	173 658.99
	设备运杂费、采购及保管费	%	7.75	2 040 000		158 100.00	
1.3	主阀设备及安装工程					400 506.75	114 191.01
	蝴蝶阀（球阀、锥形阀）1 000 mm 1MPa	台	3	123 900	38 063.67	371 700.00	114 191.01
	小计	元				371 700.00	114 191.01
	设备运杂费、采购及保管费	%	7.75	371 700		28 806.75	
1.4	起重设备及安装工程					269 375.00	46 243.64
	桥式起重机 15/3 t	台	1	250 000	46 243.64	250 000.00	46 243.64
	小计	元				250 000.00	46 243.64
	设备运杂费、采购及保管费	%	7.75	250 000		19 375.00	
1.5	水力机械辅助设备及安装工程					343 334.60	58 565.60
1.5.1	油系统					192 484.60	25 009.60
	滤油机 ZJCQ - 2 型 $N=23$ kW	台	1	95 000		95 000.00	
	滤油机 ZJB2KY - 1 型 $N=20$ kW	台	1	70 000		70 000.00	
	齿轮油泵 2CY - 2/14.5 - 1 型 $N=2.2$ kW	台	2	2 160		4 320.00	
	烘箱 DX - 1.0 型 $N=10.0$ kW	台	2	1 500		3 000.00	
	油桶 $V=2$ m³	台	2	1 080		2 160.00	
	油桶 $V=6$ m³	台	2	1 080		2 160.00	
	移动油箱 $V=0.5$ m³	台	1	2 000		2 000.00	
	小计	元			14%	178 640.00	25 009.60
	设备运杂费、采购及保管费	%	7.75	178 640		13 844.60	
1.5.2	压气系统					17 240.00	1 440.00
	空压机 SF - 1.2/8 型 $N=15$ kW	台	1	15 000		15 000.00	
	储气筒 $V=2$ m³ $P=0.8$MPa	台	1	1 000		1 000.00	
	小计	元			9%	16 000.00	1 440.00
	设备运杂费、采购及保管费	%	7.75	16 000		1 240.00	
1.5.3	水系统					133 610.00	32 116.00
	排水泵 100QW - 65 - 15 - 5.5 型	台	2	15 000		30 000.00	
	排水泵 80QW - 72 - 11 - 4 型	台	2	11 000		22 000.00	
	水位测量仪 SSC - 3 型 $H=10$ m	台	2	36 000		72 000.00	
	小计	元			25.90%	124 000.00	32 116.00
	设备运杂费、采购及保管费	%	7.75	124 000		9 610.00	
1.6	电气设备及安装工程					2 769 191.00	513 842.10
1.6.1	控制保护设备					1 387 820.00	183 668.80
	保护控制屏 PK - 10B - 800 × 600	面	6	48 000		288 000.00	
	机旁屏 PK - 10B - 800 ×600	面	3	50 000		150 000.00	
	微机励磁屏 LSW - LC	面	3	150 000		450 000.00	
	微机监控系统	套	1	400 000		400 000.00	
	小计	元			14.26%	1 288 000.00	183 668.80

续表 5-41

编号	名称及规格	单位	数量	单价(元)		合计(元)	
				设备费	安装费	设备费	安装费
	设备运杂费、采购及保管费	%	7.75	1 288 000		99 820.00	
1.6.2	厂用电系统设备					612 451.00	124 138.56
	SF9 – 250/35 kV 250 kVA	台	1	80 000		80 000.00	
	SCB8 – 250/6.3 kV 250 kVA	台	1	25 000		25 000.00	
	励磁变压器(微机励磁供给)	台	3			0.00	
	高压开关柜 XGN2 – 10 – 04	台	4	50 000		200 000.00	
	高压开关柜 XGN2 – 10 – 16(改)	台	2	30 000		60 000.00	
	高压开关柜 XGN2 – 10 – 62	台	2	3 0000		60 000.00	
	高压开关柜 XGN2 – 10 – 49(改)	台	3	28 000		84 000.00	
	低压开关柜 GCS(含坝区 1 台)	台	6	7 000		42 000.00	
	动力配电箱 XL21	个	6	1 450		8 700.00	
	户外配电箱	个	1	1 450		1 450.00	
	照明配电箱	个	5	1 450		7 250.00	
	小计	元			21.84%	568 400.00	124 138.56
	设备运杂费、采购及保管费	%	7.75	568 400		44 051.00	
1.6.3	直流系统设备					140 075.00	36 725.00
	直流屏 MK – 50 – 120AH/200V	套	1	130 000		130 000.00	
	小计	元			28.25%	130 000.00	36 725.00
	设备运杂费、采购及保管费	%	7.75	130 000.00		10 075.00	
1.6.4	电工试验设备					107 750.00	6 980.00
	电工试验设备	套	1	100 000		100 000.00	
	小计	元			6.98%	100 000.00	6 980.00
	设备运杂费、采购及保管费	%	7.75	100 000		7 750.00	
1.6.5	电缆					321 095.00	44 700.00
	电力电缆 YJV22 – 3 × 185　6.3 V	km	0.3	120 000		36 000.00	
	电力电缆 YJV22 – 3 × 35　6.3 V	km	0.15	100 000		15 000.00	
	动力电缆 VV22 – 3 × 120 + 1 × 70	km	0.6	90 000		54 000.00	
	控制电缆 VV22　KYY　KY23	km	6	14 000		84 000.00	
	电线 BVV　ZR – BVV	km	3	30 000		90 000.00	
	各种电缆管	t	1	4 500		4 500.00	
	电杆(π型架) 35 kV　5.5 m 高	套	2	800		1 600.00	
	电杆(门型架) 35 kV　7.3 m 高	套	1	1 600		1 600.00	
	电杆(含附件) 0.4 kV　7 m 高	根	10	950		9 500.00	
	端子箱	个	5	360		1 800.00	
	小计	元			15.0%	298 000.00	44 700.00
	设备运杂费、采购及保管费	%	7.75	298 000		23 095.00	
1.6.6	母线						27 446.44
	铝母线 LMY – 80 × 10	100 m	1		27 446.44		27 446.44
1.6.7	照明设备					200 000.00	
	各种灯具	套	40	5 000		200 000.00	
1.6.8	接地						86 435.40

续表 5-41

编号	名称及规格	单位	数量	单价(元)		合计(元)	
				设备费	安装费	设备费	安装费
	钢材	t	6		14 405.90		86 435.40
1.6.9	保护网						3 747.90
	金属网孔 10×10	m²	15		249.86		3 747.90
1.7	通信设备及安装	套	1	300 000		300 000.00	
1.8	通风采暖设备及安装					107 211.25	
	轴流通风机 T35-11 型 No5.6 N=0.7 kW	台	2	2 500		5 000.00	
	轴流通风机 T35-11 型 No2.8 N=0.7 kW	台	3	2 500		7 500.00	
	轴流通风机 T35-11 型 No2.8 N=0.25 kW	台	4	2 500		10 000.00	
	空调 LFD13W 型 N=13 kW	台	1	11 000		11 000.00	
	空调 KCFR-40W 型 N=3 kW	台	6	11 000		66 000.00	
	小计	元				99 500.00	
	设备运杂费、采购及保管费	%	7.75	99 500.00		7 711.25	
1.9	机修设备及安装					283 888.93	26 531.43
	车床 C6140 型	台	1	60 000		60 000.00	
	刨床 B6063 型	台	1	50 000		50 000.00	
	台式砂轮机 φ150 型	台	1	1 100		1 100.00	
	落地式砂轮机 φ300 型	台	1	1 100		1 100.00	
	手提式砂轮机 S3S-100 型	台	1	550		550.00	
	钻床 Z5125A 型	台	1	20 000		20 000.00	
	台钻 Z4051 型 15 mm N=0.6 kW	台	1	6 500		6 500.00	
	直流电焊机 AX-320 型	台	1	8 800		8 800.00	
	直流电焊机 AX1-500 型	台	1	8 800		8 800.00	
	交流电焊机 BX1-330 型	台	2	8 800		17 600.00	
	风砂轮 φ100 型	台	1	1 100		1 100.00	
	焊接变压器 BX1-330 型	台	1	9 000		9 000.00	
	手提电钻 J3Z-19 型	个	1	1 500		1 500.00	
	电焊工具	套	1	2 000		2 000.00	
	氧焊工具	套	1	420		420.00	
	手拉葫芦 SH1 型	个	1	25 000		25 000.00	
	手拉葫芦 SH3 型	个	1	25 000		25 000.00	
	手拉葫芦 SH5 型	个	1	25 000		25 000.00	
	小计	元			10.07%	263 470.00	26531.43
	设备运杂费、采购及保管费	%	7.75	263 470.00		20 418.93	
2	升压变电设备及安装工程					989 563.07	2 011 431.69
2.1	主变压器设备及安装工程					549 525.00	140 421.06
	变压器 SF9-8000/35 kV 8 000 kVA	台	1	350 000	78 662.47	350 000.00	78 662.47
	变压器 SF9-4000/35 kV 4 000 kVA	台	1	160 000	53 391.37	160 000.00	53 391.37

续表 5-41

编号	名称及规格	单位	数量	单价(元)		合计(元)	
				设备费	安装费	设备费	安装费
	变压器干燥 SF9 - 8000/35 kV 8 000 kVA	台	1		4 183.61		4 183.61
	变压器干燥 SF9 - 4000/35 kV 4 000 kVA	台	1		4 183.61		4 183.61
	小计	元				510 000.00	140 421.06
	设备运杂费、采购及保管费	%	7.75	510 000.00		39 525.00	
2.2	高压电气设备及安装工程					431 969.75	62 821.03
	真空断路器 ZW8 - 12 35 kV 630A	台	3	60 000		180 000.00	
	隔离开关 GW5 - 35GD 630A 35 kV(双)	套	1	12 000		12 000.00	
	隔离开关 GW5 - 35GD 630A 35 kV(单)	套	6	12 000		72 000.00	
	隔离开关 GW5 - 35GD 630A 35 kV(双极)	套	1	12 000		12 000.00	
	隔离开关 GW19 - 10 630A 6.3 kV	套	3	2 000		6 000.00	
	电压互感器 JDJJ2 - 35	只	3	3 600		10 800.00	
	电压互感器 JDJJ2 - 35 35/0.1 kV	只	1	3 600		3 600.00	
	电流互感器 LCWB5 - 35 2 × 200/5A0.5/B 级	只	3	3 600		10 800.00	
	电流互感器 LFSQ - 10 500/5A 0.5/10P	只	6	3 600		21 600.00	
	电流互感器(微机励磁供给)	套	3			0.00	
	避雷器 Y5WZ - 42/127 35 kW	只	6	4 000		24 000.00	
	避雷针	座	2	7 000		14 000.00	
	高压熔断器 RW5 - 35 50/10V	只	3	900		2 700.00	
	高压熔断器 RN1 - 10 40/20V	只	6	900		5 400.00	
	阻波器 GZ2 - 200	只	2	10 000		20 000.00	
	耦合电容器 OY35 - 35 35 kV	只	2	3 000		6 000.00	
	小计	元			15.67%	400 900.00	62 821.03
	设备运杂费、采购及保管费	%	7.75	400 900.00		31 069.75	
2.3	一次拉线及其他安装工程					8 068.32	1 808 189.60
	钢芯铝铰线 LGJ - 95 35 kV	100 m/三相	140		12 915.64		1 808 189.60
	绝缘子 XP - 7	只	100	12		1 200.00	
	棒式绝缘子 ZS - 10/800 10 kV	只	140	12		1 680.00	
	棒式绝缘子 ZS - 35/800 10 kV	只	9	12		108.00	
	金具	套	30	150		4 500.00	
	小计	元				7 488.00	1 808 189.60
	设备运杂费、采购及保管费	%	7.75	7 488.00		580.32	
3	其他设备及安装工程					290 786.30	
3.1	外部观测设备					10 400.00	

续表 5-41

编号	名称及规格	单位	数量	单价(元)		合计(元)	
				设备费	安装费	设备费	安装费
	经纬仪	台	1	6 000		6 000.00	
	水准仪	台	1	2 000		2 000.00	
	流速仪	台	1	800		800.00	
	量水堰	个	1	600		600.00	
	自动水位计	套	1	500		500.00	
	普通水尺	m	10	50		500.00	
3.2	消防设备及安装					20 386.30	
	灭火箱(包括消火栓、水龙头、水枪等)	套	2	5 000		10 000.00	
	灭火器 1311 型	套	8	1 000		8 000.00	
	灭火器 泡沫	套	4	230		920.00	
	小计	元				18 920.00	
	设备运杂费、采购及保管费	%	7.75	18 920.00		1 466.30	
3.3	交通工具					240 000.00	
	吉普车	辆	1	120 000		120 000.00	
	工具车	辆	1	50 000		50 000.00	
	机动船	艘	1	20 000		20 000.00	
	载重汽车	辆	1	50 000		50 000.00	
3.4	办公设备					20 000.00	
	程控电话	部	8	1 000		8 000.00	
	对讲机	部	2	1 000		2 000.00	
	电脑	台	1	8 000		8 000.00	
	传真机	台	1	2 000		2 000.00	

表 5-42 金属结构设备及安装工程概算表

编号	名称及规格	单位	数量	单价(元)		合计(元)	
				设备费	安装费	设备费	安装费
	第三部分 金属结构设备及安装工程					2 651 027.13	2 047 107.50
1	挡水工程					1 378 165.60	305 850.80
1.1	闸门设备及安装					1 287 655.60	266 068.46
	弧形闸门 12×11 m² 2 扇 自重98 t	t	98	9 000	2 142.63	882 000.00	209 977.74
	埋件	t	14	8 500	4 006.48	119 000.00	56 090.72
	喷锌	m²	1 764	110		194 040.00	
	小计					1 195 040.00	266 068.46
	设备运杂费、采购及保管费	%	7.75	1 195 040.00		92 615.60	
1.2	启闭设备及安装					90 510.00	39 782.34
	启闭机 QHLY - 2×800 自重10 t	台	2	42 000	19 891.17	84 000.00	39 782.34
	小计					84 000.00	39 782.34
	设备运杂费、采购及保管费	%	7.75	84 000.00		6 510.00	

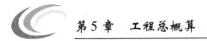

续表 5-42

编号	名称及规格	单位	数量	单价(元) 设备费	单价(元) 安装费	合计(元) 设备费	合计(元) 安装费
2	输水工程					1 272 861.53	1 741 256.70
2.1	闸门设备及安装					482 730.78	151 357.04
	进口工作闸门 1 扇	t	27	8 500	2 149.60	229 500.00	58 039.20
	尾水检修闸门 1 扇	t	3	8 500	2 392.84	25 500.00	7 178.52
	埋件	t	21.5	8 000	4 006.48	172 000.00	86 139.32
	喷锌	m²	191	110		21 010.00	
	小计					448 010.00	151 357.04
	设备运杂费、采购及保管费	%	7.75	448 010		34 720.78	
2.2	启闭设备及安装					389 624.00	57 193.96
	启闭机 QPK - 1600/800 自重 15 t	台	1	320 000	27 226.85	320 000.00	27 226.85
	启闭机 QPQ - 1 × 600 自重 2.8 t	台	1	33 600	10 075.94	33 600.00	10 075.94
	启闭机 SG - 100 自重 10 t	台	1	8 000	19 891.17	8 000.00	19 891.17
	小计					361 600.00	57 193.96
	设备运杂费、采购及保管费	%	7.75	361 600		28 024.00	
2.3	拦污栅设备及安装					400 506.75	78 457.68
	栅体	t	23.4	8 000	996.48	187 200.00	23 317.63
	栅槽	t	14.4	8 000	3 829.17	115 200.00	55 140.05
	喷锌	m²	630	110		69 300.00	
	小计					371 700.00	78 457.68
	设备运杂费、采购及保管费	%	7.75	371 700		28 806.75	
2.4	钢管制作与安装						1 454 248.02
	压力钢管(φ2 000 δ18)	t	55.85		13 486.46		753 218.79
	压力钢管(φ1 000 δ12)	t	33.56		17 772.09		596 431.34
	设备运杂费、采购及保管费	%	7.75				104 597.89

表 5-43 临时工程概算表

序号	工程或费用名称	单位	数量	单价(元)	合计(元)
	第四部分 临时工程				3 680 619.02
1	导流工程				592 079.28
1.1	施工围堰工程				616 922.05
1.1.1	土方回填	m³	256	16.85	4 313.60
1.1.2	石渣回填	m³	672	60.56	40 696.32
1.1.3	混凝土护面	m³	750	409.6	307 200.00
1.1.4	钢筋制作安装	t	37.5	7 058.99	264 712.13
1.2	导流隧洞工程				449 432.86
1.2.1	土方开挖	m³	246	13.31	3 274.26
1.2.2	石方明挖	m³	685	57.02	39 058.70
1.2.3	隧洞开挖	m³	1 360	212.15	288 524.00
1.2.4	喷混凝土	m³	162	731.95	118 575.90

续表 5-43

序号	工程或费用名称	单位	数量	单价（元）	合计（元）
2	施工交通工程				640 000.00
2.1	临时道路	km	8	80 000	640 000.00
3	施工场外供电工程	项	1	500 000	500 000.00
4	临时房屋建筑工程				1 997 585.01
4.1	施工临时仓库	m²	200	200	40 000.00
4.2	办公、生活及文化福利建筑	项			1 957 585.01
5	其他临时工程	%	3.00	123 295 498.9	3 698 864.97

表 5-44　独立费用概算表

序号	工程或费用名称	单位	数量	单价（元）	合计（元）
	第五部分　独立费用	元			19 030 438.18
1	建设管理费	元			5 714 746.37
1.1	枢纽工程建设管理费	%	4.50	126 994 363.86	5 714 746.37
2	工程建设监理费	元		（见监理费计算表）	2 870 490.40
3	联合试运转费	台	3	60 000	180 000.00
4	生产准备费	元			812 364.41
4.1	生产及管理单位提前进厂费	%	0.15	126 994 363.86	190 491.55
4.2	生产职工培训费	%	0.35	126 994 363.86	444 480.27
4.3	管理用具购置费	%	0.06	126 994 363.86	76 196.62
4.4	备品备件购置费	%	0.50	16 865 994.74	84 329.97
4.5	工器具及生产家具购置费	%	0.10	16 865 994.74	16 865.99
5	科研勘测设计费	元			8 881 362.36
5.1	工程科学科研试验费	%	0.70	107 132 718.27	749 929.03
5.2	工程勘测设计费	元		（见勘测设计费计算表）	8 131 433.34
6	其他	元			571 474.64
6.1	工程保险费	‰	4.5	126 994 363.86	571 474.64

表 5-45　主要工程量汇总表

序号	工程名称	主要工程量								
		土石方开挖（万 m³）	土石方回填（万 m³）	砌石（万 m³）	混凝土（万 m³）	回填灌浆（m²）	帷幕灌浆（m³）	固结灌浆（m³）	压力钢管（t）	钢筋（t）
一	建筑工程									
1	挡水工程	10.92			17.6		7 100	850		308
2	引水工程	1.94		0.12	1.25	2 906.2			89.41	815.39
3	发电厂工程	1.3	0.12		0.83					452.27
4	升压变电站工程	0.33			0.02					8.89
二	临时工程	0.09	0.09		0.09					37.5
	合计	14.59	0.21	0.12	19.78	2 906.2	7 100	850	89.41	1 622.05

表 5-46　主要材料量汇总表

序号	工程名称	工程量								标工 (万工时)
		水泥 (t)	砂 (m³)	碎石 (m³)	块石 (m³)	汽油 (t)	柴油 (t)	板枋材 (万 m³)	钢筋 (t)	
一	建筑工程	68 927.53	157 548.64	167 395.43	1 500.2	910.87	1 365.89	3.94	1 584.55	904.64
1	挡水工程	61 608.05	140 818.4	149 619.55		722.15	1 049.82	3.52	308	791.47
2	引水工程	4 371.28	9 991.49	10 615.96	1 500.2	109.27	167.33	0.25	815.39	65.44
3	发电厂工程	2 891.85	6 609.95	7 023.07		79.46	122.17	0.17	452.27	44.44
4	升压变电站工程	56.35	128.8	136.85			26.56		8.89	3.28
二	临时工程	319.2	729.6	775.2			15.78	0.02	37.5	5.14
	合计	69 246.73	158 278.24	168 170.63	1 500.2	910.87	1 381.67	3.95	1 622.05	909.77

复习思考题

5-1　某导流洞工程(施工临时工程),设计衬砌后洞径(直径)为 5.0 m,洞长 500 m,混凝土衬砌厚度为 0.3 m,平均超挖 0.2 m,施工附加量 100 m³(均在允许范围内),试确定:

(1)石方开挖预算、概算工程量;

(2)混凝土衬砌预算、概算工程量。

5-2　某平洞(永久工程)设计衬砌后内径(直径)为 6.0 m,隧洞总长 6 000 m,混凝土衬砌厚度为 0.5 m,平均超挖 0.16 m(在允许范围内),试确定:

(1)石方开挖预算、概算工程量;

(2)混凝土衬砌预算、概算工程量。

5-3　试述设计概算文件的编制程序。

5-4　某水利枢纽工程第一至第五部分的分年度投资如表 5-47(第 1 至 5 栏)所列,按给定条件计算并填写枢纽工程总概算表(小数点后保留两位)。

已知基本预备费费率 6%,物价指数 6%,贷款利率 8%,贷款比例第一年 30%,第二年 50%,第三年 70%。

(1)计算预备费(填写表 5-47 中第 7、8、9 栏)。

(2)计算建设期融资利息(按贷款利率 8%,贷款比例 $b_1 = 30\%$,$b_2 = 50\%$,$b_3 = 70\%$,计算第一至三年的还贷利息,填写表 5-47 中第 10 栏)。

(3)计算静态总投资、(动态)总投资(填写表 5-47 中第 11、12 栏)。

表 5-47　分年度投资表　　　　　　　　　(单位:万元)

序号	工程或费用名称		第一年	第二年	第三年	合计
1	第一部分	建筑工程	5 000	8 000	2 000	15 000
2	第二部分	机电设备及安装工程	100	250	250	600
3	第三部分	金属结构设备及安装工程	50	100	150	300
4	第四部分	临时工程	150	100	50	300

续表5-47

序号	工程或费用名称	第一年	第二年	第三年	合计
5	第五部分　独立费用	400	300	200	900
6	一至五部分合计	5 700	8 750	2 650	17 100
7	预备费				
8	基本预备费				
9	价差预备费				
10	建设期融资利息				
11	静态总投资				
12	总投资				

（4）填写表5-48总概算表。

表5-48　枢纽工程总概算表　　　　　　　　　　　　　　（单位:万元）

序号	工程或费用名称	建安工程费	设备购置费	独立费用	合计
1	第一部分　建筑工程	15 000			15 000
2	第二部分　机电设备及安装工程	100	500		600
3	第三部分　金属结构设备及安装工程	100	200		300
4	第四部分　临时工程	300			300
5	第五部分　独立费用			900	900
6	一至五部分合计	15 500	700	900	17 100
7	预备费				
8	基本预备费				
9	价差预备费				
10	建设期融资利息				
11	静态总投资				
12	总投资				

⫷ 第6章　水利工程造价其他文件

⫷ 6.1　投资估算

6.1.1　概述

　　可行性研究是基本建设程序的一个重要组成部分,也是进行基本建设的一项重要工作。在可行性研究阶段需要提出可行性研究报告,对工程规模、坝址、基本坝型、枢纽布置方式等提出初步方案并进行论证,估算工程总投资及总工期,对工程兴建的必要性及经济合理性提出评价。在可行性研究报告中,投资估算是一项重要内容,它是国家选定水利水电建设近期开发项目和批准进行工程初步设计的重要依据。其准确性直接影响到对项目的决策。根据国家计委《关于控制建设工程造价的若干规定》,投资估算应对建设项目总造价起控制作用。可行性研究报告一经批准,其投资估算就成为该建设项目初步设计概算静态总投资的最高限额,不得任意突破。

　　投资估算的准确性,直接影响国家(业主)对项目选定的决策。但由于受勘测、设计和科研工作的深度限制,可行性研究阶段往往只能提出主要建筑物的主体工程量和发电机、水轮机、主变压器等主要设备。在这种情况下,要合理地编制出投资估算,除要遵守规定的编制办法和定额外,概预算专业人员还要深入调查研究,充分掌握第一手材料,合理地选定单价指标。

6.1.2　投资估算文件的编制内容

　　水利工程可行性研究投资估算与初步设计概算在组成内容、项目划分和费用构成上基本相同,但两者设计深度不同。投资估算可根据《水利水电工程可行性研究报告编制规程》的有关规定,对初步设计概算编制规定中部分内容进行适当简化、合并和调整。

　　投资估算按照《2014编规》编制。

6.1.2.1　编制说明

　　(1)工程概况。工程概况包括:河系、兴建地点、对外交通条件、水库淹没耕地及移民人数、工程规模、工程效益、工程布置形式、主体建筑工程量、主要材料用量、施工总工期和工程从开工至开始发挥效益工期、施工总工日和高峰人数等。

　　(2)投资主要指标。投资主要指标为:工程静态总投资和总投资,工程从开工至开始发挥效益静态投资,单位千瓦静态投资和投资,单位电度静态投资和投资,年物价上涨指数,价差预备费额度和占总投资百分率,工程施工期贷款利息和利率等。

　　(3)编制依据。包括:①投资估算编制原则和依据;②人工、主要材料、施工供电、砂石料等基础单价的计算依据;③主要设备价格的编制依据;④建安工程定额、指标采用依据;⑤建安工程单价综合系数、安装工程材料费和机械使用费调差系数计算的说明;⑥费用计算标准及依据;⑦水库淹没处理补偿费资金来源。

(4)估算编制中存在的和其他应说明的问题。

(5)主要技术经济指标表。

6.1.2.2　投资估算表

投资估算表包括:

(1)总投资表。

(2)建筑工程估算表。

(3)设备及安装工程估算表。

(4)分年度投资表。

6.1.2.3　投资估算附表

投资估算附表包括:

(1)建筑工程单价汇总表。

(2)安装工程单价汇总表。

(3)主要材料预算价格汇总表。

(4)次要材料预算价格汇总表。

(5)施工机械台时费汇总表。

(6)主要工程量汇总表。

(7)主要材料量汇总表。

(8)工时数量汇总表。

(9)建设及施工征地数量汇总表。

6.1.2.4　附件

附件材料包括:

(1)人工预算单价计算表。

(2)主要材料运输费用计算表。

(3)主要材料预算价格计算表。

(4)混凝土材料单价计算表。

(5)建筑工程单价表。

(6)安装工程单价表。

(7)资金流量计算表。

(8)主要技术经济指标表。

6.1.3　投资估算计算方法

水利水电工程中的主要建筑物、主要设备及安装工程是永久工程中的主体,在工程总投资中占有举足轻重的份额,所以为了保证投资估算的基本精度,采用了与概算相同的项目划分和计算方法。永久工程中上述以外的非主要工程(或称次要工程),由于项目繁多,工程量及投资相对较小,在可行性研究阶段受设计深度的限制,难以提出工程数量,所以在估算中采用合并项目,用粗略的方法(指标或百分率)估算其投资。

投资估算与设计概算编制程序和方法基本相同,其主要差别在于要求的工作深度不一样。具体差别表现在:

(1)依据的定额不同。设计概算采用概算定额编制工程单价,而估算则采用综合性较强的估算指标编制估算单价,如采用概算定额编制估算单价,则要乘以一个扩大系数,如表6-1所示。

表6-1 建筑、安装工程单价扩大系数表

序号	工程类别	单价扩大系数(%)
一	建筑工程	
1	土方工程	10
2	石方工程	10
3	砂石备料工程(自采)	0
4	模板工程	10
6	钢筋制作安装工程	5
7	钻孔灌浆及锚固工程	10
8	疏浚工程	10
9	掘进机施工隧洞工程	10
10	其他工程	10
二	机电、金属结构设备及安装工程	
1	水力机械设备、通信设备、起重设备及闸门等设备安装工程	10
2	电气设备、变电站设备安装工程及钢管制作安装工程	10

(2)留取的余度不同。由于可行性研究的设计深度较初设低,对有些问题的研究还未深化,为了避免估算总投资失控,故编制估算所留的余地较概算要大。主要表现在:估算的工程量阶段系数值较设计概算要大;基本预备费,估算采用的费率要大,现行规范规定:可行性研究投资估算费率为10%~12%,项目建议书阶段基本预备费费率取15%~18%。

(3)投资估算对次要工程投资采用简化的方法计算。

下面简单地介绍一下投资估算的编制方法。

6.1.3.1 建筑工程

建筑工程由主体建筑工程、交通工程、房屋建筑工程和其他建筑工程组成,与概算的编制方法基本相同。

1.主体建筑工程

主体建筑工程包括水利枢纽、水电站、水库工程、水闸、泵站、灌溉渠系、防洪堤及河湖疏浚工程等,是构成总投资的重要组成部分,也是编制其他项目投资估算的基础。因此,必须做深入细致的工作,尽可能接近实际。

主体建筑工程投资估算的计算方法,与概算编制方法基本相同,即采用主体建筑工程的工程量乘以相应单价。

主体建筑工程单价应根据已掌握的工程具体条件,例如人工工资标准、对外交通情况、砂石材料的开采运输条件和主要施工方案等,拟定出人工预算单价,主要材料预算价格,砂、石、水、电、风等基础单价,施工机械台班费,采用估算指标,计算出投资估算单价。估算采用的三级项目较概算粗略。

2. 交通工程

交通工程包括上坝、进厂、对外等场内一切永久性的铁路、公路、桥梁、码头等,以及对地方原有公路、桥梁等进行的改建加固工程。

交通工程的投资按设计交通工程量分别乘以千米及延长米指标计算。公路工程造价指标可按照设计要求的道路等级、工程所在地区经济状况、现场地形地质条件、施工难易程度及工程量大小等,参照交通部门颁发的有关规定计算。铁道工程可根据地形、地区经济状况,按每千米造价指标估算。

3. 房屋建筑工程

房屋建筑工程包括辅助生产厂房、仓库、办公室、生活及文化福利建筑和室外工程。编制方法与概算基本相同。

4. 其他建筑工程

其他建筑工程指除主体建筑工程和交通工程外的永久性建筑工程,包括动力线路、照明线路、通信线路工程,厂坝区及生活区供水、供热、排水等公用设施工程,厂坝区环境建设设施,内外部观测工程,水情自动测报系统工程等,全部合并在一起,采用占主体建筑工程(挡水、泄洪、引水、发电等)投资的百分率的方法估算其投资。百分率一般采用3% ~ 5%,也可根据工程的具体条件和工程规模估算。

6.1.3.2　机电设备及安装工程

编制方法与概算基本相同,由主要机电设备及安装工程和其他机电设备及安装工程两项组成。

1. 主要机电设备及安装工程

主要机电设备及安装工程包括发电设备及安装工程、升压变电设备及安装工程、公用设备及安装工程、泵站设备及安装工程、小水电站设备及安装工程、供变电工程、公用设备及安装工程。

主要机电设备及安装工程投资,包括设备出厂价、运杂费和安装费。

设备出厂价,对于定型产品,执行市场价;对于非定型产品,采用厂家报价,如不能取得厂家报价,可按设计确定的设备质量,以单位价格指标(元/t)计算。机组价格中包括油压装置、调速器、自动化元件和透平油等配套设备价格。

设备运杂费,可按占设备出厂价的一定百分数计算。

2. 其他机电设备及安装工程

其他机电设备及安装工程包括除主要设备外的其他全部设备,如水力辅助机械、电气、通信、机修、变电站高压设备和一次拉线等工程。其投资估算可根据装机台数、电压等级、输电电线回数及接线复杂程度,按装机总容量乘以单位千瓦指标(元/kW)估算,也可按主要设备投资的百分率计算。

将电梯、坝区馈电、供水、供热、水文、环保、外部观测、交通等设备及安装,以及全厂保护网、全厂接地等其他工程全部合并,以占主要机电设备及安装工程投资的百分率来估算其投资。

6.1.3.3　金属结构设备及安装工程

由水工建筑物各单项工程及灌溉渠道等工程中的金属结构设备及安装工程组成,包括闸门、启闭机、拦污栅、升船机和压力钢管等。其投资按各单项工程金属结构数量和每台(套)单位重量估算,与概算的计算方法基本相同。

6.1.3.4　施工临时工程

施工临时工程由导流工程、施工交通工程、房屋建筑工程、施工供电工程和其他施工临时工程五项组成。估算编制方法及计算标准与概算相同。

(1)导流工程。同主体建筑工程一样,采用工程量乘以单价计算,其他难以估量的项目,可按计算出的导流投资的10%增列。

(2)施工交通工程。参照主体建筑工程中交通工程的方法编制,也可按占主体建筑工程的百分率估算。

(3)房屋建筑工程。施工房屋建筑工程投资按估算编制办法的有关规定估算。

(4)施工供电工程。依据设计电压等级、线路架设要求和长度按有关指标计算。

(5)其他施工临时工程。一般可按工程项目一至四部分的建安工作量(不包括其他施工临时工程本身的建安工作量)的一定百分率计算。

6.1.3.5　独立费用

编制方法及计算标准基本与概算相同。

6.1.3.6　预备费、建设期融资利息、静态总投资和总投资

预算费分为基本预备费和价差预备费。

(1)基本预备费。以上述5项费用之和为基数计算,可行性研究投资估算费率取10%～12%。

(2)价差预备费。根据施工年限及预测的物价指数计算,和初步设计概算相同。

(3)建设期融资利息,应根据分年度投资计划计算复利,其计算方法和初步设计概算相同。

6.2　招标控制价

招标控制价是招标人根据国家或省级、行业建设行政主管部门颁发的有关计价依据和办法及招标人发布的工程量清单,对招标工程限定的最高价格。

6.2.1　一般规定

(1)工程造价咨询企业应在其资质规定的范围内接受招标人的委托,独立承担可胜任专业领域的招标控制价的编制与审查。

(2)工程造价咨询企业接受招标人的委托编制或审查招标控制价,必须严格执行国家相关法律、法规和有关制度,认真恪守职业道德、执业准则,依据有关执业标准,公正、独立地开展工程造价咨询服务工作。

(3)工程造价咨询企业应依据合同约定向委托方收取咨询费用,除当地或行业建设行政主管部门有具体规定外,严禁向第三方收取费用。

（4）工程造价咨询企业签订工程造价咨询合同时，应考虑满足合理的工作周期和编制质量的要求，并应认真履行合同义务，在合同约定的时间内完成招标控制价的编制或审查。

（5）招标控制价的编制或审查应依据拟发布的招标文件和工程量清单，符合招标文件对工程价款确定和调整的基本要求，正确、全面地使用有关国家标准、行业或地方的工程计价定额等工程计价依据。

（6）招标控制价的编制宜参照工程所在地的工程造价管理机构发布的工程造价信息，确定人工、材料、机械使用费等要素价格，如采用市场价格，应通过调查、分析，有可靠的依据后确定。

（7）招标控制价的编制应依据国家有关规定计算规费、税金和不可竞争的措施费用。对于竞争性的施工措施费用，应依据工程特点，结合施工条件和合理的施工方案，本着经济实用、先进合理高效的原则确定。

6.2.2 招标控制价的文件组成及应用表格

招标控制价的文件组成应包括封面、签署页及目录、编制说明、有关表格等。

（1）招标控制价封面、签署页应反映工程造价咨询企业、编制人、审核人、审定人、法定代表人或其授权人和编制时间等。

（2）招标控制价编制说明应包括以下内容：工程概况，编制范围，编制依据，编制方法，有关材料、设备、参数和费用的说明，以及其他有关问题的说明。

招标控制价文件表格编制时宜按规定格式填写，招标控制价文件表格包括汇总表、分部工程工程量清单与计价表、工程量清单综合单价分析表、措施项目清单与计价表、其他项目清单与计价汇总表、规费与税金项目清单与计价表、暂列金额明细表、材料暂估单价表、专业工程暂估价表等。

招标控制价的签署页应按规定格式填写，签署页应按编制人、审核人、审定人、法定代表人或其授权人顺序签署。所有文件经签署并加盖工程造价咨询单位资质专用章和造价工程师或造价员执业或从业印章后才能生效。

6.2.3 招标控制价的编制

6.2.3.1 编制依据

招标控制价的编制依据是指在编制招标控制价时进行工程量计量、价格确认、工程计价的有关参数、率值的确定等工作时所需的基础性资料。招标控制价编制的主要依据包括：

（1）国家、行业和地方政府的法律、法规及有关规定。

（2）现行国家标准《水利工程工程量清单计价规范》（GB 50501—2007）。

（3）国家、行业和地方建设主管部门颁发的计价定额与计价办法、价格信息及其相关配套计价文件。

（4）国家、行业和地方有关技术标准与质量验收规范。

（5）工程项目地质勘察报告及相关设计文件。

(6)工程项目拟定的招标文件、工程量清单和设备清单。

(7)答疑文件、澄清和补充文件及有关会议纪要。

(8)常规或类似工程的施工组织设计。

(9)本工程涉及的人工、材料、机械台时的价格信息。

(10)施工期间的风险因素。

(11)其他相关资料。

6.2.3.2　编制程序

招标控制价编制应经历编制准备、文件编制和成果文件出具三个阶段的工作程序。

(1)编制准备阶段的主要工作包括:

①收集与本项目招标控制价相关的编制依据。

②熟悉招标文件、相关合同、会议纪要、施工图纸和施工方案相关资料。

③了解应采用的计价标准、费用指标、材料价格信息等情况。

④了解本项目招标控制价的编制要求和范围。

⑤对本项目招标控制价的编制依据进行分类、归纳和整理。

⑥成立编制小组,就招标控制价编制的内容进行技术交底,做好编制前期的准备工作。

(2)文件编制阶段的主要工作包括:

①按招标文件、相关计价规则进行分部分项工程工程量清单项目计价,并汇总分部分项工程费。

②按招标文件、相关计价规则进行措施项目计价,并汇总措施项目费。

③按招标文件、相关计价规则进行其他项目计价,并汇总其他项目费。

④进行规费项目、税金项目清单计价。

⑤对工程造价进行汇总,初步确定招标控制价。

(3)成果文件出具阶段的主要工作包括:

①审核人对编制人编制的初步成果文件进行审核。

②审定人对审核后的初步成果文件进行审定。

③编制人、审核人、审定人分别在相应成果文件上署名,并应加盖造价工程师或造价员执业或从业印章。

④成果文件经编制、审核和审定后,工程造价咨询企业的法定代表人或其授权人在成果文件上签字或盖章。

⑤工程造价咨询企业需在正式的成果文件上加盖本企业的执业印章。

6.2.3.3　编制方法与内容

编制招标控制价时,对于工程费用计价应采用单价法。采用单价法计价时,应依据招标工程量清单的分部工程项目、项目特征和工程量,确定其综合单价,综合单价的内容应包括人工费、材料费、机械费、管理费和利润,以及一定范围内的风险费用。

对于措施项目,应分别采用单价法和费率法(或系数法);对于可计量部分的措施项目,应参照分部分项工程费用的计算方法采用单价法计价;对于以项计量或综合取定的措施费用,应采用费率法。采用费率法时应先确定某项费用的计费基数,再测定其费率,然后将计费基数与费率相乘得到费用。

在确定综合单价时,应考虑一定范围内的风险因素。在招标文件中应预留一定的风险费用,或明确说明风险所包括的范围及超出该范围的价格调整方法。招标文件中未作要求的,可按以下原则确定:

(1)对于技术难度较大和管理复杂的项目,可考虑一定的风险费用,并纳入综合单价中。

(2)对于设备、材料价格的市场风险,应依据招标文件的规定、工程所在地或行业工程造价管理机构的有关规定,以及市场价格趋势考虑一定率值的风险费用,纳入综合单价中。

(3)税金、规费等法律、法规、规章和政策变化的风险及人工单价等风险费用不应纳入综合单价。

建设工程的招标控制价应由组成建设工程项目的各单项工程费用组成。各单项工程费用应由组成单项工程的各单位工程费用组成。各单位工程费用应由分部工程费、措施项目费、其他项目费、规费和税金组成。

招标控制价的分部工程费应由各单位工程的招标工程量乘以其相应综合单价汇总而成。

招标工程发布的分部分项工程量清单对应的综合单价应按照招标人发布的分部分项工程量清单中的项目名称、工程量、项目特征描述,依据工程所在地区颁发的计价定额和人工、材料、机械台班价格信息等进行组价确定,并应编制工程量清单综合单价分析表。

分部工程工程量清单综合单价的组价,应先依据提供的工程量清单和施工图纸,按照工程所在地区颁发的计价定额的规定,确定所组价的定额项目名称,并计算出相应的工程量;其次依据工程造价政策规定或工程造价信息确定其人工、材料、机械台班单价;同时,按照定额规定,在考虑风险因素确定管理费率和利润率的基础上,按规定程序计算出所组价定额项目的合价[见式(6-1)],然后将若干项所组价的定额项目合价相加除以工程量清单项目工程量,便得到工程量清单项目综合单价[见式(6-2)]。未计价材料费(包括暂估单价的材料费)应计入综合单价。

$$定额项目合价 = 定额项目工程量 \times [\sum(定额人工消耗量 \times 人工单价) + \sum(定额材料消耗量 \times 材料单价) + \sum(定额机械台班消耗量 \times 机械台班单价) + 价差(基价或人工、材料、机械费用) + 管理费和利润] \tag{6-1}$$

$$工程量清单项目综合单价 = \frac{\sum 定额项目合价 + 未计价材料费}{工程量清单项目工程量} \tag{6-2}$$

措施项目费应分别采用单价法、费率法计价。凡可精确计量的措施项目应采用单价法;不能精确计量的措施项目应采用费率法,以"项"为计量单位来综合计价。见式(6-3)。

$$某项措施项目费 = 措施项目计费基数 \times 费率 \tag{6-3}$$

采用单价法计价的措施项目的计价方式应参照分部工程工程量清单计价方式计价。

采用费率法计价的措施项目的计价方法应依据招标人提供的工程量清单项目,按照国家或省级、行业建设主管部门的规定,合理确定计费基数和费率。其中安全文明施工费应按国家或省级、行业建设主管部门的规定计价,不得作为竞争性费用。

其他项目费应采用下列方式计价:

(1)暂列金额应按招标人在其他项目清单中列出的金额填写。

(2)暂估价包括材料暂估价、专业工程暂估价。材料暂估价按招标人列出的材料单价计入综合单价,专业工程暂估价按招标人在其他项目清单中列出的金额填写。

(3)计日工:按招标人列出的项目和数量,根据工程特点和有关计价依据确定综合单价并计算费用。

(4)总承包服务费应根据招标文件中列出的内容和向总承包人提出的要求计算,其中:招标人仅要求对分包的专业工程进行总承包管理和协调时,按分包的专业工程估算造价的1.5%计算;招标人要求对分包的专业工程进行总承包管理和协调并同时要求提供配合服务时,根据招标文件中列出的配合服务内容和提出的要求按分包的专业工程估算造价的3%~5%计算;招标人自行供应材料的,按招标人供应材料价值的1%计算。

规费应采用费率法编制,应按照国家或省级、行业建设主管部门的规定确定计费基数和费率,不得作为竞争性费用。

税金应采用费率法编制,应按照国家或省级、行业建设主管部门的规定,结合工程所在地情况确定综合税率,并参照式(6-4)计算,不得作为竞争性费用。

$$税金 = (分部分项工程量清单费 + 措施项目清单费 + 其他项目清单费 + 规费)$$
$$\times 综合税率 \qquad\qquad (6\text{-}4)$$

6.2.4　招标控制价的审查

招标控制价的审查依据包括规定的招标控制价的编制依据,以及招标人发布的招标控制价。

招标控制价的审查方法可依据项目的规模、特征、性质及委托方的要求等采用重点审查法、全面审查法。重点审查法适用于投标人对个别重要项目进行审查的情况,全面审查法适用于各类项目的审查。

招标控制价应重点审查以下几个方面:

(1)招标控制价的项目编码、项目名称、工程数量、计量单位等是否与发布的招标工程量清单项目一致。

(2)招标控制价的总价是否全面,汇总是否正确。

(3)分部工程综合单价的组成是否符合现行工程量清单计价规范和其他工程造价计价依据的要求。

(4)措施项目施工方案是否正确、可行,费用的计取是否符合现行工程量清单计价规范和其他工程造价计价依据的要求。安全文明施工费是否执行了国家或省级、行业建设主管部门的规定。

(5)管理费、利润、风险费及主要材料、设备的价格是否正确、得当。

(6)规费、税金是否符合现行工程量清单计价规范要求,是否执行了国家或省级、行业建设主管部门的规定。

6.3　施工预算

6.3.1　施工预算及其作用

施工预算是施工企业根据施工图纸、施工措施及施工定额编制的建筑安装工程在单位工程或分部工程上的人工、材料、施工机械台班消耗数和直接费标准,是建筑安装产品及企业基层单位成本计划文件。施工预算的作用是:

(1)施工预算是编制施工作业计划的依据。施工作业计划是施工企业计划管理的中心环节,也是计划管理的基础和具体化。编制施工作业计划,必须依据施工预算计算的单位工程或分部分项工程的工程量、构配件、劳力等。

(2)施工预算是施工单位向施工班组签发施工任务单和限额领料单的依据。施工任务单是把施工作业计划落实到班组的计划文件,也是记录班组完成任务情况和结算班组工人工资的凭证。施工任务单的内容可以分为两部分:一部分是下达给班组的工程任务,包括工程名称、工作内容、质量要求、开工和竣工日期、计量单位、工程量、定额指标、计件单价和平均技术等级;第二部分是实际任务完成的情况记载和工资结算,包括实际开工和竣工日期、完成工程量、实用工日数、实际平均技术等级、完成工程的工资额、工人工时记录表和每人工资分配额等。其主要工程量、工日消耗量、材料品种和数量均来自施工预算。

(3)施工预算是计算超额奖和计件工资、实行按劳分配的依据。社会主义应当体现按劳分配的原则,施工预算所确定的人工、材料、机械使用量与工程量的关系是衡量工人劳动成果、计算应得报酬的依据,它把工人的劳动成果与劳动报酬联系起来,很好地体现了多劳多得、少劳少得的按劳分配原则。

(4)施工预算是施工企业进行经济活动分析的依据。进行经济活动分析是企业加强经营管理、提高经济效益的有效手段。经济活动分析,主要是应用施工预算的人工、材料和机械台班数量等与实际消耗量对比,同时与施工图预算的人工、材料和机械台班数量进行对比,分析超支、节约的原因,改进操作技术和管理手段,有效地控制施工中的消耗,节约开支。

6.3.2　施工预算的编制依据

(1)施工图纸。施工图纸和说明书必须是经过建设单位、设计单位和施工单位会审通过的,不能采用未经会审通过的图纸,以免返工。

(2)施工定额及补充定额。包括全国建筑安装工程统一劳动定额和各部委、各地区颁发的专业施工定额。凡是已有施工定额可以参照使用的,应参照施工定额编制施工预算中的人工、材料及机械使用费。在缺乏施工定额作为依据的情况下,可按有关规定自行编制补充定额。

(3)施工组织设计或施工方案。例如土方开挖,应根据施工组织设计,结合具体的工程条件,确定其边坡系数、开挖采用人工还是机械、运土的工具和运输距离等。由施工单位编制详细的施工组织设计,据以确定应采取的施工方法、进度及所需的人工、材料和施工机械,作为编制施工预算的基础。

(4)有关的手册、资料。例如,建筑材料手册,人工、材料、机械台班费用标准等。

6.3.3 施工预算的编制步骤和方法

6.3.3.1 编制步骤

编制施工预算和编制施工图预算的步骤相似。首先应熟悉设计图纸及施工定额,对施工单位的人员、劳力、施工技术等有大致了解,对工程的现场情况、施工方式方法要比较清楚,对施工定额的内容、所包括的范围应了解。为便于与施工图预算相比较,编制施工预算时,应尽可能与施工图预算的分部、分项项目相对应。在计算工程量时所采用的计算单位要与定额的计量单位相适应。具备施工预算所需的资料,并已熟悉了基础资料和施工定额的内容后,就可以按以下步骤编制施工预算:

(1)计算工程实物量。工程实物量的计算是编制施工预算的基本工作,要认真、细致、准确,不得错算、漏算和重算。凡是能够利用施工图预算的工程量,就不必再算,但工程项目、名称和单位一定要符合施工定额。工程量计算完毕经仔细核对无误后,根据施工定额的内容和要求,按工程项目的划分逐项汇总。

(2)套用的施工定额必须与施工图纸的内容相一致。分项工程的名称、规格、计量单位必须与施工定额所列的内容相一致,逐项计算分部分项工程所需人工、材料、机械台班使用量。

(3)工料分析和汇总。有了工程量后,按照工程的分项名称顺序,套用施工定额的单位人工、材料和机械台班消耗量,逐一计算出各个工程项目的人工、材料和机械台班的用工用料量,最后将同类项目工料相加予以汇总,便成为一个完整的分部分项工料汇总表。

(4)编写编制说明。编制说明包括的内容有:编制依据,包括采用的图纸名称及编号,采用的施工定额、施工组织设计或施工方案,遗留项目或暂停项目的原因,存在的问题及处理的方法等。

6.3.3.2 编制方法

编制施工预算有两种方法,一是实物法,二是实物金额法。

实物法的应用比较普遍。它是根据施工图和说明书按照劳动定额或施工定额规定计算工程量,汇总、分析人工和材料数量,向施工班组签发施工任务单和限额领料单。实行班组核算,与施工图预算的人工和主要材料进行对比,分析超支、节约原因,以加强企业管理。

实物金额法即将根据实物法编制的施工预算的人工和材料数量分别乘以人工和材料单价,算得直接费,或根据施工定额规定计算工程量,套用施工定额单价,计算直接费。其实物量只用于向施工班组签发施工任务单和限额领料单,实行班组核算。将直接费与施工图预算的直接费进行对比,以改进企业管理。

6.4 工程结算、竣工决算

工程竣工后,要及时组织验收工作,尽快交付投产,这是基本建设程序的重要内容。施工企业要按照双方签订的工程合同,根据现场施工记录、设计变更通知书,在原定合同预算的基础上编制竣工结算书,向建设单位并通过银行结算工程价款。建设单位应组织编写竣工决算报告,它的作用主要是反映基本建设实际投资额及其投资效果,作为核定新增固定资产价值和流动资金价值、国家或主管部门验收小组验收与交付使用的重要财务成本依据。竣工结算是编制竣工决算的基础。

6.4.1 工程结算

工程结算是承包施工单位完成工程任务后,经验收合格,按照合同规定条件向建设单位办理工程款的过程,通常通过编制竣工结算书来办理。

单位工程或工程项目竣工验收后,施工单位应该及时整理有关技术资料,绘制主要工程竣工图,编制竣工结算书,经监理工程师、建设单位、开户银行审查鉴证后办理竣工结算,竣工结算是本项工程最后一次工程价款结算。竣工结算是建设单位落实投资额,拟付工程价款的依据,是施工单位确定工程建筑安装施工产值和实物工程完成情况的依据,是确定工程的最终收入、进行经济核算及考核工程成本的依据。因此,建设单位和施工单位均应给予足够的重视。

6.4.1.1 工程结算的方式

由于水利建设工程产品生产周期长,一般来讲不能等到工程全部竣工后才结算工程价款。

为了使承包单位在施工过程中耗用的资金及时得到补偿,反映工程进度和承包单位的经营成果,加速资金周转,用已完成工程的工程量乘以工程合同单价来计算工程价款,向建设单位办理工程结算手续。

具体的工程结算可以根据实际情况采用按月结算、竣工后一次结算、分段结算等方式。

(1)按月结算,即月中预支、月末结算、竣工后清算的办法。跨年度竣工的工程,在年终应进行工程盘点,办理年终结算。在现行的建筑安装(包括水利)工程中,相当一部分是按月结算的。

(2)竣工后一次结算,即一个单项工程或工程项目全部完成时间在 12 个月以内,或者工程承包合同价值在 140 万元以下,可以实行工程价款每月月中预支、竣工后一次结算的方式。

(3)分段结算,即开工后当年不能竣工的建设项目或单项工程,可以按照工程形象进度,划分不同阶段进行结算,结算阶段的划分可以由承发包双方根据实际情况和工程特点来确定,并在承包合同中写明,也可以根据各主管部门或省、自治区、直辖市、计划单列市的规定执行。

6.4.1.2　工程结算资料

工程结算资料包括：

(1)工程竣工报告及工程竣工验收单。

(2)施工单位与建设单位签订的工程合同或双方协议书。

(3)施工图纸设计变更通知书、现场变更签证及现场记录。

(4)预算定额、材料价格、基础单价及其他费用标准。

(5)其他有关资料。

6.4.1.3　竣工结算的编制

竣工结算的编制内容、工程项目与施工图预算(或工程量清单)基本相同。其编制应根据现场施工情况,对施工图预算(或工程量清单)的主要工程项目进行检查和核对,尤其应核对以下三方面：

(1)施工图预算(或工程量清单)所列工程量与实际完成工程量不符合时应作调整,其中包括：设计修改和增漏项而需要增减的工程量,应根据设计修改通知单进行调整;现场工程更改,例如基础开挖遇到地下障碍物、施工方法发生某些变更等,应根据现场记录按合同规定调整;施工图预算(或工程量清单)发生的某些错误,应作调整。

(2)材料预算价格与实际价格不符时应作调整。其中包括：因材料供应或其他原因,发生材料短缺时,需以大代小、以高代低,这部分代用材料应根据工程材料代用通知单计算材料代用价差进行调整;材料价格发生较大变动而与预算价格不符时,应根据有关规定,对允许调整的进行调整。

(3)间接费和其他费用,应根据工程量的变化作相应的调整。由于管理不善或其他原因,造成窝工、浪费等所发生的费用,应根据有关规定,由承担责任的一方负担,一般不由工程费开支。

办理工程价款竣工结算的一般公式为：

$$竣工结算工程价款 = 预算或合同价款 + 施工过程中预算或合同价款调整数额 -$$
$$预付及已结算工程价款 \tag{6-5}$$

工程竣工结算编好后,送建设单位审查批准,并与建设单位办理工程价款的结算。

6.4.2　竣工决算

工程项目的竣工决算是建设单位向国家汇报建设成果和财务状况的总结性文件,是竣工验收报告的重要组成部分,也是办理交付使用的依据。及时、正确地编制竣工决算报告,对于考核建设项目的投资经济效益、检查竣工项目设计概(预)算和计划执行情况,正确核定新增固定资产、积累技术经济资料,为今后新的工程项目建设积累经验,降低建设成本,提高投资效益具有重要的价值。

6.4.2.1　竣工决算编制的依据

水利工程竣工决算报告编制的依据为：

(1)项目主管部门批准的设计文件、工程概(预)算和修正概算。

(2)经上级计划部门下达的历年基本建设投资计划。

(3)经上级财政主管部门批准的历年基本建设财务决算报告。

（4）工程勘测、设计、施工、材料设备供应等合同（协议）、有关文件和投资包干协议及有关文件。

（5）历年有关的财务、物资、劳动工资、统计等文件。

（6）有关的工程质量检验、鉴定文件资料。

（7）与竣工决算有关的一切文件资料。

决算是建设项目重要的经济档案，内容与数据必须真实可靠。决算的内容和表格格式必须符合主管部门颁发的规程的要求。

6.4.2.2　竣工决算编制的内容

竣工决算的内容是从筹建开始到竣工投产交付使用为止全部实际支出费，即建筑工程费用、安装工程费用、设备与工器具购置费用及其他费用。在正式编制竣工决算报告之前，对建设项目所有财产和投资进行逐项清仓盘点，核实账物。

竣工决算由下面几部分组成：

（1）竣工决算报告的封面及目录。

（2）竣工工程的平面示意图及主体工程照片。

（3）竣工决算报告说明书。竣工决算报告说明书是总结反映竣工工程建设成果和经验，全面考核分析工程投资与造价的书面总结，是竣工决算报告的重要组成部分，其主要内容包括：

①工程概况。包括工程一般情况、建设工程设计效益、主体建筑物特征及主要设备的特征等。

②对工程总的评价。从工程的进度、质量、安全、造价等几方面加以说明。进度：说明具体的开工和竣工的时间，对照合理工期要求，给出提前还是延期的分析结论。质量：说明工程质量验收评定等级、合格率和优良品率。安全：说明整个建设期间有无人员伤亡和设备事故的情况。造价：通过竣工决算，确定最终工程造价。

③概预算与工程计划执行情况。包括概预算批复及调整情况，概预算执行情况，工程计划执行情况，主要实物工程量完成、变动情况及原因。

④投资来源：包括投资主体、投资性质及投资构成分析。

⑤投资使用和基建支出情况。

⑥工程效益：包括因工程建设发生的直接效益和可预见的间接效益。

⑦投资包干和招投标的执行情况及分析。

⑧包干结余资金分配情况。

⑨工程费用分配情况和投资分摊情况。

⑩交付使用财产情况。

⑪财务管理情况。

⑫移民及库区淹没处理情况。

⑬存在的主要问题及处理意见

⑭其他有关说明，如工程建设的经验教训及有待解决的问题。

（4）竣工决算报表。

竣工决算报表采用国家统一规定的水利工程项目的竣工决算报表，共分四部分：

①竣工工程概况表。主要反映建设项目新增生产的能力、建设时间、完成的主要工程量、主要材料消耗、主要技术经济指标、建设投资及造价、工程质量鉴定等,根据水利工程的不同类型有水库、水闸渠道、机电排灌、河道整治等竣工工程概况表。

②竣工工程决算表。该类表反映竣工建设项目的投资、造价及移交生产单位财产总值,考核概算的执行情况。

③移交资产、投资及转出工程明细表。反映建设项目竣工后,交付使用固定资产和流动资产的详细内容与价值,使用单位据此建立财产明细表。

④竣工工程财务决算表。反映建设项目的资金来源和运作,投资支出、结余资金及临时建筑回收等综合财务状况。

复习思考题

6-1　投资估算、施工图预算、施工预算及决算分别用于工程建设的哪一阶段？相互之间有何联系和区别？

6-2　投资估算编制的依据有哪些？如何进行编制？

6-3　招标控制价编制的依据有哪些？如何进行编制？

6-4　施工预算编制的依据有哪些？如何进行编制？

6-5　竣工决算编制的依据有哪些？如何进行编制？

第 7 章　水利工程工程量清单及计价

工程量清单是表现招标工程的建筑工程项目、安装工程项目、措施项目、其他项目、零星工作项目、预留金的名称和相应数量的明细清单。其中措施项目是为完成工程项目施工，发生于该工程施工前和施工过程中招标人不要求列示工程量的施工措施项目；其他项目是为完成工程项目施工，发生于该工程施工过程中招标人要求计列的费用项目；零星工作项目（或称"计日工"）是完成招标人提出的零星工作项目所需的人工、材料、机械单价；预留金（或称"暂定金额"）是招标人为暂定项目和可能发生的合同变更而预留的金额。

7.1　工程量清单

7.1.1　一般规定

（1）工程量清单应由具有编制招标文件能力的招标人，或受其委托具有相应资质的中介机构进行编制。

（2）工程量清单应作为招标文件的组成部分。

（3）工程量清单应由分类分项工程量清单、措施项目清单、其他项目清单和零星工作项目清单组成。

7.1.2　分类分项工程量清单

（1）分类分项工程量清单应包括序号、项目编码、项目名称、计量单位、工程数量、主要技术条款编码和备注。

（2）分类分项工程量清单应根据《水利工程工程量清单计价规范》（GB 50501—2007）（以下简称《清单计价规范》）附录 A 和附录 B 规定的项目编码、项目名称、项目主要特征、计量单位、工程量计算规则、主要工作内容和一般适用范围进行编制。

（3）分类分项工程量清单的项目编码，一至九位应按《清单计价规范》附录 A 和附录 B 的规定设置；十至十二位应根据招标工程的工程量清单项目名称由编制人设置，水利建筑工程工程量清单项目自 001 起顺序编码，水利安装工程工程量清单项目自 000 起顺序编码。

（4）分类分项工程量清单的项目名称应按下列规定确定：

①项目名称应按《清单计价规范》附录 A 和附录 B 的项目名称及项目主要特征并结合招标工程的实际确定。

②编制工程量清单，出现《清单计价规范》附录 A、附录 B 中未包括的项目时，编制人可作补充。

（5）分类分项工程量清单的计量单位应按《清单计价规范》附录 A 和附录 B 中规定

的计量单位确定。

（6）工程数量应按下列规定进行计算：

①工程数量应按《清单计价规范》附录 A 和附录 B 中规定的工程量计算规则及相关条款说明计算。

②工程数量的有效位数应遵守下列规定：

以"立方米""平方米""米""千克""个""项""根""块""台""组""面""只""相""站""孔""束"为单位的，应取整数；以"吨""千米"为单位的，应保留小数点后 2 位数字，第 3 位数字四舍五入。

7.1.3　措施项目清单

（1）措施项目清单，应根据招标工程的具体情况，参照表 7-1 中项目列项。

表 7-1　措施项目一览表

序号	项目名称
1	环境保护
2	文明施工
3	安全防护措施
4	小型临时工程
5	施工企业进退场费
6	大型施工设备安拆费
…	……

（2）编制措施项目清单，出现表 7-1 中未列项目时，根据招标工程的规模、涵盖的内容等具体情况，编制人可作补充。

7.1.4　其他项目清单

其他项目清单，暂列预留金一项，根据招标工程具体情况，编制人可作补充。

7.1.5　零星工作项目清单

编制人应根据招标工程具体情况，对工程实施过程中可能发生的变更或新增加的零星项目，列出人工（按工种）、材料（按名称和型号规格）、机械（按名称和型号规格）的计量单位，并随工程量清单发至投标人。

7.1.6　工程量清单格式

工程量清单应采用统一格式，工程量清单格式见本书附录 C。

7.1.6.1　工程量清单组成

工程量清单应由下列内容组成：

（1）封面。

（2）总说明。

(3)分类分项工程量清单。

(4)措施项目清单。

(5)其他项目清单。

(6)零星工作项目清单。

(7)其他辅助表格。

①招标人供应材料价格表;

②招标人提供施工设备表;

③招标人提供施工设施表。

7.1.6.2　工程量清单填写

工程量清单的填写应符合下列规定:

(1)工程量清单应由招标人编制。

(2)工程量清单中的任何内容不得随意删除或涂改。

(3)工程量清单中所有要求盖章、签字的地方,必须由规定的单位和人员盖章、签字(其中法定代表人也可由其授权委托的代理人签字、盖章)。

(4)总说明填写。

①招标工程概况;

②工程招标范围;

③招标人供应的材料、施工设备、施工设施简要说明;

④其他需要说明的问题。

(5)分类分项工程量清单填写:

①项目编码,按《清单计价规范》规定填写,水利建筑工程工程量清单项目中,十至十二位由编制人自001起顺序编码;水利安装工程工程量清单项目中,十至十二位由编制人自000起顺序编码。

②项目名称,根据招标项目规模和范围、《清单计价规范》附录A和附录B的项目名称,参照行业有关规定,并结合工程实际情况设置。

③计量单位的选用和工程量的计算应符合《清单计价规范》附录A和附录B的规定。

④主要技术条款编码,按招标文件中相应技术条款的编码填写。

(6)措施项目清单填写:

按招标文件确定的措施项目名称填写。凡能列出工程数量的措施项目,均应列入分类分项工程量清单。

(7)其他项目清单填写:

按招标文件确定的其他项目名称、金额填写。

(8)零星工作项目清单填写:

①名称及型号规格:人工按工种,材料和机械按名称和型号规格,分别填写。

②计量单位:人工以工日或工时,材料以吨、立方米等,机械以台时或台班,分别填写。

(9)招标人供应材料价格表填写:

按表中材料名称、型号规格、计量单位和供应价填写,并在供应条件和备注栏内说明材料供应的边界条件。

（10）招标人提供施工设备表填写：

　　按表中设备名称、型号规格、设备状况、设备所在地点、计量单位、数量和折旧费填写，并在备注栏内说明对投标人使用施工设备的要求。

　　（11）招标人提供施工设施表填写：

　　按表中项目名称、计量单位和数量填写，并在备注栏内说明对投标人使用施工设施的要求。

7.2　工程量清单计价

　　实行工程量清单计价招标投标的水利工程，其招标标底、投标报价的编制，合同价款的确定与调整，以及工程价款的结算，均应按《清单计价规范》执行。

7.2.1　一般规定

　　工程量清单计价应包括按招标文件规定完成工程量清单所列项目的全部费用，包括分类分项工程费、措施项目费和其他项目费。

　　（1）分类分项工程量清单计价应采用工程单价计价。

　　（2）分类分项工程量清单的工程单价，应根据规范规定的工程单价组成内容，按招标设计文件、图纸、《清单计价规范》附录 A 和附录 B 中的"主要工作内容"确定，除另有规定外，对有效工程量以外的超挖、超填工程量，施工附加量，加工、运输损耗量等，所消耗的人工、材料和机械费用，均应摊入相应有效工程量的工程单价之内。

　　（3）措施项目清单的金额，应根据招标文件的要求及工程的施工方案，以每一项措施项目为单位，按项计价。

　　（4）其他项目清单由招标人按估算金额确定。

　　（5）零星工作项目清单的单价由投标人确定。

　　（6）按照招标文件的规定，根据招标项目涵盖的内容，投标人一般应编制以下基础单价，作为编制分类分项工程单价的依据。

　　①人工费单价；

　　②主要材料预算价格；

　　③电、风、水单价；

　　④砂石料单价；

　　⑤块石、料石单价；

　　⑥混凝土配合比材料费；

　　⑦施工机械台时（班）费。

　　（7）投标报价应根据招标文件中的工程量清单和有关要求、施工现场情况，以及拟定的施工方案，依据企业定额，按市场价格进行编制。

　　（8）工程量清单的合同结算工程量，除另有约定外，应按《清单计价规范》及合同文件约定的有效工程量进行计算。合同履行过程中需要变更工程单价时，按《清单计价规范》和合同约定的变更处理程序办理。

7.2.2　工程量清单报价表

工程量清单计价应采用工程量清单计价统一格式(工程量清单计价格式,见本书附录D),填写工程量清单报价表。

7.2.2.1　组成

工程量清单报价表应由下列内容组成:

(1)封面。

(2)投标总价。

(3)工程项目总价表。

(4)分类分项工程量清单计价表。

(5)措施项目清单计价表。

(6)其他项目清单计价表。

(7)零星工作项目计价表。

(8)工程单价汇总表。

(9)工程单价费(税)率汇总表。

(10)投标人生产电、风、水、砂石基础单价汇总表。

(11)投标人生产混凝土配合比材料费表。

(12)招标人供应材料价格汇总表。

(13)投标人自行采购主要材料预算价格汇总表。

(14)招标人提供施工机械台时(班)费汇总表。

(15)投标人自备施工机械台时(班)费汇总表。

(16)总价项目分类分项工程分解表(表式同分类分项工程量清单计价表)。

(17)工程单价计算表。

7.2.2.2　填写

工程量清单报价表的填写应符合下列规定:

(1)工程量清单报价表的内容应由投标人填写。

(2)投标人不得随意增加、删除或涂改招标人提供的工程量清单中的任何内容。

(3)工程量清单报价表中所有要求盖章、签字的地方,必须由规定的单位和人员盖章、签字(其中法定代表人也可由其授权委托的代理人签字、盖章)。

(4)投标金额(价格)均应以人民币表示。

(5)投标总价应按工程项目总价表合计金额填写。

(6)工程项目总价表填写:

表中一、二级项目名称按招标人提供的招标项目工程量清单中的相应名称填写,并按分类分项工程量清单计价表中相应项目合计金额填写。

(7)分类分项工程量清单计价表填写:

①表中的序号、项目编码、项目名称、计量单位、工程数量、主要技术条款编码,按招标人提供的分类分项工程量清单中的相应内容填写。

②表中列明的所有需要填写的单价和合价,投标人均应填写;未填写的单价和合价,

视为此项费用已包含在工程量清单的其他单价和合价中。

（8）措施项目清单计价表填写：

表中的序号、项目名称，按招标人提供的措施项目清单中的相应内容填写，并填写相应措施项目的金额和合计金额。

（9）其他项目清单计价表填写：

表中的序号、项目名称、金额，按招标人提供的其他项目清单中的相应内容填写。

（10）零星工作项目计价表填写：

表中的序号、人工、材料、机械的名称、型号规格及计量单位，按招标人提供的零星工作项目清单中的相应内容填写，并填写相应项目单价。

（11）辅助表格填写：

①工程单价汇总表，按工程单价计算表中的相应内容、价格（费率）填写。

②工程单价费（税）率汇总表，按工程单价计算表中的相应费（税）率填写。

③投标人生产电、风、水、砂石基础单价汇总表，按基础单价分析计算成果的相应内容、价格填写，并附相应基础单价的分析计算书。

④投标人生产混凝土配合比材料费表，按表中工程部位、混凝土和水泥强度等级、级配、水灰比、坍落度、相应材料用量和单价填写，填写的单价必须与工程单价计算表中采用的相应混凝土材料单价一致。

⑤招标人供应材料价格汇总表，按招标人供应的材料名称、型号规格、计量单位和供应价填写，并填写经分析计算后的相应材料预算价格，填写的预算价格必须与工程单价计算表中采用的相应材料预算价格一致。

⑥投标人自行采购主要材料预算价格汇总表，按表中的序号、材料名称、型号规格、计量单位和预算价填写，填写的预算价必须与工程单价计算表中采用的相应材料预算价格一致。

⑦招标人提供施工机械台时（班）费汇总表，按招标人提供的机械名称、型号规格和招标人收取的台时（班）折旧费填写；投标人填写的台时（班）费用合计金额必须与工程单价计算表中相应的施工机械台时（班）费单价一致。

⑧投标人自备施工机械台时（班）费汇总表，按表中的序号、机械名称、型号规格、一类费用和二类费用填写，填写的台时（班）费合计金额必须与工程单价计算表中相应的施工机械台时（班）费单价一致。

⑨工程单价计算表，按表中的施工方法、序号、名称、型号规格、计量单位、数量、单价、合价填写，填写的人工、材料和机械等基础价格，必须与基础材料单价汇总表、主要材料预算价格汇总表及施工机械台时（班）费汇总表中的单价相一致，填写的施工管理费、企业利润和税金等费（税）率必须与工程单价费（税）率汇总表中的费（税）率相一致。凡投标金额小于投标总报价万分之五及以下的工程项目，投标人可不编报工程单价计算表。

总价项目一般不再分设分类分项工程项目，若招标人要求投标人填写总价项目分类分项工程分解表，其表式同分类分项工程量清单计价表。

工程量清单计价格式应随招标文件发至投标人。

复习思考题

7-1　水利工程工程量清单一般由哪些内容组成？

7-2　水利工程工程量清单根据哪些要求进行编制？

7-3　水利工程分类分项工程量清单的项目名称应按哪些规定确定？

7-4　水利工程工程量清单中工程数量应按哪些规定进行计算？

7-5　水利工程工程量清单应由哪些内容组成？

7-6　水利工程工程量清单报价表应由哪些内容组成？

第 8 章　水利水电工程招标与投标

8.1　水利水电工程施工招标

8.1.1　招标的基本概念

招标是市场经济的产物,是目前国内广泛采用的工程建设任务委托或被委托的交易方式。所谓招标,是招标人(业主或发包人)就拟建工程准备招标文件,发布招标广告或信函以吸引或邀请投标人(潜在承包商)来购买招标文件进行投标,通过评标择优选择承包商,并与之签订施工承包合同的过程。所谓投标,是投标人根据业主的招标条件,以递交投标文件的形式争取承包工程项目的过程。

在我国社会主义市场经济条件下推行工程项目招标投标制,其目的是保证工程质量,降低工程造价,控制工期,提高经济效益,健全建筑市场竞争机制。

自 1984 年国家计委、城乡建设环境保护部联合下发《建设工程招标投标暂行规定》以来,我国工程建设项目开始推行招标投标制度,但当初由于配套规则及法律法规体系不完善,且计划经济体制下招标投标意识不强,各地工程项目的招标投标制度未真正得到贯彻实施。

1994 年 12 月,建设部、国家体改委再次发出《全面深化建筑市场体制改革的意见》,强调了建筑市场管理环境的治理,明确提出大力推行招标投标制度,强化市场竞争机制。根据建设部、国家体改委此次发文,全国各省、直辖市、自治区才纷纷制订各地详细细则,招标投标制度才得以真正开始推行。

自 1999 年起,我国招标投标制度发生了重大转折,第一次以法律形式对招标投标有关条款作了明确规定,另外对招标及评标有关细则作了进一步规范,大量采用了国际惯例及通用做法。首先是 1999 年 3 月 15 日全国人大通过了《中华人民共和国合同法》,并于同年 10 月 1 日起生效实施;其次是 1999 年 8 月 30 日全国人大常委会通过了《中华人民共和国招标投标法》(简称《招标投标法》),于 2000 年 1 月 1 日起实行。2000 年以后,国家计委先后颁布了《工程建设项目招标范围和规模标准规定》《工程建设项目自行招标试行办法》《招标公告发布暂行办法》《评标委员会和评标方法暂行规定》等。2001 年 10 月 29 日水利部以第 14 号令发布了《水利工程建设项目招标投标管理规定》,自 2002 年 1 月 1 日起施行。众多法律法规的颁布实施也表明了国家坚定不移地推行工程招标投标制度及规范建筑工程市场的决心,以及逐步同国际建筑市场接轨的良好愿望。

随着我国建设管理体制的改革、科学技术的进步、施工装备水平的提高、国外先进技术的引进,以及我国很多大中型水利水电工程的建设和投入运行,积累了极其丰富的施工技术经验,提供了新的科学数据。再加上近几年来,原颁布的许多国家与行业标准及规程规范的修订再版,迫切需要更新原范本的技术条款内容,以适应当前水利水电工程建设发展的需要。

目前,在新的施工合同示范文本未出台前,一般使用水利部《水利水电工程标准施工招标文件》(2009 年版)及《水利水电工程标准施工招标文件技术标准和要求(合同技术条款)》(2009 年版)。

按《招标投标法》规定,凡在中华人民共和国境内进行下列工程项目建设,包括项目的勘察、设计、施工、监理及与工程建设有关的重要设备、材料等的采购,必须进行招标:

(1)大型基础设施、公共事业等关系社会公共利益、公共安全的项目。

(2)全部或者部分使用国有资金投资或国家融资的项目。

(3)使用国际组织或者外国政府贷款、援助资金的项目。

8.1.1.1　工程项目建设招标的类型

《招标投标法》第三条规定:在中华人民共和国境内进行下列工程建设项目,包括项目的勘察、设计、施工、监理及与工程建设有关的重要设备、材料等的采购,必须进行招标。据此,工程项目建设招标有全过程招标、勘察设计招标、工程施工招标等几种类型。

1. 全过程招标

全过程招标是指从项目建议书开始,到包括勘察设计、设备材料采购、工程施工、设备安装与调试、生产准备、试运行,直至竣工投产与交付使用在内的整个项目建设过程实行全面招标,即通常所说的"交钥匙工程"招标。

2. 勘察设计招标

勘察设计招标是招标人通过招标的方式选择承包工程项目勘察设计工作的承包商。它有利于使设计技术和成果作为有价值的技术商品进入建筑市场。

3. 材料、设备招标

材料、设备招标是招标人通过招标的方式选择承包材料、设备的供应及设备安装调试的供应商。这样可以做到货比三家,择优选购材料和设备。

4. 工程施工招标

工程施工招标是指工程项目的初步设计或施工图设计完成后,用招标的方式选择施工单位。工程施工招标,可将整个工程作为一个整体一次发包,也可把全部工程分解成若干个单项工程、单位工程或特殊专业工程进行发包。

5. 监理招标

监理招标是指由招标人通过招标方式择优选择工程监理单位。《水利工程建设监理规定》规定:项目法人应通过招标方式择优选定监理单位,并报上级水行政主管部门备案。业主在以前一般都是采用议标的方式将监理任务委托给较熟悉的监理单位。近几年来,业主也逐步开始按《招标投标法》的规定,采用招标的方式选择监理单位。

8.1.1.2　工程项目建设招标的作用

工程项目建设招标的作用有:

(1)促使建设单位(业主)重视并做好建设前期工作,做好征地、设计、资源准备和资金的筹集等工作。

(2)有利于降低项目成本,提高资金的使用效益,明确双方的经济责任和法律责任,减少一再追加投资的现象。

（3）减少经济纠纷。业主与承包商通过签订合同明确规定了双方的权利和义务，以及违约赔偿的办法，有利于设备如期交货，工程按时竣工。

（4）促使施工企业励精图治，改善与改革生产经营管理，在竞争中求生存和发展，重视经济效益和社会效益，提高工程质量，缩短工期，降低成本，提高劳动生产率。

8.1.1.3　工程施工招标的分类

目前建设工程项目招标采用以下不同的方式。

1. 按工程承包的范围分

（1）建设项目总承包招标。这种招标又可分两种类型：一种是工程项目建设实施阶段的招标，其是在初步设计已经完成，建设项目已获得批准，就工程项目的施工进行招标；另一种是项目全过程的招标，指从项目的可行性研究开始到交付使用实行全面招标，包括可行性研究、勘察设计、材料和设备采购、工程施工、生产准备、竣工投产交付使用、工程使用过程保养等。

（2）单项或单位工程承包招标。这种招标是把整个工程分成若干单项或单位工程分别进行招标。

（3）专业工程承包招标。它是指在工程承包招标中，对其中某些比较复杂或专业性强，或施工和制作有特殊要求的子项工程单独进行招标。

2. 按国界分

按招标的国界可分为国际招标和国内招标两种。

（1）国际招标。国际招标即是在世界范围内发布招标通告，经过招标挑选世界上技术水平高、实力雄厚、信誉好的承包商来参加工程建设。

（2）国内招标。它是在本国范围内的招标。我国目前除利用外资的项目外，其他大部分是国内招标。

3. 按照发包范围分

按照发包范围可分为包工包料、部分包工包料、包工不包料等三种。

4. 按照计价方式分

按照计价方式可分为固定总价发包、固定单价发包、固定费加一定比率发包、固定费加酬金发包等四种。

8.1.2　工程施工的招标方式

8.1.2.1　公开招标

公开招标也叫竞争性招标。这种招标方式是由业主在国内外主要报纸或有关刊物上刊登招标广告，凡对此招标建设项目有兴趣的承包商均有同等的机会购买资格预审文件，并参加资格预审，预审合格后均可购买招标文件进行投标。

8.1.2.2　邀请招标

邀请招标又称有限竞争性招标。这种招标方式一般不在报刊上刊登招标广告，而是业主根据自己的经验和所掌握的有关承包商的资料信息，对那些被认为是有能力，而且信誉好的承包商发出邀请，请他们来参加投标。一般邀请 5～10 家为宜，不能少于 3 家，因为投标者太少则缺乏竞争力。邀请招标的优点是被邀请的承包商大都有经验,技术、资金、信誉等均可靠。缺点则可能漏掉一些在技术上、报价上有竞争力的承包商。

8.1.3　工程施工招标的条件及程序

8.1.3.1　工程施工招标应具备的基本条件

(1)有经过审批机关批准的设计文件和概算或预算,并已列入国家、地方的年度投资计划。

(2)建设用地已经征用,具备合同规定的开工条件。

(3)招标文件、标底的编制工作已完成。

(4)建设资金已经落实。

(5)已在相应的水利质量监督机构办理好监督手续。

(6)施工招标申请书已获上级招标投标管理机构批准。

8.1.3.2　建设项目的招标程序

建设项目的招标程序一般可分为三个阶段:

(1)招标准备阶段。其内容有落实招标条件,申请招标,组建招标机构或委托咨询公司承办,制订招标计划,确立招标范围、招标方式和招标工作进程,编制招标文件,编制标底等。

(2)招标实施阶段。建设单位在编制出招标文件后,即可开始招标工作。招标实施阶段的第一项工作为发布招标通告或发邀请书,然后对投标人进行资格预审,发售招标文件,组织人员现场考察,召开标前会议,让投标人充分了解现场自然条件和工程现有资料。

(3)决标阶段。接收投标文件,并由建设单位主持开标,业主、监理工程师和有关专家组成评标组,从技术、商务等方面对所有的投标者逐一进行评议,最后确定中标者,并与中标者进行合同谈判,签署委托合同。

施工招标程序如图8-1所示。

8.1.4　工程施工招标文件的内容

工程分标后,每一个标应单独编制招标文件,根据每一标段的实际情况选定合理的施工方案和有关定额,编制施工方案、施工进度计划和计算标底。

招标文件包括下列格式与内容:

第一卷　商务文件

1　投标邀请书(分已进行资格预审和未进行资格预审两种格式)

2　投标须知

2.1　总则(包括招标范围、资金来源、投标人的资格、投标费用、保密条款等)

2.2　招标文件(包括招标文件的组成、答疑与修改)

2.3　投标文件的编制(包括投标文件的组成、投标报价、投标文件有效期、投标保证金等)

2.4　投标文件的提交(包括投标文件的密封和标记、投标截止时间等)

2.5　开标和评标(包括开标、投标文件的澄清,投标文件的检查和响应性评定,算术

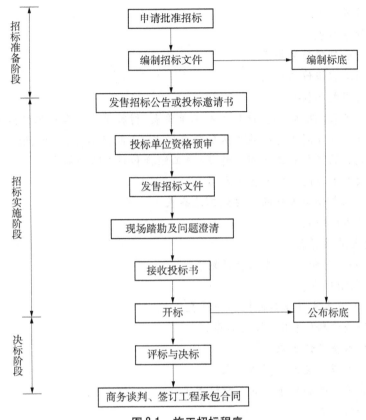

图 8-1 施工招标程序

错误的改正,投标文件的评比等)

2.6 决标、中标通知和签订合同(包括决标、重新招标和招标中止、中标通知、履约担保、联合体注册证明、签订合同等)

3 合同条款(包括通用合同条款和专用合同条款两部分)

4 协议书、履约担保证件和工程预付款保函

4.1 协议书

4.2 履约保函

4.3 履约担保书

4.4 工程预付款保函

5 投标报价书、投标保函和授权委托书

5.1 投标报价书

5.2 投标保函

5.3 授权委托书

6 工程量清单

6.1 说明

6.2 工程量清单的项目分组和报价汇总

6.3 工程量清单格式(包括分组工程量清单和投标报价汇总表两种表格)

7　投标辅助资料

7.1　单价分析表

7.2　总价承包项目分解表

7.3　分组工程报价组成表

7.4　价格指数和权重表

7.5　计日工表（包括总则、计日工人工单价表、材料单价表和施工机械台时费表）

7.6　拟投入本合同工作的施工队伍简要情况表（包括名称、地址、通信代码、组织机构、最近五年完成的工程施工合同工作量、施工经验和施工队伍简介）

7.7　拟投入本合同工作的主要人员表

7.8　拟投入本合同工作的主要施工设备表

7.9　劳动力计划表

7.10　资金流估算表

7.11　主要材料和水、电需用量计划表

7.12　分包情况表

7.13　施工技术文件及其他投标资料表

8　资格审查资料（适用于资格后审）

8.1　投标人基本情况表

8.2　近期完成的类似工程情况表

8.3　正在施工的和新承接的工程情况表

8.4　财务状况表

第二卷　技术条款

第三卷　招标图纸（由发包人委托的招标设计单位提供）

施工招标文件主要包括：投标邀请书、投标须知、合同条件、技术条款、设计图纸、工程量表、投标书和投标保函、补充资料表、合同协议书、各类证明文件等。现就其主要内容分述如下。

8.1.4.1　投标邀请书

投标邀请书应说明业主单位和招标的性质、资金来源、工程概况、分标情况、主要工程量清单和工期要求等，承包商对工程所需提供的服务项目，如施工设备、器材、材料的采购等，发售招标文件的时间、地点、售价，投标书送交地点、份数和截止时间，提交投标保证金的时间，开标的日期、时间和地点，现场勘察和召开标前会议的时间和地点。

8.1.4.2　投标须知

投标须知是指投标者正确编制投标文件必须注意的事项，它告诉投标者应遵守的各项规定，以及编制标书和投标时所应注意考虑的问题，一般应包括下列内容：

（1）招标工程的名称，地理位置，主要建筑物的名称、尺寸、工程量，工程分标情况，本合同的范围、资金来源、工期要求等。

（2）承包方式，是属于总价承包，还是单价承包或其他承包方式。

（3）组织投标者到现场勘察、召开标前会议的时间、地点及有关事项。

（4）填写投标书的注意事项。

(5)投标保证金。说明投标保证书(银行保函)的金额和有效期,业主可以接受的开出保函银行,保函金额不足者将被认为是废标,还应注明未中标者的投标保函将在对中标者发出接受其标书的通知多少天内或开标后多少天内退还给投标人。

(6)投标文件的递送。

8.1.4.3　合同条件

合同条件也称合同条款,它主要是阐明在合同执行过程中,合同双方当事人的职责范围、权利、义务及风险的履行,合同的生效、变更、解除、终止,争议的解决(参照《水利水电工程施工合同技术条款》)。

8.1.4.4　技术条款

技术条款,又称技术规范。它规定了工程项目的技术要求,也是施工过程中承包商控制质量和监理工程师进行监督验收的主要依据(参照《水利水电工程施工合同技术条款》)。

8.1.4.5　设计图纸

设计图纸、技术资料和设计说明是投标者在拟定施工方案,确定施工方法及提出替代方案,计算投标报价必不可少的资料。

8.1.4.6　工程量报价表

工程量报价表是对合同规定要求施工工程的全部项目内容,按工程部位、性质等列在一系列表内,每个表中既有工程部位需实施的各个子项目,又有每个子项目的工程量和计价要求,以及每个项目报价和总报价等要求。

8.1.4.7　投标书和投标保证书

投标书是由投标单位充分授权的代表签署的一份投标文件。投标书是对业主和承包商双方均有约束力的合同的一个重要组成部分。

投标保证书,或称投标保函,可分为银行提供的投标保函和担保公司、证券公司或保险公司提供的担保书两种格式。

8.1.4.8　补充资料表

补充资料是招标文件的一个组成部分,其目的是通过填写在编制招标文件时统一拟定好的各类表格,得到所需要的相当完整的信息。通过这些信息可以了解投标者的各种安排和要求,便于在评标时进行比较,在工程实施过程中又便于业主安排资金计划,计算价格调整等。例如,单价分析表、合同付款计划表、主要施工设备表、主要人员表、分工情况表、施工进度计划及附图、劳动力计划表、临时设施布置等。

8.1.4.9　合同协议书

合同协议书常由业主在招标文件中拟好具体的格式和内容,然后在中标者与业主谈判达成一致协议后签署。

8.1.4.10　履约担保

履约担保有效期自发包人与承包人签订的合同生效之日起至发包人签发合同工程完工证书之日止。

在担保有效期内,因承包人违反合同约定的义务给建设方造成经济损失时,担保银行在收到建设方以书面形式提出的在担保金额内的赔偿要求后,无条件地在7天内予以支付。

8.1.5　工程施工招标资格预审

8.1.5.1　资格预审的目的

通常公开招标采用资格预审,只有资格预审合格的施工单位才准许参加投标;不采用资格预审的公开招标应进行资格后审,即在开标后进行资格审查。通过资格预审可以达到下列目的:

(1)了解投标人的财务状况、技术力量及类似本工程的施工经验,为招标人选择优秀的承包人打下良好的基础;

(2)淘汰不合格的投标人,排除将合同授予不合格的投标人的风险;

(3)减少评标阶段的工作时间,减少评标费用;

(4)避免不合格的投标人增加购买招标文件、现场考察和投标的费用。

8.1.5.2　资格预审通告

资格预审通告应当通过国家指定的报纸、信息网络或者其他媒介发布,邀请有意参加工程投标的承包人申请投标资格预审。

资格预审通告的内容包括:

(1)工程项目名称、建设地点、工程规模、资金来源。

(2)对申请资格预审施工单位的要求。

(3)招标人和招标代理机构(如果采用代理招标形式)名称、工程承包的方式、工程招标的范围、工程计划开工和竣工的时间。

(4)要求投标人就工程的施工、竣工、保修所需的劳务、材料、设备和服务的供应提交资格预审申请书。

(5)获取进一步信息和资格预审文件的办公室名称和地址、负责人姓名、购买资格预审文件的时间和价格。

(6)资格预审申请文件递交的截止日期、地址和负责人姓名。

(7)向所有参加资格预审的投标人发出资格预审通知书的时间。

8.1.5.3　资格预审文件

资格预审文件由招标人组织有关专业人员编制,或委托招标代理机构编制。资格预审文件的主要内容包括下列两个方面。

1. 资格预审须知

资格预审须知应包括以下内容:

(1)总则,包括工程招标人名称、资金来源、工程概况等。

(2)要求投标人提供的资格和证明,主要包括申请人的身份及组织机构、管理和执行本合同所配备主要人员资历和经验、执行本合同拟采用的主要施工机械设备情况、财务状况等。

(3)资格预审通过的强制性标准,如强制性财务、人员、设备、分包、诉讼等。

(4)对联合体提交资格预审申请的要求。

(5)对通过资格预审投标人所建议的分包人的要求。

（6）其他规定,主要包括:递交资格预审文件的份数,送交单位的地址、邮编、电话、传真、负责人、截止日期等。

2. 资格预审申请书的表格

为了让资格预审申请人按统一的格式递交申请书,在资格预审文件中按通过资格预审的条件编制成统一的表格,让申请人填报,以便申请人公平竞争。申请书的表格通常包括申请人表、申请合同表、组织机构表、组织机构框图、财务状况表、公司人员表、施工机械设备表、分包商表、业绩、在建项目表、介入诉讼事件表。

8.1.5.4　资格预审评审

由评标委员会进行资格预审评审工作。评审委员会一般由招标人负责组织,参加人员有:招标人的代表、有关专业技术和财务经济等方面的专家 5 人以上单数。

资格预审评审一般分两个阶段进行。第一阶段审查投标人的申请是否对资格预审文件作出了实质性的响应,只有对资格预审文件作出实质性响应的投标人的申请才有资格进入第二阶段的审查;第二阶段采用百分制评分法,按一定评分标准逐项进行评分,总分高于 60 分的投标人才能通过资格预审。

8.1.5.5　资格后审

对于工期要求紧或不复杂的工程项目,为了争取早日开工,有时招标时不预先进行资格预审,而进行资格后审。

资格后审是在招标文件中加入资格审查的内容,投标人在填报投标文件的同时,按要求填写资格审查资料。评标委员会在正式评标前先对投标人进行资格审查,对资格审查合格的投标人进行评标,对不合格的投标人,不进行评标。

资格后审的内容与资格预审的内容大致相同,主要包括投标人的组织机构、财务状况、人员与设备情况、施工经验等方面。

8.1.6　招标控制价的编制

国有资金投资的工程,招标人编制并公布的招标控制价相当于招标人的采购预算,同时要求其不能超过批准的概算。因此,招标控制价是招标人在工程招标时能接受投标人报价的最高限价。

招标控制价应由具有编制能力的招标人编制,当招标人不具有编制招标控制价的能力时,可委托具有相应资质的工程造价咨询人员编制。

8.1.7　招标投标活动中应遵循的原则

《招标投标法》规定:招标投标活动应当遵循公开、公平、公正和诚实信用的原则。

8.1.7.1　公开原则

要求招标投标活动具有高的透明度,实行招标信息、招标程序公开,即发布招标公告、公开开标、公开中标结果,使每一个投标人获得同等的信息,知悉招标的一切条件和要求。

8.1.7.2　公平原则

要求给予所有投标人平等的机会,使其享有同等的权利,并履行相应的义务,不歧视任何一方。

8.1.7.3　公正原则

要求评标时按事先公布的标准对待所有的投标人。

8.1.7.4　诚实信用原则

这条原则的含义是,招标投标当事人应以诚实、守信的态度行使权利,履行义务,维持双方的利益平衡和社会利益的平衡。要求一方当事人尊重另一方当事人的利益,也要求两方当事人都不得通过自己的活动损害第三人和社会的利益,必须在法律范围内以符合其社会经济目的的方式行使自己的权利。从这一原则出发,《招标投标法》规定了不得规避招标、串通投标、泄露标底、骗取中标、非法律允许的转包合同等诸多义务,要求当事人遵守。

8.2　水利水电工程施工投标

8.2.1　工程投标的基本概念

工程投标是经招标人审查获得投标资格的投标人,按照招标文件,在规定的期限内向招标人填报标书,并争取中标获得工程承包权,达成协议的过程。

社会主义市场经济对投标的要求是诚信守法、公平竞争、创新挖潜、保质增效、规范操作、兴利除弊、和谐共处、协调发展。对承包商来说,参加投标就如同参加一场赛事竞争,因此需要有专门的机构和人员对要投标的全部活动过程加以组织管理。当前市场经济条件下,企业要占领市场首先依靠竞争,而招标投标是市场最普遍、最常见的竞争方式。投标的成败关系到企业的兴衰存亡。这场赛事不仅是比报价的高低,而且是比技术、经验、实力和信誉。特别是我国加入世界贸易组织(WTO)后,在国际承包市场上,越来越多的是技术密集型项目,势必要给承包商带来两方面的挑战:一方面是技术上的挑战,要求承包商具有先进的科学技术,能够完成高、新、尖、难工程;另一方面是管理上的挑战,要求承包商具有现代先进的组织管理水平,能够以合理低价中标,靠管理和索赔获利。

8.2.2　工程施工投标条件及投标程序

8.2.2.1　投标单位应具备的基本条件

(1)必须具有相应经营范围的营业执照,具有法人资格。

(2)取得承建相应工程的企业资质等级证书。

(3)由银行出据的企业资信证明和三年内的资产负债表。

(4)施工企业的业绩证明文件。

8.2.2.2　建设项目的投标程序

投标的过程和招标过程相对应,其一般程序如图8-2所示。

下面分别介绍投标过程中的主要步骤:

(1)资格预审:首先将一般资格预审的有关资料准备齐全,最好全部储存在计算机内,到针对某一个项目填写资格预审调查表时再将有关资料调出来,并加以完善。其次要在填表时加强分析,针对工程特点,下功夫填好重点部位,特别是要反映出公司的施工经

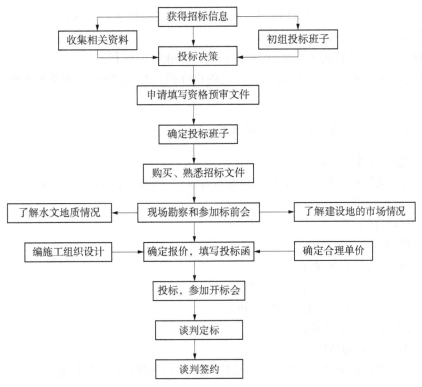

图 8-2　施工投标一般程序

验、施工水平和施工组织能力,这往往是业主考虑的重点。最后在研究确定本公司发展的地区和项目时,注意收集信息,如果有合适的项目,及早动手作资格预审的申请准备。如果发现某个方面的缺陷(如资金、技术水平、经验年限等)不是本公司自身可以解决的,则应考虑寻找适宜的伙伴组成联营体来参加资格预审。

(2)投标前的调查与现场考察:现场考察主要指的是去工地现场进行踏勘,了解工程的性质及与其他工程之间的关系,了解投标的哪一部分工程与其他承包商或分包商之间有关系;了解工地地形、地貌、交通、供电、当地材料价格、水源等情况,了解工地附近有无住宿条件、料场开采条件、设备维修条件等。

(3)选择咨询单位:在投标时,可以考虑选择一个咨询机构,在激烈的公开招标形势下,一些专门的咨询机构拥有经济、技术、法律和管理等各方面的专家,经常搜集、积累各种资料、信息,因而能比较全面而又比较快地为投标者提供进行决策所需要的资料。特别是投标者到一个新的地区去投标时,如能选择一个理想的咨询机构,为你提供情报、出谋划策以至协助编制投标书等,将会大大提高中标机会。

(4)分析招标文件,校核工程量,编制施工规划。

(5)报价的计算。投标报价计算包括定额分析、单价分析,计算工程成本,确定利润方针,最后确定标价。

(6)编制投标文件:编制投标文件有时也叫填写投标书,或是编制报价书。投标文件应完全按照招标文件中的各项要求编制。应做到以下几点:

①充分理解招标文件和项目法人(或建设单位)对投标者的要求;

②弄清工程性质、规模和质量标准;

③确定本企业各种定额水平,单价中应计入企业应得的利润。

(7)递送投标文件:是指投标商在规定的投标截止日期之前,将准备妥的所有投标文件密封递送到招标单位的行为。

8.2.3　工程施工投标文件的内容和格式

8.2.3.1　投标文件的内容

投标人应按招标文件规定的内容编制投标文件,投标文件的内容一般包括:

(1)投标报价书;

(2)投标保函;

(3)授权委托书;

(4)已标价的工程量清单;

(5)投标辅助资料(投标须知中规定);

(6)资格审查资料(适用于资格后审);

(7)施工组织设计和图纸。

8.2.3.2　投标文件的格式

投标人应按招标文件规定的格式编制投标文件。招标文件中未规定的,投标文件的格式可参考《水利水电工程施工合同技术条款》。

8.2.4　投标报价的组成和报价的编制

8.2.4.1　报价的主要依据

(1)招标文件、设计图纸;

(2)施工组织设计;

(3)施工规范;

(4)国家、部门、地方或企业定额;

(5)国家、部门或地方颁发的各种费用标准;

(6)工程材料、设备的价格及运费;

(7)劳务工资标准;

(8)当地生活物资价格水平。

8.2.4.2　投标报价的组成

投标报价是承包商采取投标方式承揽工程项目时,确定的承包该项工程所要的总价。业主常把承包商的报价作为选择中标者的主要依据,报价是投标者投标的核心,报价过高会失去中标机会,而报价过低虽易得标,但会给承包工程带来亏本的风险。

一般工程投标报价费用的基本组成见图8-3,不同工程项目可能有差别,要注意的是不要漏掉项目或重复计算,以免造成不应有的损失。

(1)直接费。它一般包括:①人工费;②材料费;③永久设备费;④施工机械使用费;⑤分包费。其中人工费一般由劳动工时消耗乘以当时当地劳动力单价确定,材料、永久设

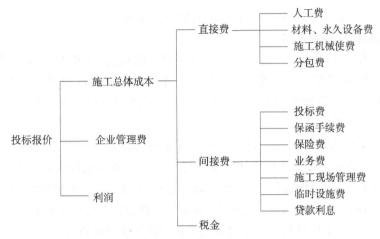

图 8-3　投标报价的组成

备均应以到工地价计算,施工机械使用费以台时乘以台时费确定。

（2）间接费。它一般包括:①投标费;②保函手续费,收取保函金额 4% ~6% 的手续费;③保险费;④业务费,代理人佣金、法律顾问费;⑤施工现场管理费,一般约为直接费的 1% ;⑥临时设施费,包括生活、办公、临时用房、水电、道路、通信等;⑦贷款利息。

（3）税金。

（4）企业管理费,也称公司管理费,为总成本的 3% ~5% 。

（5）利润。一般包括利润和风险费两部分。利润随市场变化而变化,一般为 5% ~ 10% ;风险费为工程总成本的 4% ~6% 。

投标报价对招标文件有较高的响应性和完整性,投标人各项单价的分析方法应合理可行,实事求是,施工方法及所选设备应与投标书中施工组织设计相一致,这样可提高单价的可信度与合理性。投标人在计算出总报价后应按照招标文件的要求,认真清晰地填写各项表格。

8.2.4.3　投标报价的计算步骤

投标报价的计算步骤主要分为:

（1）研究招标文件。

（2）现场考虑收集有关基础资料。

（3）复核工程量。

（4）依据施工组织设计确定施工方法,选用现行定额分析计算分项工程直接费。

（5）施工间接费费率确定。在报价中,施工间接费占有一定的比重,要做到合理报价应分析本企业和工程条件的实际情况,并科学地确定本企业的间接费开支水平。

（6）预期利润的确定。我国建筑业实行低利润率政策,现行水利工程利润率仅为 7% ,但在实行招标承包制的条件下,为了鼓励竞争,企业在投标报价时,应允许采取有适当弹性的利润率。为了争取中标,预期利润取小于 7% ,还是大于 7% ,投标企业应根据企业条件和工程条件等因素自主作出决策。

（7）确定基础标价。将分别确定的直接费、间接费及预期利润汇总,即得出造价,汇总后须进行检查,必要时加以适当调整,最后形成基础标价。

8.2.4.4　投标报价编制方法

编制报价的主要依据有:招标文件及有关设计图纸、施工组织设计文件、企业定额(如无企业定额,则可参照国家或地方主管部门颁发的水利定额和有关标准资料)、现场踏勘和咨询收集的工程所在地的主要材料价格和次要材料价格、以往类似工程报价或实际完成价格的参考资料。

投标报价编制方法与标底编制方法基本相同,编制时应注意以下问题:

(1)人工费单价。人工费单价计算不但要参照现行概算编制规定的人工费组成,还要合理结合本企业的具体情况。如果按编制规定计算的人工费单价偏高,为提高投标的竞争力可适当降低,可考虑的降低途径有:各项工资性津贴及附加工资的标准等按调查资料计算,工人年有效工作日和工作小时数按工地实际工作情况进行调整。

(2)施工机械台时费。施工机械台时费与机械来源密切相关,机械设备可以是施工企业已有的和租借的。

①已有的施工机械。其施工机械台时费的计算可参照水利工程施工机械台时费定额和规定进行计算。

②租借的施工机械。对于租借的施工机械,其基本费用是支付给设备租赁公司的租金。编制标价时,往往要加上操作人员的工资、燃料动力费、润滑油费、其他消耗性材料费等。

(3)工程直接费单价编制。按照工程量报价单中各个项目的具体情况,可采用编制标底的几种方法:即定额法、直接填入法。采用定额法计算工程单价时,应根据施工组织设计所确定的施工方法,套用相应水利工程预算定额。

(4)间接费计算。间接费计算时要按施工规划、施工进度、施工要求等确定的现场管理机构设置及人员配置数量,人员工作时间和工资标准,人均所需办公、差旅、通信等费用及上缴公司总部的管理费用等资料,粗略算出间接费费率并与主管部门规定的间接费费率相比较,前者一般不应大于后者。间接费计算既要考虑企业的具体情况,更要注意投标竞争情况,过高的间接费费率,不仅使竞争能力削弱,也表示企业的管理水平较低。

(5)利润、税金。投标人应根据企业状况、施工水平、竞争情况、工作饱满程度等合理确定利润率。税金应按国家规定税率计算。

(6)确定报价。投标报价编制工作基本完成时,造价人员应向投标决策人员汇报工程报价情况供讨论修改和决策。

(7)填写投标报价书。投标总报价确定后,在保持总价不变的前提下,对工程单价进行适当调整,有些单价可以高一些,而另一些单价则低一些。其目的在于:

①在工程量报价单中的某些工程量,经造价或设计人员核对,可能少了,或者某些工程量最后会增加,于是可能在结算时通过提高这些工程项目的单价和利用实际结算工程量的增加来获得额外收入。

②造价人员常用提高先期完工项目的工程单价来增加前期收入,从而缓解承包商的资金压力。

8.2.5　评标、决标与投标报价策略

8.2.5.1　评标与决标

1. 评标

（1）评标组织，通常由业主组织评标委员会负责评标。为保证评标工作的科学性和公正性，评标委员会由业主单位、设计单位、监理单位、投资方、工程建设主管部门的专家组成。评标委员会的成员不代表各自的单位或组织，也不应受任何个人或单位的干扰。

（2）投标文件的审查，主要是指投标文件的符合性审查和投标报价的核对。

审查的内容为：

①投标书是否按要求填写；

②投标书附件有无实质性修改；

③是否按规定的格式和数额提交了投标保证书；

④是否提交了已标价的工程量表；

⑤招标文件要求提交单价分析表时，投标书是否提供；

⑥投标文件是否齐全，并按规定签了名；

⑦是否提出了招标单位无法接受或违背招标文件的保留条件等。

上述内容一般在招标文件的"投标人须知"中作了明确的规定。如果投标文件的内容与招标文件不符或某些特殊要求和保留条件事先未得到招标单位的同意，则这类投标书将被视为废标。

（3）投标者的比较。通过招标文件审查的投标者，就可以参加最后的评比，具有中标的机会，土建项目评比的内容包括：

①价格比较，既要比较总价，也要比较子项目的单价。

②施工方案的比较，即对主体工程施工方法、施工进度、施工机械设备、施工质量保证措施和施工进度等进行评议。

③对该项目主要管理人员及工程技术人员的数量及其经历进行比较。拥有一定数量有资历、有丰富施工经验的管理人员和工程技术人员，是中标的一个重要因素。

④商务、法律条款方面的比较，主要是评判在此方面是否符合招标文件合同条款、支付条件、外汇兑换率条件等方面的要求。

⑤有关优惠条件的比较，包括施工设备赠予、软贷款技术协作、专利转让及雇用当地劳动力条件等。

实际评标常采用综合打分的方法评定各投标单位的分数，供评标委员会推荐中标者。见表7-1。

2. 决标

评标委员会推荐中标者经项目业主批准后即为正式中标者，并由业主向其发出书面通知。中标者接到中标通知后，一般应在15天内与招标人谈判，签订合同，如果借故拖延谈判、签订合同，招标单位有权没收其投标保证金，并取消其中标资格，另定中标者。招标单位也不得借故改变中标单位或拖延签订合同的时间，否则招标者应按投标保证金同样数额赔偿中标者经济损失。

8.2.5.2　投标策略(技巧)

投标策略是指在投标报价中采用什么手法使业主可以接受,而中标后又能获得较多的利润。可将投标策略分为开标前的和开标后的。

1. 开标前的策略

(1)不平衡报价法,是指一个项目的投标报价在总价基本确定后,如何调整内部各个子项目的报价,以期既不影响总报价,又在中标后可以获得较好的经济效益。

(2)多方案报价法。对于某些招标文件,若要求过于苛刻,则可采用多方案报价法对付,即先按原招标文件报一个价,然后再提出对某些条件作些修改可降低报价,报另一个较低的价,以此来吸引业主。

(3)突然降价法。报价是一项保密的工作,市场竞争激烈,对手往往通过各种渠道或手段来刺探情况。因此,在报价时可采用一些迷惑对方的手法。如不打算投标,或准备报高价,表现出无利可图不干等假象,并有意泄露一些情报,而到投标截止前几小时,突然前去投标,并压低报价,使对手措手不及。

(4)优惠条件法。在投标中给业主一些优惠条件,如贷款、垫资、提供材料设备等,解决业主的某些困难,有时这是投标取胜的重要因素。

(5)先亏后盈法。有的承包商为了占领某一地区的建筑市场或对一些大型工程中的第一期工程,不计利润,只求中标。这样在后续工程或第二期工程招标时,凭借经验、临时设施及创立的信誉等因素,比较容易拿到工程,并争取获利。

2. 开标后策略

开标后各承包商的报价已公开,但业主不一定选择最低价中标,经常考虑多种因素确定中标者。若投标者都有利用议标谈判的机会,充分利用竞争手段,就可提高中标机会。在议标中的主要策略有:

(1)降低投标价格。投标价不是中标的唯一因素,但是很重要的因素。在议标中,投标者适时提出降价要求是关键,只有摸清招标者的意图,在得到期望降低标价的暗示后,才能提出降价要求。因为有些国家政府的招标法中规定,已投出的投标书不得改动任何文字,否则投标无效。此外,降低价格要适当,不能损害投标者的利益。

(2)补充投标优惠条件。在议标谈判中,投标者还可以考虑其他许多重要因素,如缩短工期,提高质量,降低支付条件,提出新技术和新工艺方案等,以这些优惠条件争取中标。

【案例8-1】　某工程评标原则、办法、标准。

1. 评标原则

按照平等、公开、公正、合理的原则,从收到的投标书中,对能实质性应答的投标书进行评审。评标委员会根据投标书评审意见和评分标准,对各投标单位进行评分。统计得分最高的投标商即为推荐第一候选投标商,以后按得分高低顺序排列。

2. 评标办法

对满足要求的投标商进行评审,以标价合理,工期适当,施工能力强,企业业绩好、信誉好,施工方案技术措施先进,施工经验丰富为中标条件。评标委员会以记名方式对各投标文件进行评分,最后统计每一位评标委员的评分,按累计得分排列。

3. 评分标准

评分标准见表8-1。

表 8-1　评分标准

序号	评标项目	权重
	总分	100
一	企业信誉及业绩	5
1	信誉	2
	A. 好	2
	B. 一般	1
2	业绩	3
	A. 突出	3
	B. 一般	1
二	施工技术方案	40
1	水利及桥梁工程施工经验	10
	A. 丰富	8～10
	B. 较丰富	4～8
	C. 一般	1～4
	D. 未从事过	0
2	进驻现场技术力量	5
	A. 水利或相关专业高级职称 2 人,中级职称 4 人以上	3～5
	B. 水利或相关专业高级职称 1 人,中级职称 4 人以上	2～3
	C. 水利或相关专业中级职称 4 人以上	1～2
	D. 水利或相关专业中级职称 4 人以下	0
3	进入现场设备力量	5
	A. 满足进度计划要求	3～5
	B. 基本满足进度计划要求	1～3
	C. 不能满足进度计划要求	0
4	施工组织设计	10
	A. 合理,满足工期要求	6～10
	B. 基本合理,满足工期要求	1～6
	C. 不合理,无法满足工期要求	0
5	质量保证体系	6
	A. 健全、科学、可靠	4～6
	B. 较健全、可靠	1～4
	C. 不可靠	0
6	施工方法、工艺	4
	A. 施工方法科学、合理,工艺先进	2～4
	B. 施工方法较合理,工艺较先进	1～2
	C. 施工方法、工艺一般	1
三	投标文件的响应性	5
	A. 投标文件内容完整,满足招标文件要求	5
	B. 投标文件内容基本完整,基本满足招标文件要求	2
四	报价	50
	投标报价等于评标标底的报价得满分 50;在此基础上,每高于此报价一个百分点扣 2 分,每低于此报价一个百分点扣 1 分,不计负分	

4. 评标标底

采用复合标底(C)作为评标标底。复合标底为发包人自编标底(A)和投标人有效算术平均值(B)的加权平均值,按下列公式计算:

$$C = 0.7A + 0.3B$$

5. 废标条件

(1)无单位盖章并无法定代表人或法定代表人授权的代理人签字或盖章的;

(2)投标人没有按招标文件要求编制投标文件,未按规定的格式填写,内容不全或关键字模糊;

(3)投标人名称或组织机构与资格预审时不一致的;

(4)投标人未按照招标文件的要求提供投标保函或投标保证金的;

(5)投标人递交两份或多份内容不同的投标文件,或在一份投标文件中对同一招标项目报有两个或多个报价,且未声明哪一个有效,按招标文件规定提出交备选方案的除外;

(6)投标文件载明的招标项目完成期限超过招标文件规定的期限的;

(7)投标文件载明的质量标准不符合招标文件规定的质量标准的;

(8)明显不符合技术规格、技术标准要求的;

(9)投标人的投标报价存在明显漏项,而修正该报价有可能影响最终评标结果的;

(10)投标人以他人名义投标、串通投标、以行贿手段谋取中标或以其他弄虚作假方式投标的;

(11)不符合招标文件中规定的其他实质性要求和条件的。

【案例8-2】　某工程施工投标文件评委打分表。

评委打分表如表8-2所示。

表8-2　评委打分表

计分项目		××公司
一　投标文件完整性(2分)	投标文件完整(2分)	
	出现涂改或插字修改扣分(0~2分)	
	小计	
二　投标报价(35分)	投标报价基本分(25分)	
	投标报价超过评标价的,每高出评标价1.0%扣2分,直至扣满25分	
	投标报价在0~ -5%(含 -5%)范围内的,每低于评标价1%加分2分,最多加10分	
	投标报价与评标价相差在 -5.0%以下的,每再低于评标价1%扣2分,直至扣到0分	
	小计	

续表 8-2

	计分项目		××公司
三	投标报价合理性 (5分)	单价分析正确(0.5分),单价分析齐全(0.5分)	
		总价计算正确(0.5分),总价计算无漏项(0.5分)	
		有造价工程师签字和印章及造价工程师资格证复印件(0.5分)	
		报价表格符合招标文件要求(0.5分)	
		报价表字迹工整、无涂改(0.5分)	
		无修正报价(1.5分)	
		小计	
四	施工组织设计 (35分)	施工总平面布置图符合现场实际,且科学、合理(2分)	
		投入本工程主要机具、资金、主要材料使用计划及劳动力的安排合理,满足工程质量、进度需要(4分)	
		施工进度计划科学、合理,有详细的施工进度横道图、网络图,且进度保证措施可靠(5分)	
		施工程序阐述具体,施工方法先进可行(8分)	
		质量、安全、文明施工及环保措施全面可行(3分)	
		项目管理人员和工程技术人员(含"五大员")的资历构成满足工程需要(4分)	
		项目经理和项目技术负责人主持或参与的类似工程项目经历、业绩(2分)	
		项目经理和项目技术负责人月驻工地时间(1分)	
		项目经理部机构设置(2分)	
		工程原材料、中间产品、金属结构等检测计划(4分)	
		小计	
五	质量 (3分)	工程质量等级响应招标文件要求(1分)	
		质保期完全响应招标文件要求(1分)	
		对质量有承诺,有违约经济处罚措施(1分)	
		小计	
六	工期 (3分)	总工期和开工、完工日期符合招标文件要求(1分)	
		总工期提前加分(0~1分)	
		对工期(包括提前工期)有承诺,有违约经济处罚措施(1分)	
		小计	
七	企业信誉、 业绩及资质 (15分)	通过 ISO9002 质量认证,且在有效期内(2分)	
		施工企业资质(取二者之一)(1分)	一级资质(1分)	
			二级资质(0.5分)	

续表 8-2

计分项目			××公司
七	企业信誉、业绩及资质（15 分）	近三年工程施工业绩（取三者之一）（3 分）	承担过的类似工程不少于 5 项,总合同额不低于 1 000 万元（3 分）	
			承担过的类似工程不少于 3 项,总合同额不低于 500 万元（2 分）	
			承担过的类似工程不少于 2 项,总合同额不低于 300 万元（1 分）	
			低于以上业绩标准者（0 分）	
		近三年在水利水电工程中获奖情况（取三者之一）（2 分）	获国家级优质工程奖（2 分）	
			获省级优质工程奖或两个以上单项工程奖（1.5 分）	
			获市级优质工程奖或两个以上单项工程奖（1 分）	
			未获以上奖励者（0 分）	
		财务状况及银行资信等级（6 分）	有财务状况报告及审计报告,且财务状况良好（1 分）	
			用于本合同的流动资金或信贷额度不少于投标报价的 30%,且有有效的资信证明（2 分）	
			开标之日在有效期内的由省、市级金融机构颁发的资信等级（3 分）,其中 AAA 者 3 分,AA 者 2 分,A 者 1 分	
		当年或上一年度荣获重合同守信用称号（1 分）	省级以上有关部门颁发证书（1 分）	
			市级有关部门颁发证书（0.5 分）	
		小计		
八	有中标后不转包和不违法分包的承诺,并有违约经济处罚措施（1 分）			
九	对本工程有优惠承诺条件者或合理化建议者（1 分）			
十	总计			

复习思考题

8-1　试述工程招标的步骤。

8-2　试述工程投标的步骤。

8-3　工程招标文件有哪些主要内容？

8-4　工程投标文件主要由哪些内容组成？如何编制投标报价？

附　录

附录 A　混凝土、砂浆配合比及材料用量表

附表 A-1　纯混凝土材料配合比及材料用量　　　　　　（单位:m³）

序号	混凝土强度等级	水泥强度等级	水灰比	级配	最大粒径（mm）	配合比			预算量					
						水泥	砂	石子	水泥（kg）	粗砂		卵石		水（m³）
										（kg）	（m³）	（kg）	（m³）	
1	C10	32.5	0.75	1	20	1	3.69	5.05	237	877	0.58	1 218	0.72	0.170
				2	40	1	3.92	6.45	208	819	0.55	1 360	0.79	0.150
				3	80	1	3.78	9.33	172	653	0.44	1 630	0.95	0.125
				4	150	1	3.64	11.65	152	555	0.37	1 792	1.05	0.110
2	C15	32.5	0.65	1	20	1	3.15	4.41	270	853	0.57	1 206	0.70	0.170
				2	40	1	3.20	5.57	242	777	0.52	1 367	0.81	0.150
				3	80	1	3.09	8.03	201	623	0.42	1 635	0.96	0.125
				4	150	1	2.92	9.89	179	527	0.36	1 799	1.06	0.110
3	C20	32.5	0.55	1	20	1	2.48	3.78	321	798	0.54	1 227	0.72	0.710
				2	40	1	2.53	4.72	289	733	0.49	1 382	0.81	0.150
				3	80	1	2.49	6.80	238	594	0.40	1 637	0.96	0.125
				4	150	1	2.38	8.55	208	498	0.34	1 803	1.06	0.110
		42.5	0.60	1	20	1	2.80	4.08	294	827	0.56	1 218	0.71	0.170
				2	40	1	2.89	5.20	261	757	0.51	1 376	0.81	0.150
				3	80	1	2.82	7.37	218	618	0.42	1 627	0.95	0.125
				4	150	1	2.73	9.29	191	522	0.35	1 791	1.05	0.110

续附表 A-1

序号	混凝土强度等级	水泥强度等级	水灰比	级配	最大粒径（mm）	配合比 水泥	配合比 砂	配合比 石子	预算量 水泥（kg）	预算量 粗砂（kg）	预算量 粗砂（m³）	预算量 卵石（kg）	预算量 卵石（m³）	预算量 水（m³）
4	C25	32.5	0.50	1	20	1	2.10	3.50	353	744	0.50	1 250	0.73	0.170
				2	40	1	2.25	4.43	310	699	0.47	1 389	0.81	0.150
				3	80	1	2.16	6.23	260	565	0.38	1 644	0.96	0.125
				4	150	1	2.04	7.78	230	471	0.32	1 812	1.06	0.110
		42.5	0.55	1	20	1	2.48	3.78	321	798	0.54	1 227	0.72	0.170
				2	40	1	2.53	4.72	289	733	0.49	1 382	0.81	0.150
				3	80	1	2.49	6.80	238	594	0.40	1 637	0.96	0.125
				4	150	1	2.38	8.55	208	498	0.34	1 803	1.06	0.110
5	C30	32.5	0.45	1	20	1	1.85	3.14	389	723	0.48	1 242	0.73	0.170
				2	40	1	1.97	3.98	343	678	0.45	1 387	0.81	0.150
				3	80	1	1.88	5.64	288	542	0.36	1 645	0.96	0.125
				4	150	1	1.77	7.09	253	448	0.30	1 817	1.06	0.110
		42.5	0.50	1	20	1	2.10	3.50	353	744	0.50	1 250	0.73	0.170
				2	40	1	2.25	4.43	310	699	0.47	1 389	0.81	0.150
				3	80	1	2.16	6.23	260	565	0.38	1 644	0.96	0.125
				4	150	1	2.04	7.78	230	471	0.32	1 812	1.06	0.110
6	C35	32.5	0.40	1	20	1	1.57	2.80	436	689	0.46	1 237	0.72	0.170
				2	40	1	1.77	3.44	384	685	0.46	1 343	0.79	0.150
				3	80	1	1.53	5.12	321	493	0.33	1 666	0.97	0.125
				4	150	1	1.49	6.35	282	422	0.28	1 816	1.06	0.110
		42.5	0.45	1	20	1	1.85	3.14	389	723	0.48	1 242	0.73	0.170
				2	40	1	1.97	3.98	343	678	0.45	1 387	0.81	0.150
				3	80	1	1.88	5.64	288	542	0.36	1 645	0.96	0.125
				4	150	1	1.77	7.09	253	448	0.30	1 817	1.06	0.110
7	C40	42.5	0.45	1	20	1	1.57	2.80	436	689	0.46	1 237	0.72	0.170
				2	40	1	1.77	3.44	384	685	0.46	1 343	0.79	0.150
				3	80	1	1.53	5.12	321	493	0.33	1 666	0.97	0.125
				4	150	1	1.49	6.35	282	422	0.28	1 816	1.06	0.110
8	C45	42.5	0.34	2	40	1	1.13	3.28	456	520	0.35	1 518	0.89	0.125

附表 A-2　掺外加剂混凝土材料配合比及材料用量　　　　　　(单位:m³)

序号	混凝土强度等级	水泥强度等级	水灰比	级配	最大粒径(mm)	配合比			预算量						
						水泥	砂	石子	水泥(kg)	粗砂(kg)	粗砂(m³)	卵石(kg)	卵石(m³)	外加剂(kg)	水(m³)
1	C10	32.5	0.75	1	20	1	4.14	5.69	213	887	0.59	1 230	0.72	0.43	0.170
				2	40	1	4.18	7.19	188	826	0.55	1 372	0.80	0.38	0.150
				3	80	1	4.17	10.31	157	658	0.44	1 642	0.96	0.32	0.125
				4	150	1	3.84	12.78	139	560	0.38	1 803	1.05	0.28	0.110
2	C15	32.5	0.65	1	20	1	3.44	4.81	250	865	0.58	1 221	0.71	0.50	0.170
				2	40	1	3.57	6.19	220	790	0.53	1 382	0.81	0.45	0.150
				3	80	1	3.46	8.98	181	630	0.42	1 649	0.96	0.37	0.125
				4	150	1	3.30	11.15	160	530	0.36	1 811	1.06	0.32	0.110
3	C20	32.5	0.55	1	20	1	2.78	4.24	290	810	0.54	1 245	0.73	0.58	0.10
				2	40	1	2.92	5.44	254	743	0.50	1 400	0.82	0.52	0.150
				3	80	1	2.80	7.70	212	596	0.40	1 654	0.97	0.43	0.125
				4	150	1	2.66	9.52	188	503	0.34	1 817	1.06	0.38	0.110
		42.5	0.60	1	20	1	3.16	4.61	264	839	0.56	1 235	0.72	0.53	0.170
				2	40	1	3.26	5.86	234	767	0.52	1 392	0.81	0.47	0.150
				3	80	1	3.19	8.29	195	624	0.42	1 641	0.96	0.39	0.125
				4	150	1	3.11	10.56	171	527	0.36	1 806	1.05	0.35	0.110
4	C25	32.5	0.50	1	20	1	2.36	3.92	320	757	0.51	1 270	0.74	0.64	0.170
				2	40	1	2.50	4.93	382	709	0.48	1 410	0.82	0.56	0.150
				3	80	1	2.44	7.02	234	572	0.38	1 664	0.97	0.47	0.125
				4	150	1	2.27	2.74	207	479	0.32	1 831	1.07	0.42	0.110
		42.5	0.55	1	20	1	2.78	4.24	290	810	0.54	1 245	0.73	0.58	0.170
				2	40	1	2.92	5.44	254	743	0.50	1 400	0.82	0.52	0.150
				3	80	1	2.80	7.70	212	596	0.40	1654	0.97	0.43	0.125
				4	150	1	2.66	9.52	188	503	0.34	1 817	1.06	0.38	0.110

续附表 A-2

序号	混凝土强度等级	水泥强度等级	水灰比	级配	最大粒径（mm）	配合比			预算量						
						水泥	砂	石子	水泥（kg）	粗砂（kg）	粗砂（m³）	卵石（kg）	卵石（m³）	外加剂（kg）	水（m³）
5	C30	32.5	0.45	1	20	1	2.12	3.62	348	736	0.49	1 269	0.74	0.71	0.170
				2	40	1	2.23	4.53	307	689	0.46	1 411	0.83	0.62	0.150
				3	80	1	2.13	6.39	257	549	0.37	1 667	0.97	0.52	0.125
				4	150	1	2.00	8.04	225	453	0.30	1 837	1.07	0.46	0.110
		42.5	0.50	1	20	1	2.36	3.92	320	757	0.51	1 270	0.74	0.64	0.170
				2	40	1	2.50	4.93	282	709	0.48	1 410	0.82	0.56	0.150
				3	80	1	2.44	7.02	234	572	0.38	1 664	0.97	0.47	0.125
				4	150	1	2.27	8.74	207	479	0.32	1 831	1.07	0.42	0.110
6	C35	32.5	0.40	1	20	1	1.79	3.18	392	705	0.47	1 265	0.74	0.78	0.170
				2	40	1	2.01	3.90	346	698	0.47	1 368	0.80	0.69	0.150
				3	80	1	1.72	5.77	289	500	0.33	1 691	0.99	0.58	0.125
				4	150	1	1.68	7.17	254	427	0.28	1 836	1.08	0.51	0.110
		42.5	0.45	1	20	1	2.12	3.62	348	736	0.49	1 269	0.74	0.71	0.170
				2	40	1	2.23	4.53	307	689	0.46	1 411	0.83	0.62	0.150
				3	80	1	2.13	6.39	257	549	0.37	1 667	0.97	0.52	0.125
				4	150	1	2.00	8.04	225	453	0.30	1 837	1.07	0.46	0.110
7	C40	42.5	0.45	1	20	1	1.79	3.18	392	705	0.47	1 265	0.74	0.78	0.170
				2	40	1	2.01	3.90	346	698	0.47	1 368	0.80	0.69	0.150
				3	80	1	1.72	5.77	289	500	0.33	1 691	0.99	0.58	0.125
				4	150	1	1.68	7.17	254	427	0.28	1 836	1.08	0.51	0.110
8	C45	42.5	0.34	2	40	1	1.29	3.73	410	532	0.35	1 552	0.91	0.82	0.125

附表 A-3 掺粉煤灰混凝土材料配合比及材料用量

（掺粉煤灰量 20%，取代系数 1.3）

（单位：m³）

序号	混凝土强度等级	水泥强度等级	水灰比	级配	最大粒径(mm)	配合比 水泥	粉煤灰	砂	石子	预算量 水泥(kg)	粉煤灰(kg)	粗砂(kg)	粗砂(m³)	卵石(kg)	卵石(m³)	外加剂(kg)	水(m³)
1	C10	32.5	0.75	3	80	1	0.325	4.65	11.47	139	45	650	0.44	1 621	0.95	0.28	0.125
				4	150	1	0.325	4.50	14.42	122	40	551	0.37	1 784	1.05	0.25	0.110
2	C15	32.5	0.65	3	80	1	0.325	3.86	10.03	160	53	620	0.42	1 627	0.96	0.33	0.125
				4	150	1	0.325	3.71	12.57	140	47	523	0.35	1 791	1.05	0.29	0.110
3	C20	32.5	0.55	3	80	1	0.325	3.10	2.44	190	63	589	0.40	1 623	0.96	0.38	0.125
				4	150	1	0.325	2.93	10.50	168	56	495	0.33	1 791	1.05	0.34	0.110
		42.5	0.60	3	80	1	0.325	3.54	9.21	73	58	616	0.42	1 618	0.95	0.35	0.125
				4	150	1	0.325	3.40	11.58	152	51	519	0.35	1 781	1.05	0.31	0.110

附表 A-4 掺粉煤灰混凝土材料配合比及材料用量

（掺粉煤灰量 25%，取代系数 1.3）

（单位：m³）

序号	混凝土强度等级	水泥强度等级	水灰比	级配	最大粒径(mm)	配合比 水泥	粉煤灰	砂	石子	预算量 水泥(kg)	粉煤灰(kg)	粗砂(kg)	粗砂(m³)	卵石(kg)	卵石(m³)	外加剂(kg)	水(m³)
1	C10	32.5	0.75	3	80	1	0.433	4.6	12.35	31	57	650	0.44	1 621	0.95	0.27	0.125
				4	150	1	0.433	4.79	15.51	115	50	551	0.36	1 784	1.04	0.24	0.110
2	C15	32.5	0.65	3	80	1	0.433	4.13	10.82	150	66	620	0.42	1 624	0.96	0.31	0.125
				4	150	1	0.433	3.98	13.54	132	58	525	0.34	1 788	1.05	0.27	0.110
3	C20	32.5	0.55	3	80	1	0.433	3.31	9.11	178	79	590	0.40	1 622	0.95	0.36	0.125
				4	150	1	0.433	3.18	11.45	156	69	495	0.32	1 787	1.05	0.32	0.110
		42.5	0.60	3	80	1	0.433	3.78	9.92	163	71	615	0.42	1 617	0.95	0.33	0.125
				4	150	1	0.433	3.62	12.44	143	63	157	0.35	1 780	1.05	0.29	0.110

附表 A-5　掺粉煤灰混凝土材料配合比及材料用量

（掺粉煤灰量 30%，取代系数 1.3）　　　　　　　　　　　（单位：m³）

序号	混凝土强度等级	水泥强度等级	水灰比	级配	最大粒径(mm)	配合比				预算量							
						水泥	粉煤灰	砂	石子	水泥(kg)	粉煤灰(kg)	粗砂(kg)	(m³)	卵石(kg)	(m³)	外加剂(kg)	水(m³)
1	C10	32.5	0.75	3	80	1	0.557	5.30	13.09	122	69	649	0.44	1 619	0.95	0.25	0.125
				4	150	1	0.557	5.10	16.32	108	61	551	0.37	1 781	1.05	0.22	0.110
2	C15	32.5	0.65	3	80	1	0.557	4.39	11.39	140	80	619	0.42	1 622	0.95	0.28	0.125
				4	150	1	0.557	4.20	14.20	124	70	522	0.35	1 786	1.05	0.25	0.110
3	C20	32.5	0.55	3	80	1	0.557	3.54	9.61	166	95	590	0.40	1 618	0.95	0.34	0.125
		32.5	0.55	4	150	1	0.557	3.34	11.93	148	83	45	0.33	1 786	1.05	0.30	0.110
		42.5	0.60	3	80	1	0.557	3.7	10.33	154	86	613	0.42	1 612	0.95	0.31	0.125
		42.5	0.60	4	150	1	0.557	3.84	13.11	134	76	518	0.37	1 778	1.04	0.27	0.110

附表 A-6　碾压混凝土材料配合参考表

　　　　　　　　　　　　　　　　　　　　　　　　（单位：m³）

序号	龄期(d)	混凝土强度等级	水泥强度等级	水胶比	砂率(%)	水泥(kg)	粉煤灰(kg)	水(kg)	砂(kg)	石子(kg)	外加剂(kg)	备注
1	90	C10	42.5	0.61	34	46	107	93	761	1 500	0.380	江垭资料，人工砂石料
2	90	C15	42.5	0.58	33	64	96	93	738	1 520	0.400	江垭资料，人工砂石料
3	90	C20	42.5	0.53	36	87	107	103	783	1 413	0.490	江垭资料，人工砂石料

水利工程造价(第3版) GHJC

续附表 A-6

序号	龄期(d)	混凝土强度等级	水泥强度等级	水胶比	砂率(%)	水泥(kg)	粉煤灰(kg)	水(kg)	砂(kg)	石子(kg)	外加剂(kg)	备注
4	90	C10	32.5	0.60	35	63	87	90	765	1 453	0.387	汾河二库资料,人工砂石料
5	90	C20	32.5	0.55	36	83	84	95	801	1 423	0.511	汾河二库资料,人工砂石料
6	90	C20	32.5	0.50	36	132	56	74	777	1 383	0.812	汾河二库资料,人工砂石料
7	90	C10	32.5	0.56	33	60	101	90	726	1 473	0.369	汾河二库资料,天然砂、人工骨料
8	90	C20	32.5	0.50	36	204	86	95	769	1 396	0.636	汾河二库资料,天然砂、人工骨料
9	90	C20	32.5	0.45	35	127	84	95	743	1 381	0.779	汾河二库资料,天然砂、人工骨料
10	90	C15	42.5	0.55	30	72	58	71	649	1 554	0.871	白石水库资料,天然细骨料,人工粗骨料,砂用量中含石粉
11	90	C15	42.5	0.58	29	91	39	75	652	1 609	0.325	观音阁资料,天然砂石料

序号	龄期(d)	混凝土强度等级	水泥强度等级	水胶比	砂率(%)	水泥(kg)	磷矿渣及凝灰岩(kg)	水(kg)	砂(kg)	石子(kg)	外加剂(kg)	备注
1	90	C15	42.5	0.50	35	67	101	84	798	1 521	1.344	大朝山资料,人工砂石料
2	90	C20	42.5	0.50	38	94	94	94	850	1 423	1.504	大朝山资料,人工砂石料

注:碾压混凝土材料配合参考表中,材料用量不包括场内运输及拌制损耗在内,实际运用中损耗率可采用:水泥2.5%、砂3%、石子4%。

附表 A-7　泵用纯混凝土材料配合表

（单位：m³）

序号	混凝土强度等级	水泥强度等级	水灰比	级配	最大粒径(mm)	配合比			预算量					
						水泥	砂	石子	水泥(kg)	粗砂(kg)	粗砂(m³)	卵石(kg)	卵石(m³)	水(m³)
1	C15	32.5	0.63	1	20	1	2.97	3.11	320	951	0.64	970	0.66	0.192
				2	40	1	3.05	4.29	280	858	0.85	1 171	0.78	0.166
2	C20	32.5	0.51	1	20	1	2.30	2.45	394	910	0.61	979	0.67	0.193
				2	40	1	2.35	3.38	347	820	0.55	1 194	0.80	0.161
3	C25	32.5	0.44	1	20	1	1.88	2.04	461	872	0.58	955	0.66	0.195
				2	40	1	1.95	2.83	408	800	0.53	1 169	0.79	0.173

附表 A-8　泵用掺外加剂混凝土材料配合表

（单位：m³）

序号	混凝土强度等级	水泥强度等级	水灰比	级配	最大粒径(mm)	配合比			预算量						
						水泥	砂	石子	水泥(kg)	粗砂(kg)	粗砂(m³)	卵石(kg)	卵石(m³)	外加剂(kg)	水(m³)
1	C15	32.5	0.63	1	20	1	3.28	3.35	290	957	0.65	987	0.67	0.58	0.192
				2	40	1	0.38	4.63	253	860	0.59	1 188	0.79	0.50	0.166
2	C20	32.5	0.51	1	20	1	2.61	2.77	355	930	0.62	999	0.68	0.71	0.193
				2	40	1	2.61	3.78	317	831	0.56	1 214	0.81	0.62	0.161
3	C25	32.5	0.44	1	20	1	2.15	2.32	415	895	0.60	980	0.68	0.83	0.195
				2	40	1	2.22	3.21	366	816	0.54	1 191	0.81	0.73	0.173

附表 A-9　水泥砂浆材料配合表

(1) 砌筑砂浆

砂浆类别	砂浆强度等级	水泥(kg) 32.5	砂 (m³)	水 (m³)
水泥砂浆	M5	211	1.13	0.127
	M7.5	261	1.11	0.157
	M10	305	1.10	0.183
	M12.5	352	1.08	0.211
	M15	405	1.07	0.243
	M20	457	1.06	0.274
	M25	522	1.05	0.313
	M30	606	0.99	0.364
	M40	740	0.97	0.444

(2) 接缝砂浆

序号	砂浆强度等级	体积配合比 水泥	砂	矿渣大坝水泥 强度等级	数量 (kg)	纯大坝水泥 强度等级	数量 (kg)	砂 (m³)	水 (m³)
1	M10	1	3.1	32.5	406			1.08	0.270
2	M15	1	2.6	32.5	469			1.05	0.270
3	M20	1	2.1	32.5	554			1.00	0.270
4	M25	1	1.9	32.5	633			0.94	0.270
5	M30	1	1.8			42.5	625	0.98	0.266
6	M35	1	1.5			42.5	730	0.93	0.266
7	M40	1	1.5			42.5	730	0.93	0.266

附表 A-10　水泥强度等级换算系数参考表

原强度等级	代换强度等级		
	32.5	42.5	52.5
32.5	1.00	0.86	0.76
42.5	1.16	1.00	0.88
52.5	1.31	1.13	1.00

附录 B 水利工程混凝土建筑物立模面系数参考表

附表 B-1 大坝和电站厂房立模面系数参考值

序号	建筑物名称	立模面系数(m²/m³)	各类立模面参考比例(%)					说明
			平面	曲面	牛腿	键槽	溢流面	
1	重力坝(综合)	0.15~0.24	70~90	2.0~6.0	0.7~1.8	15~25	1.0~3.0	不包括拱形廊道模板,实际工程中如果坝体无横缝、横缝键槽,键槽立模面所占比例为0,平面模板所占比例相应增加
	分部:非溢流坝	0.10~0.16	70~90	0.0~1.0	2.0~3.0	15~28		
	表面溢流坝	0.18~0.24	60~75	2.0~3.0	0.2~0.5	15~28	8.0~16.0	
	孔洞汇流坝	0.22~0.31	65~90	1.0~3.5	0.7~1.2	15~27	5.0~8.0	
2	宽缝重力坝	0.18~0.27						
3	拱坝	0.18~0.28	70~80	2.0~3.0	1.0~3.0	12~25	0.5~5.0	
4	连拱坝	0.80~1.60						
5	平板坝	1.10~1.70						
6	单支墩大头坝	0.30~0.45						
7	双支墩大头坝	0.32~0.60						
8	河床式电站厂房	0.45~0.90	85~90	5.0~13	0.3~0.8	0.0~10		不包括蜗壳模板、尾水肘管模板及拱形廊道模板
9	坝后式厂房	0.50~0.90	88~97	2.5~8.0	0.2~0.5	0.0~5.0		
10	混凝土蜗壳立模面积(m²)	$13.40D_1^2$						D_1为水轮机转轮直径
11	尾水肘管立模面积(m²)	$5.846D_4^2$						D_4为尾水肘管进口直径,可按下式估算:轴流式机组 $D_4=1.2D_1$,混流式机组 $D_4=1.35D_1$

注:1. 泄流和引水孔洞多而坝体较低,坝体立模面系数取大值;泄流和引水孔洞较少,以非溢流坝段为主的高坝,坝体立模面系数取小值。河床式电站坝闸坝的立模面系数主要与坝高有关,坝高小取大值,坝高大取小值。

2. 坝后式厂房的立模面系数,分层较多、结构复杂,取大值;结构简单、分层较少,取小值;一般可取中值。

水利工程造价(第3版)　GHJC

附表 B-2　溢洪道立模面系数参考值

序号	建筑物名称	分部	立模面系数 (m²/m³)	各类模板参考比例(%) 平面	曲面	牛腿	说明
1	闸室	闸室(综合)	0.60~0.85	92~96	4.0~7.0	0.5~0.9	含中、边墩等
		分部　闸墩	1.00~1.75	91~95	5.0~8.0	0.7~1.2	
		闸底板	0.16~0.30	100			
		底板	0.16~0.30	100			
2	泄槽	边墙　挡土墙式	0.70~1.00	100			
		边墙　边坡衬砌	$1/B+0.15$	100			岩石坡,B 为衬砌厚

附表 B-3　隧洞立模面系数参考值

（单位:m²/m³）

高宽比	衬砌厚度(m) 0.2	0.4	0.6	0.8	1	1.2	所占比例(%) 曲面	墙面	说明
直墙圆拱形隧洞 0.9	3.16~3.42	1.52~1.650	0.98~1.07	0.71~0.78	0.55~0.60	0.44~0.49	49~66	51~34	顶拱圆心角小时曲面取小值,反之取大值;墙面相反
1	3.25~3.51	1.57~1.70	1.01~1.10	0.73~0.80	0.57~0.62	0.46~0.50	45~61	55~39	
1.2	3.41~3.65	1.65~1.77	1.07~1.15	0.78~0.84	0.60~0.65	0.49~0.53	39~53	61~47	
说明	本表立模面系数计算坡度隧洞顶拱圆心角为 120°~180°,圆心角小时取大值,反之取小值								

注:1. 表中立模面系数仅包括顶拱曲面和边墙曲面,混凝土量按衬砌总量计算;

2. 底板堵头、边墙堵头和顶拱堵头立模系数为 $1/L$ m²/m³,L 为衬砌分段长度;

3. 键槽模板立模面积按隧洞洞长度计算,每米洞长立模面 $1.3B$ m²/m³,B 为衬砌厚度。

续附表 B-3

衬砌内径	衬砌厚度(m)						备注
(m)	0.2	0.4	0.6	0.8	1	1.2	
圆形隧洞 4	4.76	2.27	1.45	1.04			
圆形隧洞 8	4.88	2.38	1.55	1.14	0.89	0.72	
圆形隧洞 12	4.92	2.42	1.59	1.17	0.92	0.76	

注:1. 表中立模系数仅包括曲面模板,混凝土量按衬砌总量计算;
2. 洞头板立模系数为 $1/L$ m²/m³,L 为衬砌分段长度;
3. 壁槽模板立模面积按隧洞长度计算,每米洞长立模面 $2.3B$ m²/m,B 为衬砌厚度。

附表 B-4　渡槽槽身立模面系数参考值

渡槽类型	壁厚 (cm)	立模系数 (m²/m³)	备注
矩形渡槽	10	15.00	
	20	7.71	
	30	5.28	
箱形渡槽	10	13.26	
	20	6.63	
	30	4.42	
U形渡槽	10～20	10.33	直墙厚 12 cm,U 形底部厚 20 cm
	15～25	8.19	直墙厚 15 cm,U 形底部厚 25 cm
	20～40	5.98	直墙厚 24 cm,U 形底部厚 40 cm

附表 B-5　涵洞立模面系数参考值

（单位：m²/m³）

直墙圆拱形涵洞

高宽比	部位	衬砌厚度（m）				
		0.4	0.6	0.8	1.0	1.2
0.9	顶拱	2.17	1.45	1.09	0.87	0.73
	边墙	1.13	0.76	0.57	0.46	0.39
1.0	顶拱	2.07	1.38	1.04	0.83	0.69
	边墙	1.32	0.88	0.66	0.53	0.44
1.2	顶拱	1.88	1.26	0.95	0.76	0.64
	边墙	1.64	1.09	0.81	0.65	0.54

注：1. 表中立模面系数仅包括顶拱曲面和边墙墙面模板，混凝土量按衬砌总量计算；
2. 底板堵头、边墙堵头和顶拱堵头立模面系数为 1/L m²/m³，L 为衬砌分段长度；
3. 键槽模板立模面积按涵洞长度计算，每米洞长立模面 1.3B m²/m，B 为衬砌厚度

矩形涵洞

高宽比	衬砌厚度（m）				
	0.4	0.6	0.8	1.0	1.2
1.0	3.00	2.00	1.50	1.20	1.00
1.3	3.22	2.15	1.61	1.29	1.07
1.6	3.39	2.26	1.70	1.36	1.13

注：1. 表中立模面系数仅包括曲面面模板，混凝土量按衬砌总量计算；
2. 堵头模板立模面系数为 1/L m²/m³，L 为衬砌分段长度；
3. 键槽模板立模面积按涵洞长度计算，每米洞长立模面 1.3B m²/m，B 为衬砌厚度；

圆形涵洞

壁厚（cm）	15	25	35	45	55	65
立模面系数	8.89	5.41	4.06	3.15	2.62	2.23

注：1. 表中立模面系数仅包括曲面面模板，混凝土量按衬砌总量计算；
2. 堵头模板立模面系数为 1/L m²/m³，L 为衬砌分段长度；
3. 键槽模板立模面积按涵洞长度计算，每米洞长立模面 2.3B m²/m，B 为衬砌厚度

附表 B-6　水闸立模面系数参考值

序号	建筑物名称		立模面系数 （m²/m³）	各类模板参考比例（%）			说明
				平面	曲面	牛腿	
1	水闸闸室（综合）		0.65~0.85	92~96	4.0~73.0	0.5(0)~0.9	
2	分部	闸墩	1.15~1.75	91~95	5.0~8.0	0.7(0)~1.2	含中、边墩等
		闸底板	0.16~0.30	100			

附录 C　工程量清单格式

封面

＿＿＿＿＿＿＿＿＿＿＿＿＿＿＿＿工程

工程量清单

合同编号:（招标项目合同号）

招　　　标　　　人:＿＿＿＿＿＿＿＿＿＿＿＿＿＿＿＿（单位盖章）

招标单位法定代表人:＿＿＿＿＿＿＿＿＿＿＿＿＿＿＿＿（签字盖章）

中 介 机 构
法定代表人:＿＿＿＿＿＿＿＿＿＿＿＿＿＿＿（签字盖章）

造价工程师
及注册证号:＿＿＿＿＿＿＿＿＿＿＿＿＿＿＿（签字盖执业专用章）

编制时间:＿＿＿＿＿＿＿＿＿＿＿＿＿＿＿

总说明

合同编号:(招标项目合同号)

工程名称:(招标项目名称)　　　　　　　　　　　　　　　　第　页,共　页

分类分项工程量清单

合同编号:(招标项目合同号)

工程名称:(招标项目名称)

序号	项目编码	项目名称	计量单位	工程数量	主要技术条款编码	备注
1		一级××项目				
1.1		二级××项目				
1.1.1		三级××项目				
	50××××××××××	最末一级项目				
1.1.2						
2		一级××项目				
2.1		二级××项目				
2.1.1		三级××项目				
	50××××××××××	最末一级项目				
2.1.2						

措施项目清单

合同编号:(招标项目合同号)

工程名称:(招标项目名称)　　　　　　　　　　　　　　　　　　第　页,共　页

序号	项目名称	备注

其他项目清单

合同编号:(招标项目合同号)

工程名称:(招标项目名称)　　　　　　　　　　　　　　　　　　第　页,共　页

序号	项目名称	备注

零星工作项目清单

合同编号:(招标项目合同号)

工程名称:(招标项目名称)　　　　　　　　　　　　　　　　　　　第　页,共　页

序号	名称	型号规格	计量单位	备注
1	人工			
2	材料			
3	机械			

招标人供应材料价格表

合同编号:(招标项目合同号)

工程名称:(招标项目名称)　　　　　　　　　　　　　　　　第　页,共　页

序号	材料名称	型号规格	计量单位	供应价（元）	供应条件	备注

招标人提供施工设备表(参考格式)

合同编号:(招标项目合同号)

工程名称:(招标项目名称)　　　　　　　　　　　　　　　　第　页,共　页

序号	设备名称	型号规格	设备状况	设备所在地点	计量单位	数量	折旧费	备注
							元/台时(台班)	

招标人提供施工设施表(参考格式)

合同编号:(招标项目合同号)

工程名称:(招标项目名称)　　　　　　　　　　　　　　　　第　页,共　页

序号	项目名称	计量单位	数量	备注

附录 D　工程量清单计价格式

封面

_____工程

工程量清单报价表

合同编号:(投标项目合同号)

投　标　人:_____(单位盖章)

法定代表人:_____(签字盖章)

造价工程师
及注册证号:_____(签字盖执业专用章)

编制时间:_____

投 标 总 价

工 程 名 称:＿＿＿＿＿＿＿＿＿＿＿＿＿＿＿＿＿

合 同 编 号:＿＿＿＿＿＿＿＿＿＿＿＿＿＿＿＿＿

投 标 总 价(小写):＿＿＿＿＿＿＿＿＿＿＿＿＿＿

  (大写):＿＿＿＿＿＿＿＿＿＿＿＿＿＿

投 标 人:＿＿＿＿＿＿＿＿＿＿＿＿＿＿＿＿(单位盖章)

法定代表人:＿＿＿＿＿＿＿＿＿＿＿＿＿＿＿＿(签字盖章)

编制时间:＿＿＿＿＿＿＿＿＿＿＿＿＿＿＿＿＿

工程项目总价表

合同编号:(投标项目合同号)

工程名称:(投标项目名称)

第　页,共　页

序号	工程项目名称	金额(元)
1	一级××项目	
1.1	二级××项目	
1.2		
2	一级××项目	
2.1	二级××项目	
2.2		
××	措施项目	
××.1	××项目	
××.2		
××	其他项目	
××.1	预留金	
××.2		
	合计	

法定代表人:_____(签字)
(或委托代理人)

分类分项工程量清单计价表

合同编号:(投标项目合同号)

工程名称:(投标项目名称)　　　　　　　　　　　　　　　　第　页,共　页

序号	项目编码	项目名称	计量单位	工程数量	单价(元)	合价(元)	主要技术条款编码
1		一级××项目					
1.1		二级××项目					
1.1.1		三级××项目					
	50×××××××××	最末一级项目					
1.1.2							
2		一级××项目					
2.1		二级××项目					
2.1.1		三级××项目					
	50×××××××××	最末一级项目					
2.1.2							
		合计					

法定代表人:＿＿＿＿＿＿＿(签字)

(或委托代理人)

措施项目清单计价表

合同编号:(投标项目合同号)

工程名称:(投标项目名称)

序号	项目名称	金额(元)

法定代表人:_____(签字)

(或委托代理人)

其他项目清单计价表

合同编号:(投标项目合同号)

工程名称:(投标项目名称)

序号	项目名称	金额(元)	备注

法定代表人:_____(签字)

(或委托代理人)

零星工作项目计价表

合同编号:(投标项目合同号)

工程名称:(投标项目名称)

第　页,共　页

序号	名称	型号规格	计量单位	单价(元)	备注
1	人工				
2	材料				
3	机械				

法定代表人:_____(签字)

(或委托代理人)

水利工程造价(第 3 版)

GHJC

工程单价汇总表

合同编号:(投标项目合同号)
工程名称:(投标项目名称)

第　页,共　页

序号	项目编码	项目名称	计量单位	人工费	材料费	机械使用费	施工管理费	企业利润	税金	合计
1		建筑工程								
1.1		土方开挖工程								
1.1.1	500101××××××									
1.1.2										
2		安装工程								
2.1		机电设备安装工程								
2.1.1	500201××××××									
2.1.2										

法定代表人:＿＿＿＿＿(签字)
(或委托代理人)

工程单价费（税）率汇总表

合同编号：(投标项目合同号)
工程名称：(投标项目名称)

第　页，共　页

序号	工程类别	工程单价费（税）率（%）			备注
		施工管理费	企业利润	税金	
一	建筑工程				
二	安装工程				

法定代表人：_____ (签字)
（或委托代理人）

水利工程造价（第3版）GHJC

投标人生产电、风、水、砂石基础单价汇总表

第 页，共 页

（单位：元）

合同编号：（投标项目合同号）

工程名称：（投标项目名称）

序号	名称	型号规格	计量单位	人工费	材料费	机械使用费			合计	备注

法定代表人：_____（签字）

（或委托代理人）

投标人生产混凝土配合比材料费表

合同编号:(投标项目合同号)
工程名称:(投标项目名称)

第 页,共 页

序号	工程部位	混凝土强度等级	水泥强度等级	级配	水灰比	坍落度	预算材料量(kg/m³)			单价(元/m³)	备注
							水泥	砂	石		

法定代表人: _____ (签字)
(或委托代理人)

招标人供应材料价格汇总表

合同编号:(投标项目合同号)

工程名称:(投标项目名称)   第　页,共　页

序号	材料名称	型号规格	计量单位	供应价(元)	预算价(元)

法定代表人:＿＿＿＿＿＿＿(签字)

(或委托代理人)

投标人自行采购主要材料预算价格汇总表

合同编号:(投标项目合同号)

工程名称:(投标项目名称)   第　页,共　页

序号	材料名称	型号规格	计量单位	预算价(元)	备注

法定代表人:＿＿＿＿＿＿＿(签字)

(或委托代理人)

招标人提供施工机械台时（班）费汇总表

合同编号:(投标项目合同号)
工程名称:(投标项目名称)

第　页,共　页
(单位:元/台时(班))

序号	机械名称	型号规格	招标人收取的折旧费	投标人应计算的费用						合计
				维修费	安拆费	人工	柴油	电	小计	

法定代表人:＿＿＿＿＿＿(签字)
(或委托代理人)

投标人自备施工机械台时（班）费汇总表

合同编号：(投标项目合同号)
工程名称：(投标项目名称)

第 页，共 页
（单位：元/台时（班））

序号	机械名称	型号规格	一类费用				二类费用				合计
			折旧费	维修费	安拆费	小计	人工	柴油	电	小计	

法定代表人：_____ （签字）
（或委托代理人）

工程单价计算表

单价编号：_____　　　　　　　_____工程　　　　　　　定额单位：_____

施工方法：

序号	名称	型号规格	计量单位	数量	单价(元)	合价(元)
1	直接费					
1.1	人工费					
1.2	材料费					
1.3	机械使用费					
2	施工管理费					
3	企业利润					
4	税金					
	合计					

参 考 文 献

[1]陈全会,王修贵,谭兴华. 水利水电工程定额与概预算[M]. 北京:中国水利水电出版社,1999.

[2]龚义寿. 水利水电施工工程造价管理[M]. 北京:中国科学技术出版社,1998.

[3]黄森开. 水利工程施工组织及预算[M]. 北京:中国水利水电出版社,2003.

[4]钟汉华. 水利工程施工及概预算[M]. 北京:中国水利水电出版社,2002.

[5]黄士芩,张宝声,尹贻林. 水利工程造价[M]. 北京:中国计划出版社,2002.

[6]梁建林. 水利水电工程造价与招投标[M]. 郑州:黄河水利出版社,2001.

[7]赵冬,张伏林. 水利工程招标与投标[M]. 郑州:黄河水利出版社,2000.